高职高专新能源类专业系列教材

风力发电机组运行与维护

主　编　邹振春　赵丽君
参　编　雷辉云　马沙沙
主　审　邢作霞

机械工业出版社

国内外风力发电行业发展迅猛，需要大批的专业技术人才。为培养风力发电行业所需的专业技术人才，特编写此书。本书依据风力发电行业相关职业岗位能力的要求，选取的内容与风力发电行业密切结合，旨在培养风力发电技术紧缺人才。本书较全面地涵盖了风力发电机组运行与维护的相关技术知识，主要包括风轮、传动系统与制动系统、发电系统、偏航系统、液压系统、变桨距系统、控制系统、安全保护系统、支撑系统以及风力发电机组的安装、调试、运行及维护相关技术知识。

本书可作为高职高专院校及应用型本科院校的风力发电工程技术、风电系统运行与维护及相关专业的教材，也可作为风力发电技术人员的培训教材和自学参考书。

为方便教学，本书提供免费微课视频、电子课件及习题参考答案。凡选用本书作为授课用教材的学校，均可来电索取，咨询电话：010-88379375；Email：cmpgaozhi@ sina. com。

图书在版编目（CIP）数据

风力发电机组运行与维护/邹振春，赵丽君主编. —北京：机械工业出版社，2017.1（2024.2重印）
高职高专新能源类专业系列教材
ISBN 978-7-111-55816-3

Ⅰ.①风… Ⅱ.①邹…②赵… Ⅲ.①风力发电机-发电机组-运行-高等职业教育-教材②风力发电机-发电机组-维修-高等职业教育-教材 Ⅳ.①TM315

中国版本图书馆CIP数据核字（2017）第002840号

机械工业出版社（北京市百万庄大街22号 邮政编码100037）
策划编辑：于 宁 责任编辑：于 宁 高亚云
责任校对：樊钟英 封面设计：陈 沛
责任印制：单爱军
北京虎彩文化传播有限公司印刷
2024年2月第1版第6次印刷
184mm×260mm · 11.25印张 · 270千字
标准书号：ISBN 978-7-111-55816-3
定价：39.90元

电话服务	网络服务
客服电话：010-88361066	机 工 官 网：www. cmpbook. com
010-88379833	机 工 官 博：weibo. com/cmp1952
010-68326294	金 书 网：www. golden-book. com
封底无防伪标均为盗版	机工教育服务网：www. cmpedu. com

前言

风力发电起源于20世纪70年代，技术成熟于80年代，自90年代以来进入了大发展阶段，成为新能源中的佼佼者。风能作为一种清洁的可再生能源，对于解决能源紧张和环境污染等问题有积极作用，越来越受到世界各国的重视。

目前我国的风力发电行业正处于高速发展阶段，风力发电行业从业人员紧缺，满足风力发电行业安装、运行、维护及生产等专业人员需求的图书较少，本书兼顾教学及工程应用需要，注重学用结合，紧密结合风电行业所需的基础知识，力求由浅入深，通俗易懂，注重应用。

本书依据职业岗位能力的要求，从应用角度出发，系统地介绍了现代风力发电机组的风轮、传动系统与制动系统、发电系统、偏航系统、液压系统、变桨距系统、控制系统、安全保护系统和支撑系统的结构、工作原理、生产工艺、调试、运行、维护及风力发电机组的安装、调试、运行及维护等相关知识。每章后均附有小结及习题。

本书由承德石油高等专科学校邹振春、赵丽君担任主编。参加编写的还有中电（三都）新能源有限公司雷辉云、北京金风科创风电设备有限公司马沙沙。其中，邹振春负责编写绪论、第1章、第3章和第8章，赵丽君负责编写第2章、第5章和第7章，雷辉云负责编写第4章和第6章，马沙沙负责编写第9章和第10章。全书由邹振春统稿。本书由沈阳工业大学邢作霞副教授主审，她对本书的内容、结构及文字方面提出了许多宝贵的建议，在此表示衷心的感谢！

由于编者水平有限，书中难免有不足和错漏之处，恳请读者批评指正。

编　者

目 录

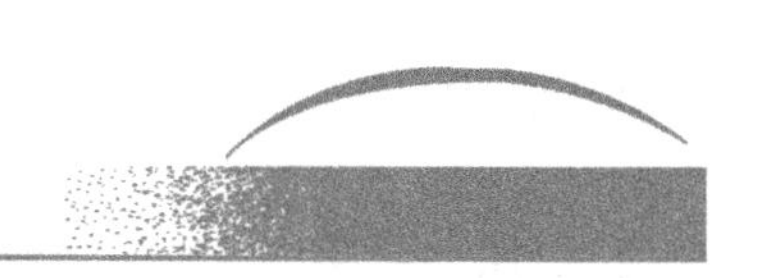

绪　　论

近 20 年来，发达国家在风力发电技术领域已取得巨大的成就。并网运行的风力发电机组单机容量从最初的数十千瓦级发展到兆瓦级；控制方式从基本单一的定桨距失速控制向变桨距和变速恒频发展，预计在最近的几年内将推出智能型风力发电机组；运行可靠性从 20 世纪 80 年代初的 50%，提高到目前的 98% 以上，并且在风电场运行的风力发电机组已全部可以实现集中控制和远程控制。从今后的发展趋势来看，风电场将从内陆移到海上，其发展空间将更加广阔。

风力发电机组是将风能转化为电能的装置，按其容量不同，可分为小型、中型和大型风力发电机组；按其主轴与地面的相对位置不同，又可以分为水平轴风力发电机组和垂直轴风力发电机组。

近 10 年来，风力发电机组的主流机型主要有三种，即定桨距失速型机组、变桨距机组（如图 0-1 所示）和基于变速恒频技术的变速机组。

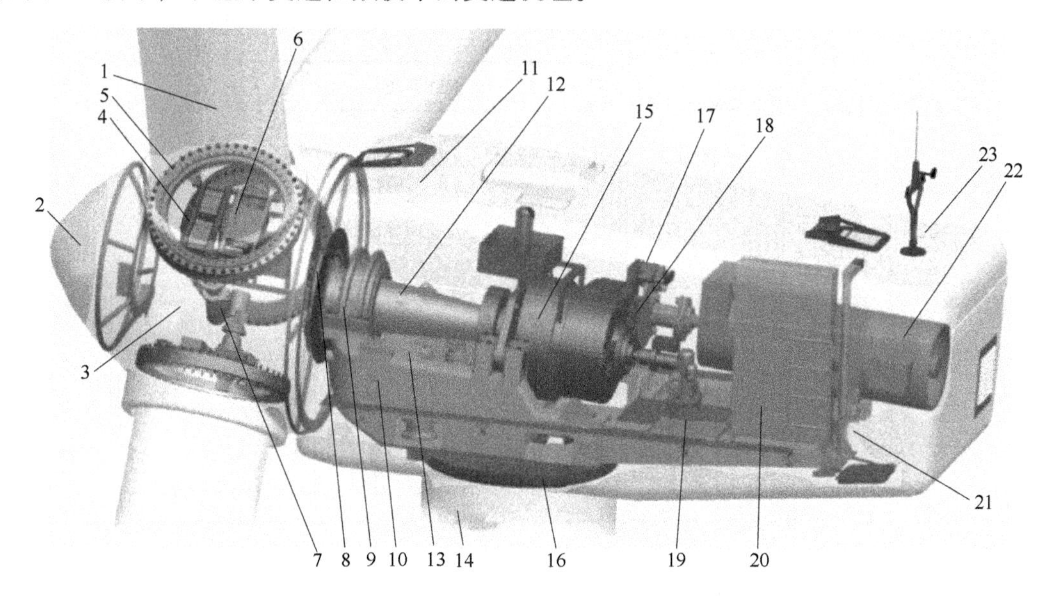

图 0-1　典型风力发电机组结构

1—叶片　2—导流罩　3—轮毂　4—变桨距电源　5—叶片轴承　6—变桨距控制柜　7—变桨距电动机　8—风轮锁定盘　9—主轴轴承座　10—机舱底盘　11—机舱罩　12—主轴　13—偏航电动机　14—塔架　15—齿轮箱　16—偏航轴承　17—高速轴刹车　18—联轴器　19—液压站　20—主控柜　21—提升机　22—发电机　23—风速风向仪

主流的各种机型风轮均采用水平轴、三个叶片，上风向布置，额定转速约为 27r/min；舱内机械采用沿轴线布置的结构；控制系统均使用微处理器，前两种机组采用了晶闸管恒流软切入技术。定桨距失速型机组用叶尖扰流器作为气动制动。

0.1 风力发电机组的结构

风力发电机组是实现由风能到机械能和由机械能到电能两个能量转换过程的装置。风轮系统实现了从风能到机械能的能量转换，发电系统则实现了从机械能到电能的能量转换过程。

大中型风力发电机组结构复杂，定桨距失速型风力发电机组的结构原理如图0-2所示，变桨距风力发电机组的结构原理如图0-3所示，双馈异步变速恒频风力发电机组的结构原理如图0-4所示，永磁同步变速恒频风力发电机组的结构原理如图0-5所示。

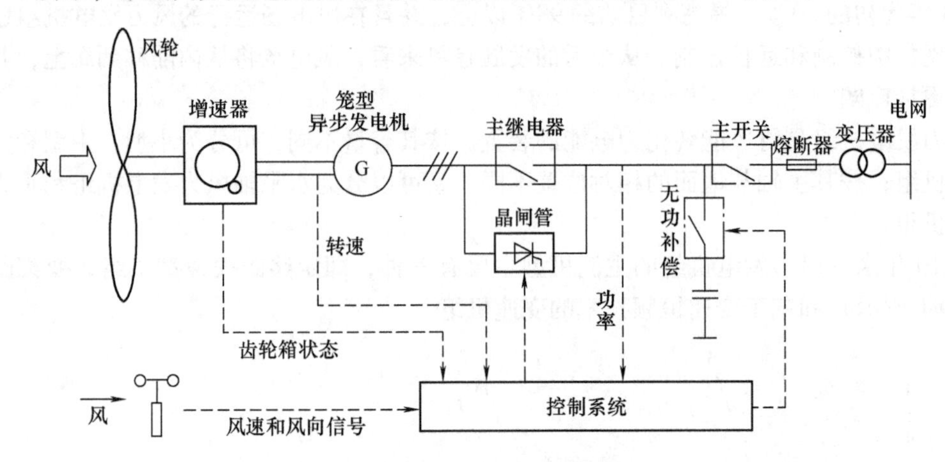

图0-2　定桨距失速型风力发电机组

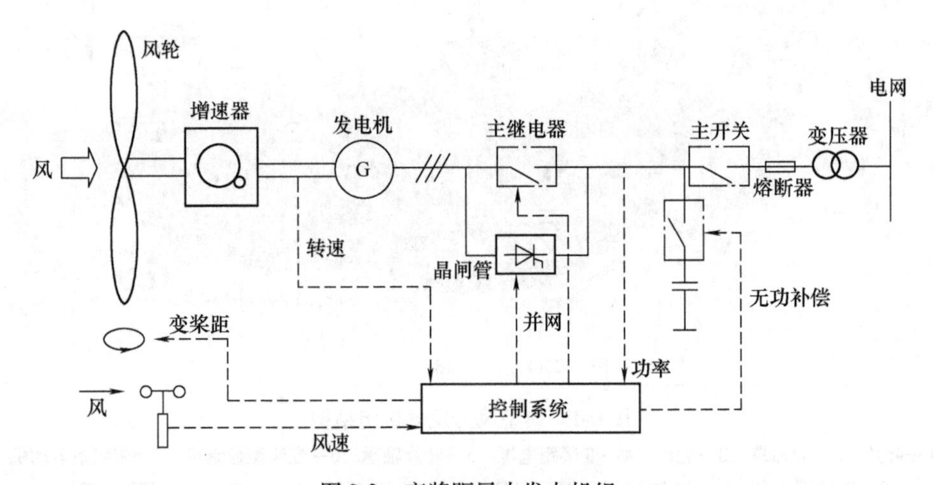

图0-3　变桨距风力发电机组

1. 定桨距失速型风力发电机组

定桨距失速型风力发电机组的基本原理是利用叶片翼型本身的失速特性，主要解决风力发电机组的并网问题和运行安全性与可靠性问题，采用了软并网技术、空气动力制动技术、偏航与自动解缆技术。

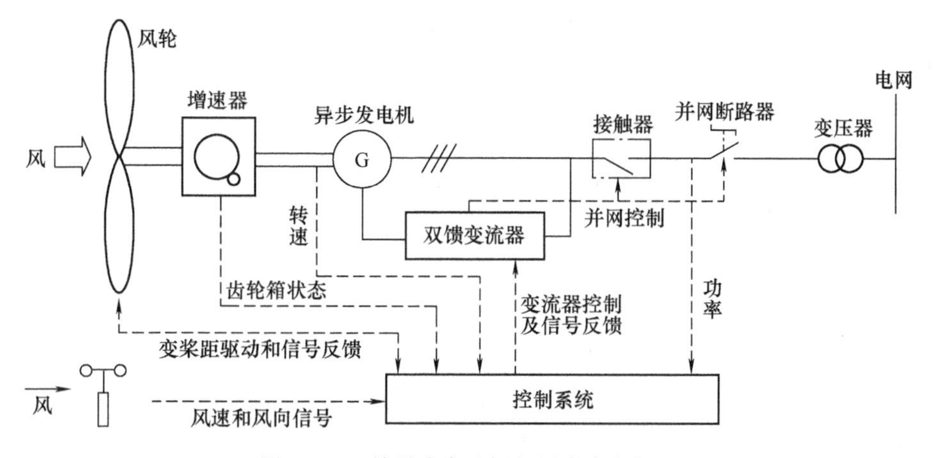

图 0-4　双馈异步变速恒频风力发电机组

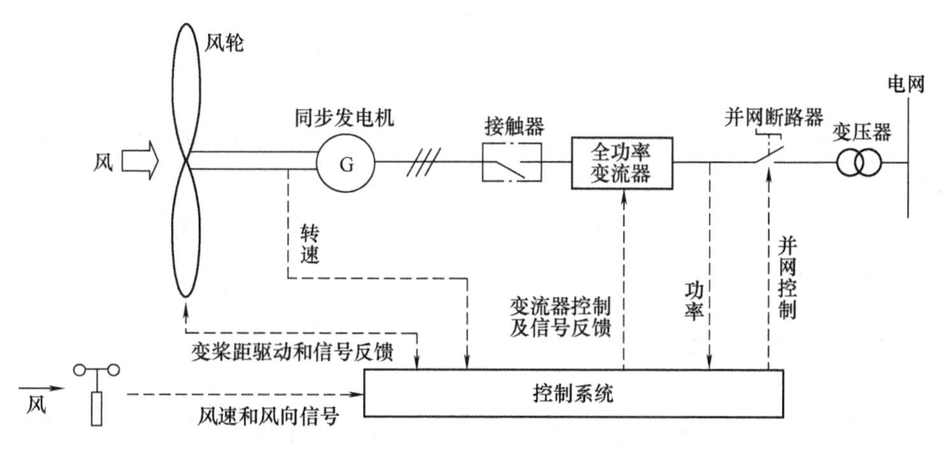

图 0-5　永磁同步变速恒频风力发电机组

当风速超过风力发电机组额定风速时，为确保风力发电机组输出功率不再增加，避免机组过载，通过空气动力学的失速特性，使叶片发生失速，从而控制机组的功率输出。因此，在允许的风速范围内，定桨距失速型风力发电机组的控制系统在运行过程中对由于风速变化引起的输出能量的变化是不进行任何控制的，大大简化了控制技术和相应的伺服传动技术，使得定桨距失速型风力发电机组能够在较短时间内实现商业化运行。但是，由于失速是一个非常复杂的气动过程，对于不稳定的风况，很难精确计算出失速效果，所以很少用在兆瓦级以上的大型风力发电机组的控制上。

控制系统的主要功能有：控制风力发电机并网与脱网；自动相位补偿；监视机组的运行状态、电网状况与气象情况；在异常工况下控制机组安全停机；产生并记录风速、功率、发电量等机组运行数据。

2. 变桨距风力发电机组

变桨距调节从空气动力学角度考虑，当风速超过风力发电机组额定风速时，为确保机组输出功率不再增加，避免机组过载，通过改变叶片节距角和利用空气动力学的失速特性，使叶片吸收风功率减少或者发生失速，从而控制机组的功率输出，使输出功率保持稳定。

采用变桨距调节方式，风力发电机组输出功率曲线平滑，在阵风时，塔筒、叶片及基础受到的冲击较定桨距失速型风力发电机组要小很多，可减少材料使用率，降低整机重量。其缺点是需要一套复杂的变桨距机构，要求其对阵风的响应速度足够快，减小由于风的波动引起的功率脉动。

控制系统的主要功能有：控制风力发电机组并网与脱网；优化功率输出曲线；监视机组的运行状态、电网状况与气象情况；在异常工况下控制机组安全停机；产生并记录风速、功率、发电量等机组运行数据。

3. 变速风力发电机组

变速风力发电机组的控制通常包括两个方面，即机组叶片节距角的机械控制和功率变流器的电气控制，两者必须协调，以便获得高效率。风速较低时机组必须运行在低于同步转速的状态才能达到较高效率，为维持发电机机械转矩与电磁转矩的平衡，转子绕组从电网吸收一定数量的功率再通过定子绕组送回电网；风速较高时机组需要运行在高于同步转速的状态才能达到较高效率，在这种情况下一部分功率将直接通过转子绕组送入电网；当机组运行在同步转速时，如果忽略损耗，转子绕组通过的功率为零，机组与电网的全部功率交换都通过定子绕组完成。

控制系统的主要功能有：基于微处理器，实时监控当地控制系统和远程监控系统，以及利用先进的绝缘栅双极型晶体管（IGBT）技术控制发电机转子变频励磁；采用脉宽调制技术产生正弦电压控制发电机输出电压与频率质量；低于额定风速时，跟踪最佳功率曲线；高于额定风速时，保持功率输出恒定。

0.2 风力发电机组的运行

风力发电机组的控制系统采用工业微处理器，自身抗干扰能力强，并且通过通信线路与计算机相连，可进行远程控制，降低了运行的工作量。所以风力发电机组的运行工作就是进行远程故障排除、运行数据统计分析及故障原因分析。

1. 远程故障排除

风力发电机组的大部分故障可以进行远程复位控制和自动复位控制。机组运行状态和电网质量好坏是息息相关的，为了进行双向保护，机组设置了多重保护故障，如电网电压高、低，电网频率高、低等，这些故障是可自动复位的。由于风能的不可控制性，过风速的极限值故障也可自动复位。过温度的限定值故障也可自动复位，如发电机温度高，齿轮箱温度高、低，环境温度低等。

除了自动复位的故障以外，其他可远程复位控制的故障的引起原因有：①风机控制器误报；②各检测传感器误动作；③控制器认为风机运行不可靠。

2. 运行数据统计分析

对风电场设备在运行中发生的情况进行详细的统计分析是风电场管理的一项重要内容。通过运行数据的统计分析，可对运行维护工作进行考核量化，也可为风电场的设计、风资源的评估及设备选型提供有效的理论依据。

每个月的发电量统计报表是运行工作的重要内容之一，其真实可靠性直接和经济效益挂钩。其主要内容有：机组的月发电量，场用电量，机组的设备正常工作时间，故障时间，标

准利用小时数，电网停电、故障时间等。

3. 故障原因分析

通过对风力发电机组各种故障的深入分析，可以减少排除故障的时间或多发性故障的发生次数，减少停机时间，提高设备完好率和可利用率。

0.3 风力发电机组的维护

风力发电机组是集电气、机械、液压及空气动力学等各种技术于一体的综合产品，各部分紧密联系，息息相关。机组维护的好坏直接影响到发电量的多少和经济效益的高低；机组本身性能的好坏，也要通过维护检修来保持，维护工作及时有效可以发现故障隐患，减少故障的发生，提高风机效率。

风力发电机组的维护可分为定期检修维护和日常排故维护两种方式。

1. 定期检修维护

定期的维护保养可以让设备保持最佳的状态，并延长风机的使用寿命。定期检修维护工作的主要内容有：机组连接件之间的螺栓力矩检查（包括电气连接），各传动部件之间的润滑和各项功能测试。

机组在正常运行时，各连接件的螺栓长期运行在各种振动的合力当中，极易松动，为了避免因松动导致局部螺栓受力不均而被剪切，必须定期进行螺栓力矩的检查。一般螺栓力矩检查安排在无风或风小的夏季，以避开机组的高出力季节。

机组的润滑系统主要有稀油润滑（或称矿物油润滑）和干油润滑（或称润滑脂润滑）两种方式。机组的齿轮箱和偏航减速齿轮箱采用的是稀油润滑方式，其维护方法是补加和采样化验。干油润滑部件有发电机轴承、偏航轴承和偏航齿圈等。这些部件由于运行温度较高，极易变质，导致轴承磨损，定期检修维护时，必须每次都对其进行补加。

定期检修维护的功能测试主要有过速测试、紧急停机测试、液压系统各元件定值测试、振动开关测试及扭缆开关测试，还可以对控制器的极限定值进行一些常规测试。定期检修维护还要检查液压油位，各传感器有无损坏，传感器的电源是否可靠工作，闸片及闸盘的磨损情况等方面。

2. 日常排故维护

风力发电机组在运行当中，也会出现一些必须到现场去处理的故障，因此需进行常规现场维护。首先要仔细观察风机内的安全平台和梯子是否牢固，有无连接螺栓松动，控制柜内有无煳味，电缆线有无位移，夹板是否松动，扭缆传感器拉环是否磨损破裂，偏航齿圈的润滑是否干枯变质，偏航齿轮箱、液压油及齿轮箱油位是否正常，液压站的表计压力是否正常，转动部件与旋转部件之间有无磨损，各油管接头有无渗漏，齿轮油及液压油的过滤器的指示是否在正常位置等。其次是听，听控制柜里是否有放电的声音，若有声音则可能是有接线端子松动或接触不良，须仔细检查；听偏航时的声音是否正常，有无干磨的声响；听发电机轴承有无异响；听齿轮箱有无异响；听闸盘与闸垫之间有无异响；听叶片的切风声音是否正常。最后，清理工作现场，并将液压站各元件及管接头擦净，以便今后观察有无泄漏。

第1章

风　　轮

风力发电机组的核心部件是风轮（叶轮），风轮是将风能转变为机械能的核心装置，主要由叶片、轮毂及其连接件组成，此外还有相关的控制机构。风轮的作用是把风的动能转换成风轮的旋转机械能。风轮应尽可能设计得最佳，以提高其能量转换效率。静止状态的风轮和以非常高的转速旋转的风轮都不会产生功率，在这两种极端情况之间，有一个使风力发电机组获得最大功率的转速。

本章首先介绍风轮的基本参数，其次认识叶片的基本结构和几何参数、了解叶片的生产工艺，最后认识轮毂的结构和材料，了解风轮的维护。

1.1　风轮的基本参数

风力发电机的空气动能主要表现为风轮的空气动力性能，风轮的空气动力性能主要取决于它的气动设计。气动设计时，必须先确定总体参数（如图1-1所示）。

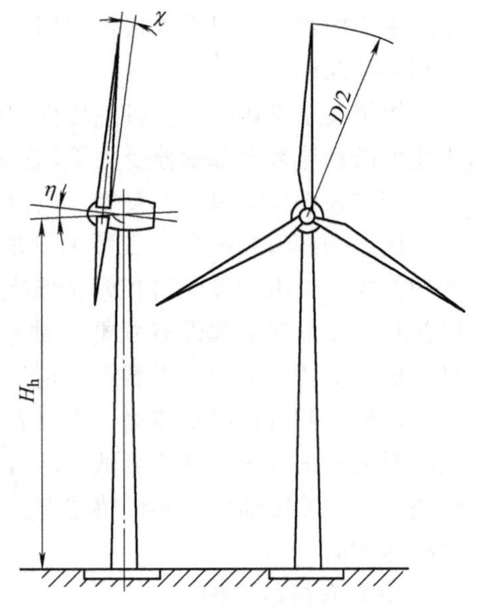

图1-1　三叶片风轮几何参数

1. 叶尖速比 λ

叶尖速比 λ 是风轮的叶尖线速度与额定风速之比，是风轮气动设计的一个重要参数，与叶片数及实度有关。叶尖速比在5～15时，风能利用率较高。实际用于风力发电的 λ 通常取6～8。

2. 叶片数

风轮叶片数是组成风轮的叶片个数，用 B 表示。风轮的叶片数取决于风轮的叶尖速比，具体对应关系见表1-1。

表1-1　叶片数与叶尖速比的关系

叶尖速比	叶片数	风力发电机组类型
1～2	4～20	低速
3～4	3～8	中速
5～8/9～15	2～4/1～2	高速

一般来说，要得到很大的输出转矩就需要较大的风轮实度，如美国早期的多叶片风力提水机。现代风力发电机组风轮实度较小，一般只需要1～3个叶片。叶片数多的风力发电机组在低叶尖速比运行时有较高的风能利用率，即有较大的转矩，而且起动风速低，因此适用

于提水。而叶片数少的风力发电机组则在高叶尖速比运行时有较高的风能利用率，但起动风速高，因此适用于风力发电。

从经济角度考虑，一叶片、两叶片风轮比较合适，但三叶片风轮的平衡简单，风轮的动态载荷小，机组系统运行平稳，基本上消除了系统的周期载荷，输出转矩稳定，受力平衡好，轮毂简单。两叶片风轮噪声大、运转不平稳、为稳定风轮运转配套设备成本高，与三叶片风轮相比气动效率降低2%～3%左右，轮毂也比较复杂。

3. 风轮直径

风轮直径是风轮旋转时的风轮外圆直径，用 D 表示。风轮直径主要取决于两个因素：风力发电机组输出功率和额定风速。

4. 风能利用率

风力发电机组从自然风能中吸取能量的大小程度用风能利用率 C_p 表示

$$C_p = \frac{P}{\frac{1}{2}\rho v^3 S} \tag{1-1}$$

式中，P 是风力发电机组实际获得的轴功率，单位为W；ρ 是空气密度，单位为 kg/m^3；S 是风轮的扫风面积，单位为 m^2；v 是来流风速（或上游风速），单位为m/s。

不同类型的风轮 C_p 值是不同的，并网型风力发电机组的 C_p 值一般都在0.4以上。

5. 风轮面积

风轮面积一般指的是风轮扫掠面积，用 A 表示

$$A = \frac{\pi D^2}{4} \tag{1-2}$$

式中，D 是风轮直径。

6. 转轴

转轴即为风轮的旋转轴。

7. 回转平面

回转平面为垂直于转轴线的平面，叶片在该平面内旋转。

8. 风轮锥角

风轮锥角是叶片与旋转轴垂直的平面的夹角（如图1-2所示），用 χ 表示。风轮锥角的作用是在风轮运行状态下，减少离心力引起的叶片弯曲应力和防止叶片梢部与塔架碰撞。

9. 风轮倾角

风轮倾角（仰角）是风轮旋转轴与水平面的夹角（如图1-2所示），用 η 表示。风轮倾角的作用是防止叶片梢部（叶尖）与塔架碰撞。

10. 叶片轴线

叶片轴线指的是叶片纵轴线。围绕它，可使叶片一部分或全部相对于回转平面倾斜变化。

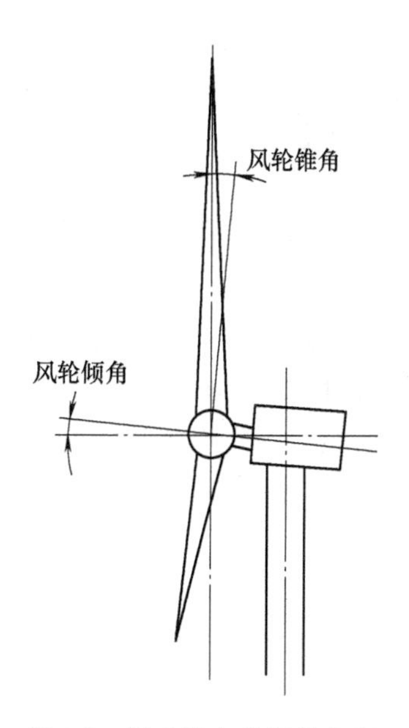

图1-2 风力发电机组的角度

11. 风轮偏航角

风轮偏航角是指风轮旋转轴线和风向在水平面上投影的夹角。风轮偏航角可以起到调速和限速的作用。

12. 风轮实度

风轮实度是叶片在风轮旋转平面上投影面积的总和与风轮扫掠面积的比值，用 σ 表示，风轮实度大小取决于叶尖速比

$$\sigma = \frac{BA_b}{A} \tag{1-3}$$

式中，B 是风轮叶片数，A 是风轮面积，A_b是每个叶片对风向的投影面积。

13. 风轮中心高度（轮毂高度）

风轮中心高度是指风轮轮毂中心的离地高度（也可以说是风轮旋转中心到基础平面的垂直距离），用 H_h表示。

从理论上讲，风轮中心高度越大越好，根据风剪切特性，离地面高度越高，风速梯度影响越小，风轮实际运行过程中，作用在风轮上的波动载荷越小，可以提高机组的疲劳寿命；从另一方面考虑，随着高度增加，平均风速也相应增加，能够提高发电量，特别是对于风资源条件较差的地区，可通过增加轮毂高度来提高发电量。但从实际经济意义考虑，风轮中心高度不可能太高，否则不但塔架成本太高，安装难度及成本也大幅度提高。一般风轮中心高度与风轮直径接近。

14. 安装角

安装角（节距角，桨距角）β 为半径 r 处旋转平面与翼弦之间的夹角，调整安装角最终的效果也就是增大或是减少攻角（即来流速度方向与翼弦间的夹角，其中攻角 $i = I - \beta$。I 为来流速度方向与旋转平面间的夹角，称为倾斜角），通过改变攻角的大小来调整机组的出力。

影响安装角的主要因素有：空气密度、风速和地形地貌。

由于安装角调整时存在读数误差和操作误差，因此安装角调整值与实测值存在一定的误差。安装角的测量方法主要有两种，一种是采用水平角度（利用水平仪）的方法来测量，另一种是通过照相的方法进行测量。

1.2 叶片的基本结构

要获得较大的风力发电功率，其关键在于要具有能轻快旋转的叶片。所以，风力发电机组叶片（简称风机叶片）技术是风力发电机组的核心技术，叶片的翼型设计、结构形式直接影响风力发电装置的性能和功率，是风力发电机组中最核心的部分。风机叶片的尺寸大、外形复杂，并且要求精度高、表面粗糙度低、强度和刚度高、质量分布均匀性好等。

1.2.1 国内外典型叶片

全球风机叶片三大制造商是丹麦的 LM 公司、Vestas 风力系统公司和德国的 Enercon GmbH 公司。我国风机叶片企业以连云港中复连众复合材料集团有限公司（中复连众）、中材科技风电叶片股份有限公司（中材科技）、中航惠腾风电设备股份有限公司（中航惠腾）为代表。

1. LM 公司风电机组叶片系列产品

艾尔姆风能叶片制品有限公司（LM 公司）是世界上处于领先地位的风机叶片（如图 1-3 所示）制造商，在世界风电行业中处于领先的地位。目前，全世界正在运转的风机叶片中有三分之一以上是 LM 公司的产品，在全球占有较大市场。LM 公司的风机叶片系列产品见表 1-2。

图 1-3 LM 公司的风机叶片（61.5m）

表 1-2 LM 公司风机叶片系列产品

叶片类型	LM37.3 P	LM 40.3 P	LM 40.0 P	LM 38.8 P	LM 61.5 P
转子直径/m	77	82.5	82	80	126.3
风电机组功率/kW	1500	1500	2000	2500	5000
机组控制	变桨距	变桨距	变桨距	变桨距	变桨距
叶片长度/m	37.25	40.0	40	38.8	61.5
叶片质量/kg	5530	5780	6290	8700	17700

2. LZ77-1.5MW 风电机组叶片

连云港中复连众复合材料集团有限公司生产的 LZ77-1.5MW 风机叶片（如图 1-4 所示）总长度是 37.5m，最大弦长是 3.2m，标准质量是 5880kg，具有极好的环境适应性及耐候性，可以稳定工作在 -20～50℃，叶片表面高性能涂层可以有效抵御风沙、风雪以及盐雾的侵蚀。在空气动力学特性、高强度轻量化结构设计等方面均达到国外同级产品水准，获得德国 GL 权威认证。

图 1-4 LZ77-1.5MW 风机叶片

连云港中复连众复合材料集团有限公司兆瓦级风机叶片规模位列亚洲第一，功率为1.25～6MW，长度为31～75m，共有9个系列近60个型号。产品批量出口阿根廷、英国、日本等国家。

1.2.2 叶片结构

叶片（如图1-5所示）是接受风能的主要部件，具有空气动力形状，使风轮绕其旋转轴转动。

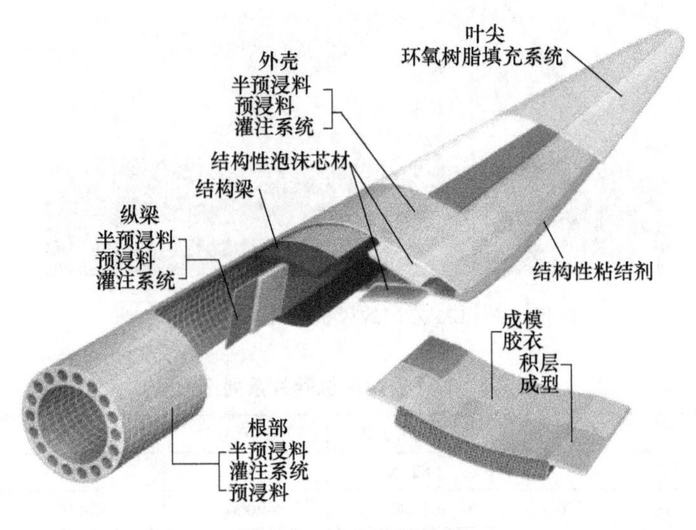

图1-5 叶片的结构图

以水平轴升力型风力发电机组为例，其叶片的结构可分为三个部分：纵梁、壳体和根部。叶片的纵梁（大梁）俗称龙骨、加强肋或加强框。叶尖类型多种多样，有尖头、平头、钩头和带襟翼的尖部等。壳体一般为玻璃钢薄壳结构。根部材料一般为金属结构，用于与轮毂相连接。

（1）叶片纵梁　叶片纵梁的作用是保证叶片长度方向和横截面上的强度和刚度。叶片纵梁多为两条，其在叶片内的布置方式有平行式、垂直式和不规则式三种。

1）纵梁采用GRP（玻璃增强热固性塑料，或称玻璃钢）结构，并作为叶片的主要承载部件。这种形式的叶片以丹麦Vestas风力系统公司（如图1-6a所示）和荷兰CTC公司（由德国NOI公司制造，如图1-6b所示）制造的叶片为代表。

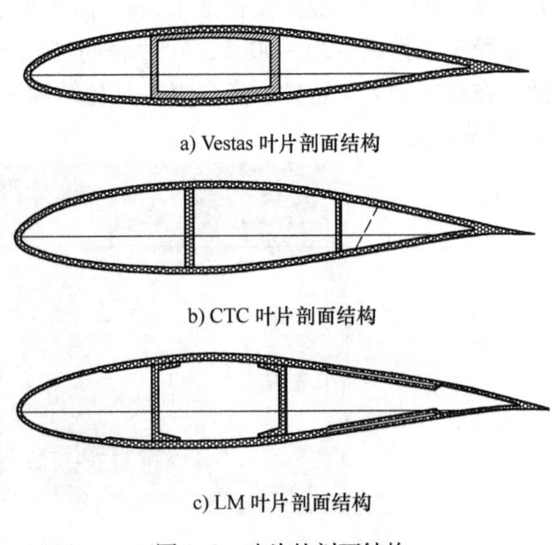

图1-6 叶片的剖面结构

纵梁常用D形、O形、矩形、C形和I形等形式，蒙皮GRP结构较薄，仅2～3mm，主要保持翼型和承受叶片的扭转负载。D形、O形和矩形纵梁在缠绕机上缠绕成型，在模

具中成型上、下两个半壳，再用结构胶将梁和两个半壳粘结起来。另一种方法是先在模具中成型C（或I）形梁，然后在模具中成型上、下两个半壳，利用结构胶将C（或I）形梁和两半壳粘结。

2）纵梁采用硬质泡沫夹芯结构，与壳体粘结后形成盒式结构，共同提供叶片的强度和刚度，以丹麦LM公司生产的叶片为代表（如图1-6c所示）。

（2）叶片的壳体

1）封闭型梁的叶片壳体蒙皮结构较薄，最薄处仅3~6mm，主要保持翼型和承受叶片的扭转载荷，纵梁是其主要承载结构。特点是重量轻，但由于叶片前缘强度和刚度较低，在运输过程中局部易于损坏，因此对叶片运输要求较高。同时这种叶片整体刚度较低，运行过程中叶片变形较大，必须选择高性能的胶粘剂，否则极易造成后缘开裂。

2）非封闭型梁的叶片壳体蒙皮厚度在10~20mm之间，叶片上下壳体是其主要承载结构。叶片壳体的不同部位厚度不一样。为了减轻叶片后缘重量，提高叶片整体刚度，在叶片上下壳体后缘局部可采用硬质泡沫夹芯结构。其优点是叶片整体强度和刚度较大，在运输、使用中安全性好。缺点是叶片比较重，比同型号的轻型叶片重20%~30%，制造成本也相对较高。

上述两种结构中，纵梁和壳体的变形是一致的：经过收缩，夹芯结构作为支撑，两半叶片牢固地粘结在一起。在前缘粘结部位常重叠，以便增加粘结面积；在后缘粘结缝，由于粘结角使粘结变坚固。在有扭曲变形时，粘结部分不会产生剪切损坏。

（3）叶片根部的结构形式　叶片的接口处是叶片承受载荷最大的地方，而且主要是引起疲劳的循环载荷。叶片处于水平位置时，叶片相当于一个悬臂梁，叶片处于最下位置时承受拉力，叶片处于最上位置时承受压力，因此将叶片根部固定到轮毂上是叶片设计中最关键的地方。叶片根部的结构形式有多种，常用的有以下两种：

1）钻孔组装式。以荷兰CTC公司叶片（如图1-7a所示）为代表。叶片成型后，用专用钻床和工装在叶片根部钻孔，将螺纹件装入。叶片根部钻孔分为径向孔和轴向孔，径向孔在叶根外圆上均匀分布，轴向孔在叶根外圆与内圆间居中的圆上均匀分布。该方式会在叶片根部的GRP结构层上加工出几十个孔（如600kW叶片），破坏了GRP的结构整体性，大大降低了叶片根部的结构强度。

2）螺纹件预埋式。以丹麦LM公司叶片（如图1-7b所示）为代表。螺纹件预埋式叶片根部的结构是在叶片成型过程中，直接将经过外圆切槽的内螺纹件预埋在叶片根部，避免了对GRP结构层的加工损伤。该结构形式连接可靠性高，缺点是每个螺纹件的定位必须准确。

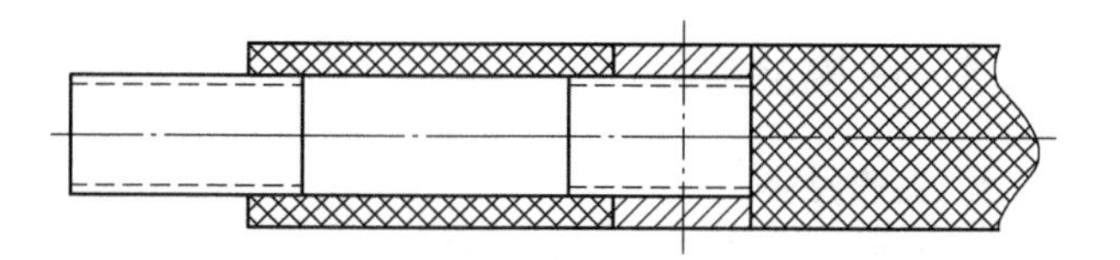

a) 钻孔组装式

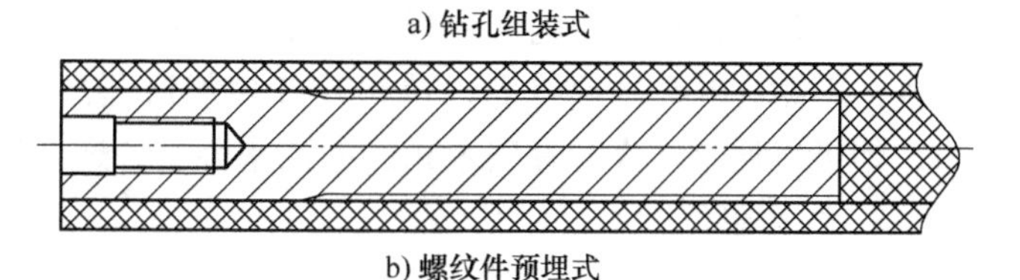

b) 螺纹件预埋式

图1-7　叶根结构

（4）叶片的叶尖　叶尖是水平轴和垂直轴风力发电机组的叶片距离风轮回转轴线的最远点。

1）叶尖闸结构。叶尖闸部分运动机构由环氧碳纤维制成。由图1-8a

可知，花键轴的轴端预埋在叶尖内，花键端与叶片内的导向尼龙块配装，在叶尖释放或回位时导向；花键轴末端与钢丝绳连接，钢丝绳另一端与液压缸配接，提供叶尖闸动作的动力，或在叶片转速升高时将压力传递到液压系统。叶片上有两个圆锥体，在运行状态时，导入两个叶尖的母锥中定位。

当叶尖释放时由导向尼龙块（内螺纹）导向，小弹簧保证导向尼龙块产生轴向位移大约26mm，确保圆锥体与母锥的配合。

2）叶尖功能。叶尖扰流器位于叶尖，固定在碳/环氧树脂轴上。在风力发电机组运行期间，置于叶片根部处的液压缸通过不锈钢丝绳与叶尖连接，将叶尖与叶片连成一个整体，并稳定地保持在正常运行位置。

叶尖制动动作时，液压压力被释放，由于离心力的作用，使叶尖轴向位移大约180mm后打开。叶尖甩开（如图1-8b所示）时，由花键轴导向旋转大约74°。液压油回路连接一个限流阀，因此叶尖在展开时受到阻尼，使叶尖的机械部分不致受损。

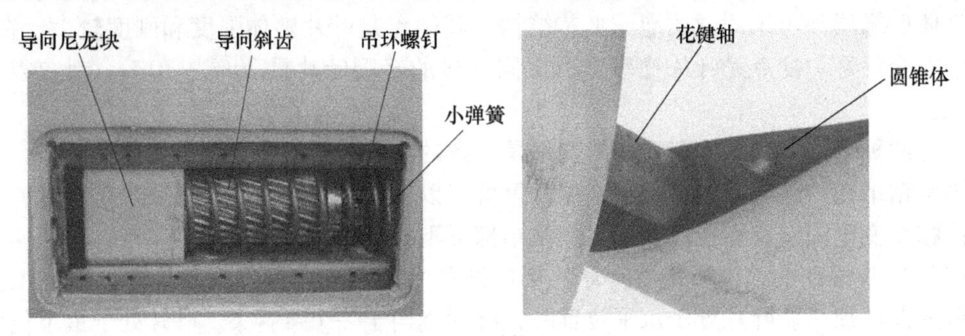

a) 叶尖闸结构

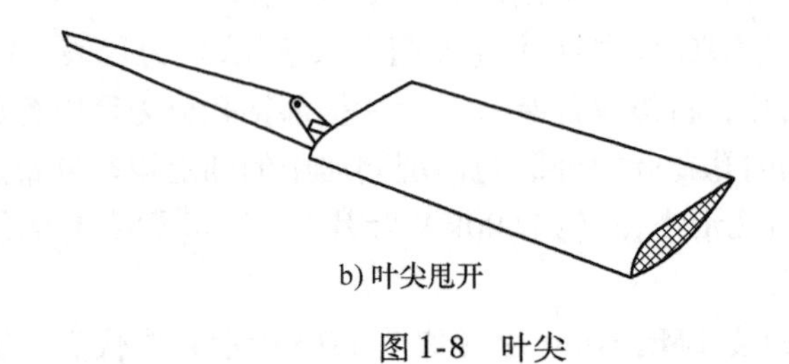

b) 叶尖甩开

图1-8　叶尖

1.2.3　附属装置

1. 失速贴条

叶片在使用过程中，风速超过18m/s时会产生叶片旋转方向的振动，容易使叶片后缘损坏。为防止这种有害的叶片振动，叶片一般配置有失速贴条。失速贴条是截面为三角形的长条，粘贴在叶片的前缘点，位置在叶尖扰流器之后。失速贴条的缺点是降低了整机的出力，但可以通过增大叶片安装角的办法来弥补，通常安装角需增加0.5°～1°。

2. 结构阻尼

风力发电机组在运行时，叶片处于非定常流场中，会受到较为复杂的气动载荷，另外，在低温（－20℃）条件下，叶片自身结构阻尼下降，叶片运行在失速区时，气动阻尼不稳

定，有可能会发生随机振动现象，这种振动会对叶片和机组产生不利影响，严重时会损坏叶片。

为了减少这种振动，在叶片内部设计有附加结构阻尼，它是一种黏弹性材料，作用是增加叶片的结构阻尼，吸收振动能量。由于这种结构阻尼是在叶片原有结构上设计的，因此不影响叶片的结构强度，而且寿命与叶片相同。

3. 涡流发生器

为提高风力发电机组的出力，风力发电机组叶片配置有涡流发生器（如图 1-9 所示）。

涡流发生器是一些小的三角翅片，安装在叶片背风侧的入流端，相互之间呈一定的角度排列。当风经过时，在其后端会产生旋涡，在叶片流出端，旋涡之间相互作用变成统一的方向，减少作用在叶片上的阻力，防止失速过早发生。涡流发生器在 4～15m/s 风速段增加叶片的气动阻力，但在 9～15m/s 风速段其正面影响更大，能提高风力发电机组年产量约4%～6%。

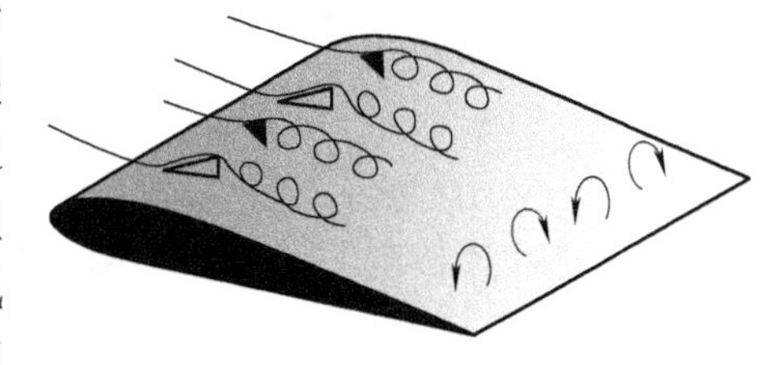

图 1-9 涡流发生器

4. 防雷保护

叶片很容易遭到雷电的袭击，绝大多数的雷击点位于叶片叶尖的上翼面上。雷击对叶片造成的损坏取决于叶片的形式，与制造叶片的材料及叶片内部结构有关。叶片全绝缘并不能减小雷击危害，而会增加被损害的次数。因此，叶片采用内置式的雷电接闪器（如图 1-10 所示），利用接闪器通过叶片内腔导线将雷电引入大地，实现对叶片的防雷保护。

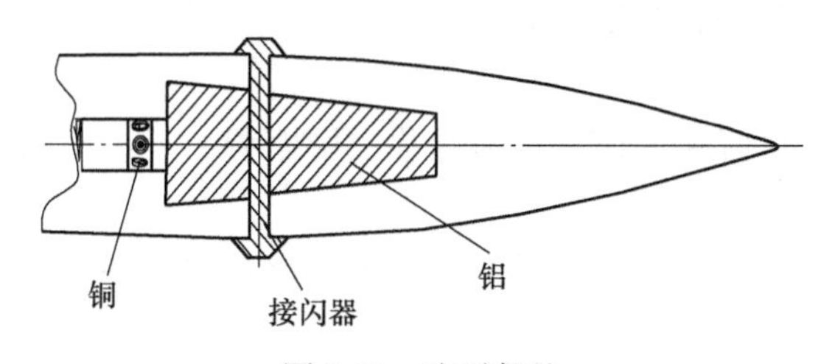

图 1-10 防雷保护

防雷装置可经受 1600kV 的雷击电压和 200kA 的电流。该装置简单精巧，与叶片的寿命一样。如果需要，可以很方便地更换。

1.3 叶片的几何参数

风轮叶片的平面形状一般为梯形（如图 1-11 所示），叶片有以下主要几何参数。

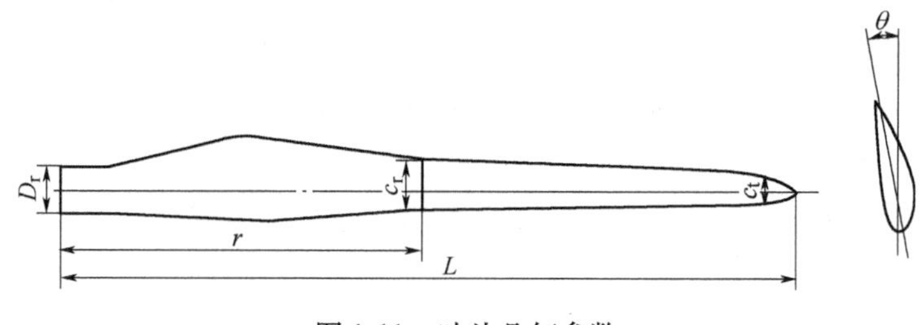

图 1-11 叶片几何参数

1. 叶片长度

叶片长度是叶片展向方向上的最大长度，用 L 表示。

2. 叶片弦长

叶片弦长是叶片各剖面处翼型的弦长，用 c 来表示，距离叶片根部 r 处翼型的弦长为 c_r。叶片弦长沿展向变化，叶片根部剖面的翼弦称翼根弦，用 D_r 表示，叶片梢部剖面的翼弦称翼梢弦，用 c_t 表示。

3. 叶片面积

叶片面积通常指叶片无扭角时在风轮旋转平面上的投影面积，用 A_b 表示为

$$A_b = \int_0^L c(z_b)\,dz_b \tag{1-4}$$

式中，z_b 是叶片长度 r 在旋转平面上的投影长度，$c(z_b)$ 是叶片弦长在旋转平面上的投影长度。

4. 叶片平均几何弦长

叶片平均几何弦长是叶片面积 A_b 与叶片长度 L 的比值，用 $\bar{c}$ 表示为

$$\bar{c} = \frac{A_b}{L} \tag{1-5}$$

5. 叶片转轴

通常风轮叶片的转轴位于叶片各剖面的 0.25～0.35 翼弦处，与各剖面气动中心的连线重合或尽量接近，以减少作用在转轴上的转矩。

6. 叶片投影面积

叶片在风轮扫掠面上的投影的面积称为叶片投影面积。

7. 叶片翼型

叶片翼型也叫叶片剖面，它是指用垂直于叶片长度方向的平面去截叶片而得到的截面形状。翼型的长度趋于无限小。

1.4 叶片的生产工艺

叶片是风力发电机组最关键的部件。在风力发电机组设计中，叶片的外形设计尤为重要，它涉及机组能否获得所希望的功率。

1.4.1 叶片的载荷

叶片的疲劳特性十分突出，由于它要承受较大的风载荷，并在地球引力场中运行，重力变化相当复杂。当材料出现疲劳失效时，部件就会产生疲劳断裂。疲劳断裂通常从材料表面开始，然后是截面，最后彻底破坏。作用在风力发电机组叶片上的载荷主要有以下几种。

1. 空气动力载荷

空气动力载荷主要来自于叶片与风的相互作用，空气动力载荷可根据叶素-动量算出。

2. 重力载荷

重力载荷指由叶片的重力产生的载荷。重力载荷会随着叶片方位角的变化而产生周期性

变化，是叶片的主要疲劳载荷之一。

3. 惯性载荷

叶片上的惯性载荷包括离心力和科氏力。离心力是由于风轮旋转而产生的，其作用方向总是沿着叶片向外。而科氏力则是叶轮旋转及机组偏航时，叶片上产生的垂直于风轮旋转平面的附加惯性载荷。

4. 操纵载荷

操纵载荷是指操纵风机时，对其部件施加的附加载荷。叶片上的操纵载荷主要由气动制动和变桨距产生。

从载荷作用的效果上分，叶片载荷又分为极限载荷和疲劳载荷。

极限载荷是指在风力发电机组寿命期内，可能发生的作用在叶片上的最大载荷。极限载荷通常由50年一遇的极限暴风、阵风或者其他的特殊的运行状态产生。极限载荷的作用时间很短，但会对叶片产生破坏性的效果，是叶片设计时主要考虑的设计载荷之一。

疲劳载荷是指作用在叶片上的交变载荷，主要由以下因素产生：由阵风频谱的变化引起的受力变化；风剪切影响引起的叶片动载荷；偏航过程引起的叶片上作用力的变化；由于自重及升力产生的弯曲变形导致的弯曲力矩变化；在最大转速下，机械、空气动力制动，风轮制动；电网周期性变化。

1.4.2 叶片的材料

风力发电机组在工作过程中，风机叶片要承受强风载荷、砂粒冲刷、紫外线照射、大气氧化与腐蚀等外界因素的作用。因此，风机叶片材料的强度和刚度是决定风力发电机组性能优劣的关键。

对于大型机组来说，叶片的刚度、固有特性和经济性是主要的，通常较难满足，所以对材料的选择尤为重要。风机叶片所用材料由木质、帆布等发展为金属（铝合金）、玻璃增强热固性塑料（GRP）、碳纤维增强复合材料（CFRP）等，其中新型玻璃钢叶片材料因其重量轻、比强度高、可设计性强、价格低廉等优点，开始成为大中型风机叶片材料的主流。随着风机叶片朝着超大型化和轻量化的方向发展，玻璃钢复合材料也达到了其使用性能的极限，碳纤维增强复合材料逐渐应用到超大型风机叶片中。大部分复合材料由基体和增强材料组成，基体构成复合材料连续相，增强材料通常呈纤维态分散于基体当中，提高基体的强度和刚度。

1.4.3 叶片的制造工艺

传统复合材料风机叶片多采用手糊工艺（Hand Lay-up）制造。手糊工艺的主要特点在于手工操作、开模成型、生产效率低以及树脂固化程度往往偏低，适合产品批量较小、质量均匀性要求较低的复合材料制品的生产。手糊工艺生产风机叶片的主要缺点是产品质量对工人的操作熟练程度及环境条件依赖性较大，生产效率低，产品质量均匀性波动较大，产品的动静平衡保证性差，废品率较高。手糊工艺制造的风机叶片在使用过程中出现的问题往往是工艺过程中造成的含胶量不均匀，纤维/树脂浸润不良及固化不完全等引起的裂纹、断裂和叶片变形等。此外，手糊工艺往往还会伴有大量有害物质和溶剂的释放，有一定的环境污染问题。

目前国外的高质量复合材料风机叶片往往采用树脂注射成型（RIM）、树脂传递模塑（RTM）、缠绕及预浸料/热压工艺制造。其中RIM工艺投资较大，适宜中小尺寸风机叶片的大批量生产（>50000片/年）；RTM工艺适宜中小尺寸风机叶片的中等批量生产（5000～30000片/年）；缠绕及预浸料/热压工艺适宜大型风机叶片批量生产。

1. 树脂注射成型（RIM）

RIM工艺是一种树脂注射成型的方法，用于生产具有偏置厚度部分的成型树脂制品，其中进入模腔的过量填充形成熔融树脂本体，形成相对的第一和第二表面。RIM采用的模具具有特殊的结构，要求与模腔结合并与模具的合模表面结合形成排气通道，该排气通道在模腔的内壁表面具有内部开口并与模具的外面连通，将压缩气体在熔融树脂本体第一表面一侧引入模腔内，由此形成用压缩空气填充并通过熔融树脂本体与排气通道分离的封闭空间。

RIM工艺流程如图1-12所示。

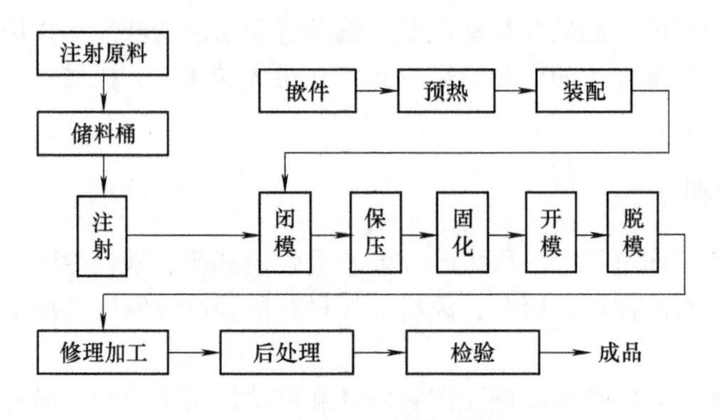

图1-12　RIM工艺流程图

在模具闭合以后，由于环形弹簧的作用，树脂被推向喷嘴的前端，此时打开压力储料桶的进气阀门，液体树脂受压而经输料管和注射喷嘴，注入加热至13℃左右的模腔内，气体经模具分型面的锥形放气阀（简称锥形阀）而逸出，树脂不会从锥形阀流出。开始注射时注射压力很小，气体的冲力不会使锥形阀完全闭合，气体很容易从锥形阀跑出。当模腔充满后，随注射压力的增大，锥形阀托起，放气孔关闭，此时液态树脂充满模腔，受热并固化，固化过程中物料要收缩，不断有流动状态的树脂补充。树脂固化后，降低压力，这样输料管中的剩料在重力作用下卸回到储料桶中等待第二次循环，然后开启模具，取出制品，清理模具，进入成型周期。

1）RIM工艺优点：缩短产品开发周期，降低产品开发成本；可成型较大面积的制品且外观和结构质量好；制品封装镶嵌件工艺简单；模内漆喷涂工艺方便。

2）RIM工艺的缺点：不适合生产批量较大的零件；不适合生产结构较为复杂的零件；零件表面处理工序较为繁琐，故其零件单价较高。

2. 树脂传递模塑（RTM）

RTM工艺主要原理为在模腔中铺放好按性能和结构要求设计好的增强材料预成型体，采用注射设备将低黏度树脂注入闭合模腔，模具具有周边密封、紧固、注射和排气系统以保

证树脂流动顺畅并排出模腔中的全部气体，彻底浸润纤维，并且模具有加热系统可进行加热固化而成型复合材料构件。其主要特点有：

1）闭模成型，产品尺寸和外形精度高，适合成型高质量的复合材料整体构件（整个叶片一次成型）。

2）初期投资小（与 RIM 相比）。

3）制品表面粗糙度低。

4）成型效率高（与手糊工艺相比），适合成型年产 20000 件左右的复合材料制品。

5）环境污染小（有机挥发份小于 0.005%，是唯一符合国际环保要求的复合材料成型工艺）。

RTM 工艺流程如图 1-13 所示。

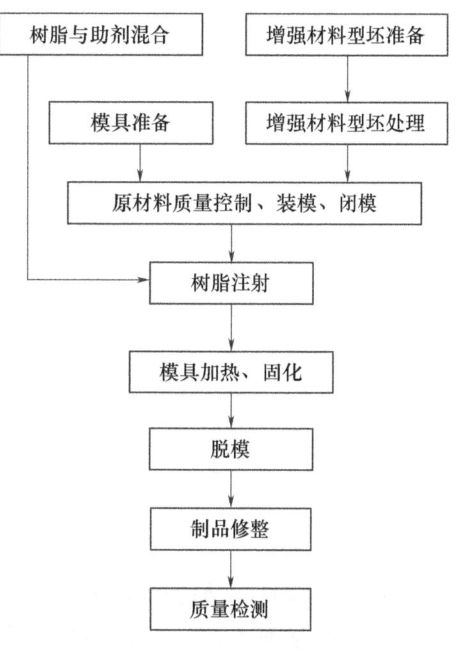

图 1-13 RTM 工艺流程

RTM 工艺属于半机械化的复合材料成型工艺，采用闭模成型工艺，依靠模具和注射系统完成叶片成型工艺，适宜一次成型整体的风力发电机叶片，而无需二次粘结。与手糊工艺相比，不但节约了粘结工艺的各种工装设备，而且节约了工作时间，提高了生产效率，降低了生产成本。同时由于采用了低黏度树脂浸润纤维以及加温固化工艺，大大提高了复合材料质量和生产效率，产品质量易于保证，产品的废品率低于手糊工艺。

1.4.4 叶片的检验

风机叶片检验项目主要有以下几种：静态检验、疲劳检验、室外检验、模型分析、强度（硬度）检验、红外成像分析、声学分析、超声波检查、叶片表面质量控制、质量分布测量、自然频率和阻尼的测定。

1. 静态检验

静态检验用来测定叶片的结构特性，包括硬度数据和应力分布。静态检验可以使用多点负载方法或单点负载方法，并且负载可以加在水平方向也可以加在垂直方向。如图 1-14 所示，叶片被固定到检验设备上，多个负载点进行叶片静态检测。

图 1-14 高达 10 个负载点的叶片静态检验

静态检验的最大叶根弯曲容量是 20000kN · m。检验中的负载由远程控制电动提升机或液压系统产生，用力量传感器测量负载强度。距离传感器沿着叶片测量不同位点的偏差，尤其是负载传入点的偏差。变形测量器扫描仪对变形测量器信号进行加工。所有测量值被储存进数据采集系统。

2. 疲劳检验

叶片的疲劳检验用来测定叶片的疲劳特性。叶片疲劳检验包括单独的翼面向（如图 1-15 所示）和翼弦向检验。疲劳检验时间要长达几个月，检验过程中，要定期地监督、检查以及检验设备的校准。

图 1-15　翼面向疲劳检验

3. 室外检验

室外检验是一种选择性的检验方式。室外检验可以降低费用，但同时也增加难度。必须对检验和测量设备加以保护，以免受到环境的破坏，并且还要考虑检验的机密性和噪声的影响。

温度和风况变化会影响检验的结果，因此必须在测量、分析时把这些因素考虑进去，然后得出结果。

4. 超声波检查

随着叶片的增大，生产成本在提高，技术要求也在提高，生产风机叶片的风险也在提高，因此需要超声波检查这种快速、高效并且非破坏性的检查方法。超声波检查可以直接用来优化叶片设计和产品参数，从而大幅降低叶片故障的风险。

自动超声波检查（如图 1-16 所示）非常适合风机叶片检验。利用自动超声波检查可以有效地检测层的厚度变化，显示隐藏的产品故障，例如：分层、内含物、气孔（干燥地区）、缺少粘结剂、翼梁与外壳之间以及外壳的前缘与后缘之间粘结不牢。

图 1-16　自动超声波检查

5. 叶片表面质量控制

良好的叶片表面和涂层是确保叶片使用寿命的第一步，如果对叶片表面进行涂层，清洁是非常重要的。可通过测量叶片表面张力来确定叶片表面是否清洁。完成叶片表面涂层后，

可以通过测量颜色、光泽、表面粗糙度以及黏着力来判断叶片表面质量。

叶片的耐久性包括叶片抵御风化的能力、抗腐蚀能力、耐磨损能力及化学稳定性。可通过周期性喷洒盐水加速自然风化的方法检验叶片的抗腐蚀的能力。耐磨损能力以及化学稳定性如果需要也可以进行检验。耐久性检验一般都是检验样品，而不是检验已经生产好的叶片。

6. 红外成像分析和声学分析

非破坏性检验可以是叶片疲劳检验的红外成像分析检验或叶片疲劳检验和静态检验的应力波分析检验。

1）红外成像分析检验：叶片的红外成像分析检验可以提示设计人员叶片结构的危险区，这种危险区的小的缺陷可以导致最终的故障。在图1-17中叶片中间发光的部分为主梁。

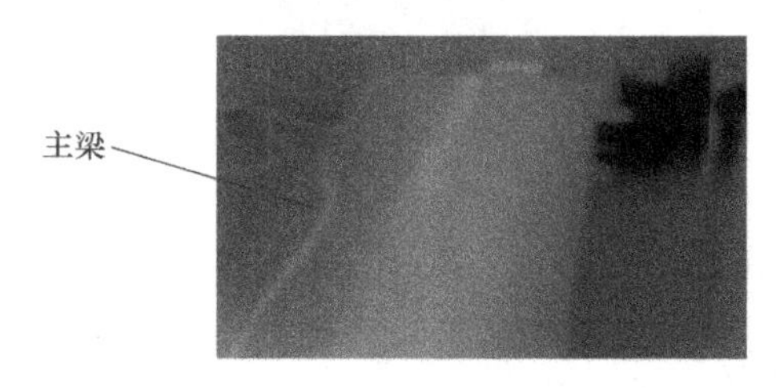

图1-17 叶片检验的初期阶段的红外成像分析

2）应力波分析检验：应力波分析或声学分析能锁定小的裂痕和结构上的小缺陷（如图1-18所示）。声学检测系统是按照预定义模式放置在叶片上的一套压电传感器系统。传感器与数据采集系统相连接，这样可以采集传感器的信号。

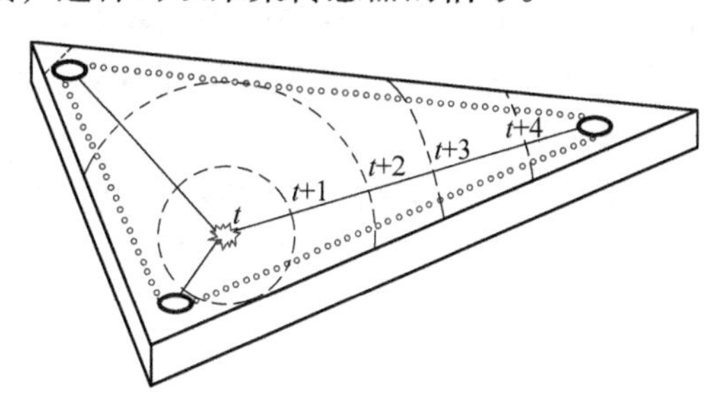

图1-18 声学检测系统的原理示意图

7. 硬度检验

硬度检验用来测定叶片不同横截面处的硬度分布，硬度检验可以在翼面向和翼弦向进行，还可以进行扭力硬度检验。

1.5 轮毂

轮毂是固定叶片、组成风轮的重要部件之一，它承受了风力作用在叶片上的推力、转矩、弯矩及陀螺力矩，同时担负着将叶片收集的风能传递给主轴，把风力转化成转矩的任务。

1.5.1 轮毂的结构

轮毂为固定式结构，一般为传统的三岔管形式（结构如图1-19所示），铸造结构很好地保证了曲面过渡，在手孔的周围采取加厚的凸缘，避免应力集中的破坏。

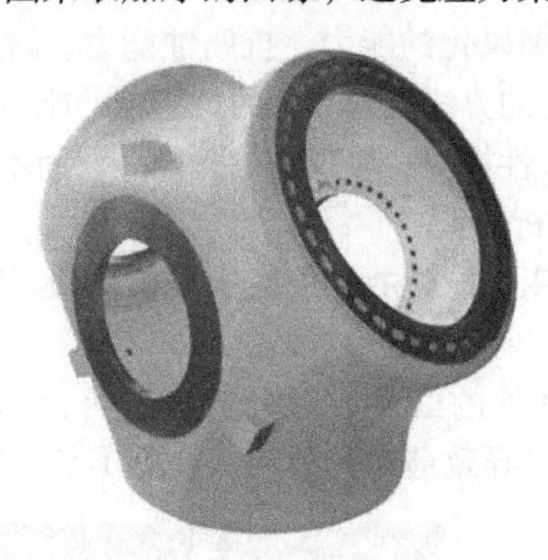

图 1-19　轮毂

1.5.2　轮毂与叶片的连接

1. 固定连接（刚性连接）

三叶片风轮大多用此连接方式，制造成本低，维护较少，无磨损，但要承受所有来自叶片的载荷。

2. 铰链式连接（柔性连接）

此连接方式常用于单叶片和两叶片的风轮。铰链轴分别垂直于叶片轴和风轮转轴，使挥舞运动不受约束。如果两个叶片固连成一体，它们的轴向相对位置不变，也称为跷跷板铰链，可使叶片在旋转平面前后几度（如 5°）的范围内自由摆动，更利于锥角效应，但扭转力矩变化较大，风轮噪声大，结构复杂。

由于铰链式轮毂具有活动的部件，相对于固定式轮毂来说，制造成本高，可靠性相对较低，维护费用高。它与刚性轮毂相比所能承受的力和力矩较小。

1.5.3　轮毂材料与工艺

1. 轮毂的材料

轮毂可用铸钢铸造或由钢板焊接而成。轮毂铸成后，必须进行理化检验，铸件不能有铸造缺陷（如夹渣、缩孔、砂眼、裂纹等），否则应重新浇铸。为减小机械加工过程和使用中的变形，防止出现裂纹，铸造轮毂均应进行退火、时效处理，以消除内应力。

大型风力发电机组风轮的轮毂可用加延长节的方式，简化轮毂的制造，减少出现各种缺陷的可能。对轮毂（和延长节）要进行静强度和疲劳强度分析。

2. 轮毂加工工艺

1）轮毂的铸造毛坯首先必须进行退火和时效处理，以消除内应力。清砂后喷丸处理，然后喷防锈漆。

2）小批量生产时，钳工划线作为加工装卡时找正的基准。大批量生产时，采用特制的卡具，保证各个加工面加工余量分配均匀，避免出现局部缺肉造成废品。

3）将轮毂毛坯与主轴连接的法兰面向上吊装在立式车床的转盘上，找正后卡紧。

4）加工与主轴连接的法兰面上的安装孔。

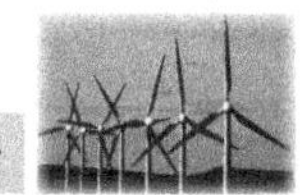

5）机械加工完成后，全部外露表面应喷涂防护漆，涂层应薄厚均匀，表面平整、光滑，颜色均匀一致。

6）做轮毂静平衡试验，用钻孔方法在规定部位去除多余重量。

7）经检验合格后，加工表面涂防锈剂。

1.6 风轮的维护

进入轮毂前要严格遵守如下安全条例：随时根据当时的风况，首先调整风轮的方向使其远离主风向，然后旋转轮毂，使一个叶片垂直向下，另两个叶片以相同的角度向上。一旦主轴完全停止稳定了，使用风轮锁定装置锁定风轮盘。只能在平均风速≤12m/s 的情况下才可以爬上轮毂。在翻越轮毂的时候必须确认保险扣被使用。当有人员爬上轮毂时，必须保证在塔架内没有人员。应防止没有安装牢固的部分掉到地上。

1. 叶片的维护

1）仔细听叶片运转过程中所发出的噪声很重要，任何一种非正常的噪声都可能意味着某个地方出了问题，需要马上对叶片进行仔细检查。

2）因叶片内部脱落的聚氨酯小颗粒而产生“沙拉沙拉”的声音，这是正常的，但一般仅在叶片缓慢运转时可以听得到。

3）使用望远镜从地面和机舱顶部观察叶片表面。检查有无裂纹、凹痕和破损。在运行和叶尖收回状态下，观察叶尖与叶片的合拢情况。

4）进入叶片内部检查，将要检查的叶片旋转到水平位置，使用手电照明，工作人员应尽可能靠近叶尖，检查所有的粘结部件有无裂纹和移动，清除叶片内的胶粒。

5）检查叶尖钢丝绳张紧度，可以用靠近叶尖液压缸处的调节螺母调整钢丝绳的松紧。

6）检查防雷保护的连接。

7）检查叶尖液压缸有无泄漏，在液压缸的活塞上涂抹一圈薄并且窄的油脂。

8）检查叶尖油管有无裂纹、破损、浸渍和泄漏。如果发现损坏，应更换新的叶尖油管。

9）按照螺栓紧固力矩表紧固叶片与轮毂连接螺栓。

2. 轮毂的维护

1）检查轮毂外观，检查铸件有没有裂纹。

2）检查防腐层有没有破损，如果发现有破损和生锈的部分，应除去锈斑并补做防腐。

3）按照螺栓紧固力矩表紧固安全杠与轮毂连接螺栓。

4）按照螺栓紧固力矩表紧固轮毂与主轴连接螺栓。

5）如果发现有损坏和拉长的螺栓，则必须更换。

本章小结

1. 风轮的基本参数有：叶尖速比、叶片数、风轮直径、风能利用率、风轮面积、转轴、回转平面、风轮锥角、风轮倾角、叶片轴线、风轮偏航角、风轮实度、风轮中心高度（轮毂高度）和安装角。

2. 叶片结构设计要求。

3. 叶片的主体结构有：纵梁、壳体、叶片根部和叶尖。

4. 叶片的附属装置有：失速贴条、结构阻尼、涡流发生器和防雷保护。

5. 叶片的几何参数有：叶片长度、叶片弦长、叶片面积、叶片平均几何弦长、叶片转轴、叶片投影面积和叶片翼型。

6. 叶片载荷有：空气动力载荷、重力载荷、惯性载荷和操纵载荷。

7. 风机叶片制造工艺有：树脂注射成型（RIM）、树脂传递模塑（RTM）、缠绕及预浸料/热压工艺。

8. 叶片检验和分析方法有：静态检验、疲劳检验、室外检验、模型分析、强度（硬度）检验、红外成像分析、声学分析、超声波检查、叶片表面质量控制、质量分布测量及自然频率和阻尼的测定。

习　题

1. 影响安装角的因素有哪些?
2. 叶片主要由哪些部分组成?
3. 疲劳载荷由哪些因素产生?
4. 叶片制造都采用哪些复合材料？这些复合材料有哪些优点?
5. RIM 和 RTM 工艺各有什么特点?
6. RTM 工艺有哪些流程?
7. 常用的轮毂结构有几种?
8. 轮毂与叶片的连接有哪些方式?

第2章

传动系统与制动系统

传动系统是大型风电机组的关键部件之一，用来连接风轮与发电机，实现能量传递和转速变换。典型风电机组传动系统结构包括低速轴及轴承、增速齿轮箱、高速轴及联轴器等部件，制动系统主要包括空气动力制动和机械制动。

本章将逐步认识机组的主轴、齿轮箱及制动系统的结构及原理，了解主轴、齿轮箱的设计和制造过程，掌握传动系统和制动系统的维护方法。

2.1 主轴

轴是机器中的重要零件之一，用来支撑回转零件，并传递运动和动力。主轴是组成风力发电机组的重要零件之一。它支撑风轮旋转并将其产生的转矩传递给增速齿轮箱或发电机，同时它又通过轴承和机舱连接，将风轮产生的轴向推力、气动弯矩传递给机舱和塔架。

2.1.1 主轴的结构

主轴（如图2-1所示）又称低速轴，连接风轮的轮毂与齿轮箱或直接连接发电机。定桨距型风力发电机组低速轴大多采用中空型阶梯轴，内部穿过液压管路控制气动制动（叶尖）。

图2-1 主轴

风力发电机组的主轴既有径向偏移，又有轴向偏移。实际上，主轴的轴向偏移直接传递到齿轮箱的输入轴。除非对调心滚子轴承的径向游隙、轴向游隙控制以及对行星轮的定位做特别处理，否则轴向偏移会对齿轮箱里行星架支撑轴承产生不利的影响。

在一端固定、一端浮动的轴承布置情况下，固定端轴承同时承受径向力和轴向力，而浮动端轴承只承受径向力。因为轴向力作用方向是从转子端指向齿轮箱端的，因此不管是使用双列圆锥滚子轴承还是使用调心滚子轴承，只有靠近齿轮箱一端的一列滚子承受所有的轴向力。

2.1.2 主轴的加工工艺

1. 主轴的材料

风力发电机组的主轴材料以钢为主，但不同的风力发电机组的主轴材料是不同的。由于风力发电机组的主轴要承担很大的载荷，要求其具有较高的耐磨性能、良好的减振作用、良好的热传递和较高的耐用度，因此一般选用34CrNiMo6、42CrMo、42CrMoS4和42CrMo4等合金钢。

2. 主轴毛坯的制造

（1）锻造　目前，风力发电机组的主轴均是采用锻造的方法生产，即利用锻压机械对金属坯料施加压力，使其产生塑性变形以获得具有一定机械性能、一定形状和尺寸的锻件。按所用工具，锻造可分为自由锻和模锻。使用自由锻设备及通用工具使坯料变形获得所需几何形状及内部质量的锻件的锻造方法称为自由锻，利用模具使坯料变形获得锻件的锻造方法称为模锻。风力发电机组主轴的毛坯采用锻造中的自由锻方法生产。

自由锻基本工序：①镦粗：使毛坯高度减小、截面积增大的工序。镦粗工序主要用于锻制齿轮、法兰等饼类锻件。②拔长：使毛坯横截面积减小、长度增加的工序。该工序主要用于制造轴类锻件或为后道工序制坯。③其他工序：如芯轴拔长、马架扩孔、错移和冲孔等几种常见自由锻基本工序。

（2）热处理　金属热处理是机械制造中的重要工艺之一，热处理是将金属材料放在一定的介质内加热、保温、冷却，通过改变材料表面或内部的金相组织结构来控制其性能的一种金属热加工工艺。热处理一般不改变工件的形状和整体的化学成分，而是通过改变工件内部的显微组织，或改变工件表面的化学成分，赋予或改善工件的使用性能。

主轴毛坯的热处理工序为：正火—高温回火—锻造—粗加工—调质—精加工—表面淬火。

1）正火：将锻件或钢加热到规定的临界点温度以上30～50℃并保持适当时间后，在静止的空气中冷却。其作用主要是提高低碳钢的力学性能，改善切削加工性，消除组织缺陷，为热处理做好准备等。

2）高温回火：将锻件加热到500～600℃，并保持一段时间，然后以适当的速度冷却。

3）调质：习惯上将淬火加高温回火相结合的热处理称为调质处理，其目的是获得强度、硬度、塑性和韧性都较好的综合机械性能。

4）表面淬火：淬火热处理通常用感应加热或火焰加热的方式进行。淬火的目的是使钢件获得所需的马氏体组织，提高工件的硬度、强度和耐磨性，为后道热处理做好组织准备等。

3. 主轴加工工艺

主轴加工现场如图2-2所示。

主轴加工工艺流程主要有：锻件验收→打中心孔→夹大端，双顶→上中心架→夹大端，支左侧轴承→探伤→调质→打深孔→夹大端，顶两端堵头（半精车各外圆、精车小端端面及内孔倒角）→夹小端，支大端轴承（精车大端端面、半精车法兰外圆、精车大端内孔及倒角）→划线，钻法兰孔及底孔→钻小端端面孔→夹小端，顶两堵头（精车法兰外圆及左侧端面、精车法兰右侧端面、精车外圆面）→磨削两端的轴承挡及外圆→去飞边→标石→检验→

喷漆→包装。

图 2-2　主轴加工现场

2.1.3　主轴的参数

1. 主轴功率

风力发电机组以机械能形式从风中获取能量，通过低速轴及轴承（主轴）传递给齿轮箱，并进一步传递给发电机和电网。因此，必须合理设计主轴的传递功率。

功率通过轴进行传递时，可定义转矩为

$$T=\frac{P}{\omega} \tag{2-1}$$

式中，P 是机械功率；ω 是角速度。

转矩产生内力和压力作用在轴上，压力称为应力 F_s，单位为 Pa 或 N/m^2。该应力属于剪切应力，根据材料力学知识可知

$$F_s=\frac{Tr}{J} \tag{2-2}$$

式中，r 是轴线到所求应力处距离；J 是轴的面积转动惯量，$J=\frac{\pi r_0^4}{2}$；r_0 是轴半径。

转动惯量可分为面积转动惯量 J（单位为 m^4）和质量转动惯量 I（单位为 $kg \cdot m^2$）。其中，面积转动惯量用来研究材料特性，通常在静止或稳定状态下；质量转动惯量用于确定旋转结构动力特性。二者的关系为

$$I=\rho_a J \tag{2-3}$$

式中，ρ_a = 轴长 × 密度。

在设计轴时，为了使轴能承载给定转矩，应验证该轴最大切应力处应力。最大切应力发生在轴外表面，即 $r=r_0$ 处。根据式（2-2）和 $J=\frac{\pi r_0^4}{2}$ 可初算出轴直径 D，即

$$F_s=\frac{Tr}{J}=\frac{Tr_0}{\frac{\pi r_0^4}{2}}=\frac{2T}{\pi r_0^3} \tag{2-4}$$

$$D=2r_0=2\sqrt[3]{\frac{2T}{\pi F_s}} \tag{2-5}$$

【例 2-1】　设计一台风力发电机组的传动轴部分，已知所选发电机额定功率为 200kW，

低速轴转速 n_m 为 40r/min，高速轴转速 n_t 为 1800r/min，假设所选实心钢轴推荐最大应力为 55MPa，齿轮箱在额定条件下效率为 0.94，发电机在额定条件下效率为 0.93，请确定低速轴和高速轴的直径。

解：低速轴角速度为 $$\omega_m=\frac{2\pi n_m}{60}=\frac{2\pi\times 40}{60}\text{rad/s}=4.19\text{rad/s}$$

高速轴角速度为 $$\omega_t=\frac{2\pi n_t}{60}=\frac{2\pi\times 1800}{60}\text{rad/s}=188.5\text{rad/s}$$

高速轴功率为 $$P_t=\frac{200}{0.93}\text{kW}=215.05\text{kW}$$

低速轴功率为 $$P_m=\frac{215.05\text{kW}}{0.94}=228.78\text{kW}$$

低速轴转矩为 $$T_m=\frac{P_m}{\omega_m}=\frac{228.78\text{kW}}{4.19\text{rad/s}}=54.6\text{kN}\cdot\text{m}$$

高速轴转矩为 $$T_t=\frac{P_t}{\omega_t}=\frac{215.05\text{kW}}{188.5\text{rad/s}}=1.14\text{kN}\cdot\text{m}$$

高速轴直径为 $$D_H=2\sqrt[3]{\frac{2T_t}{\pi F_s}}=2\sqrt[3]{\frac{2\times 1.14}{\pi\times 55\times 10^3}}\text{m}=0.047\text{m}$$

低速轴直径为 $$D_L=2\sqrt[3]{\frac{2T_m}{\pi F_s}}=2\sqrt[3]{\frac{2\times 54.6}{\pi\times 55\times 10^3}}\text{m}=0.17\text{m}$$

可以看出，低速轴比高速轴直径要大得多，显然将增加质量和成本，因而应尽可能使低速轴最短。

2. 主轴额定寿命

传动轴可根据 ISO 281：1990/Amd. 1：2000 设计和确定疲劳状况下的额定寿命。应考虑包括结构载荷在内的所有轴载荷，可靠性 99% 处的疲劳寿命大于设计寿命。

3. 主轴密封

因为唇形密封寿命相对较短，难以更换，所以通常采用迷宫密封。迷宫密封是在转轴周围设若干个依次排列的环形密封齿，齿与齿之间形成一系列截流间隙与膨胀空腔，被密封介质在通过曲折迷宫的间隙时产生节流效应而达到阻漏的目的，适应高温、高压和高转速频率的场合。

4. 主轴的强度校核

根据国内外的实践经验，低速轴的直径通常取风轮直径的 1%，亦即 $D_L=0.01D$。作用在主轴上的主要负载有：工作转矩 M_p，风轮的陀螺力矩 M_r 以及风轮所受的重力 G_r。轴端所承受的合成应力为

$$\sigma=\frac{\sqrt{M_p^2+M_r^2}}{W_a}\times 100+\frac{G_r}{A_a} \tag{2-6}$$

式中，σ 是轴端承受的合成应力，单位为 N/cm^2；M_r 是风轮的陀螺力矩，单位为 N · m；G_r 是风轮所受重力，单位为 N；W_a 是轴端抗弯截面模数，单位为 cm^3；A_a 是轴端截面积，单位为 cm^2。

M_r 的大小与叶片数 B 有关，当 $B=2$ 时，$M_r=2J_r\Omega\omega$；当 $B\geqslant 3$ 时，$M_r=J_r\Omega\omega$。其中，J_r

$=BJ_b$，J_b 为风轮绕主轴的转动惯量，单位为 $kg \cdot m^2$；Ω 为进动角速度，单位为 rad/s；ω 为自转角速度，单位为 rad/s。

如用单键（如图 2-3a 所示）：
$$W_a = \frac{\pi d^3}{32} - \frac{bt(d-t)^2}{2d} \tag{2-7}$$

如用双键（如图 2-3b 所示）：
$$W_a = \frac{\pi d^3}{32} - \frac{bt(d-t)^2}{d} \tag{2-8}$$

式中，b 是键槽宽度，单位为 cm；d 是轴的直径，倘若轴端呈圆锥形，其 d 为平均值；t 是键槽深度，单位为 cm。

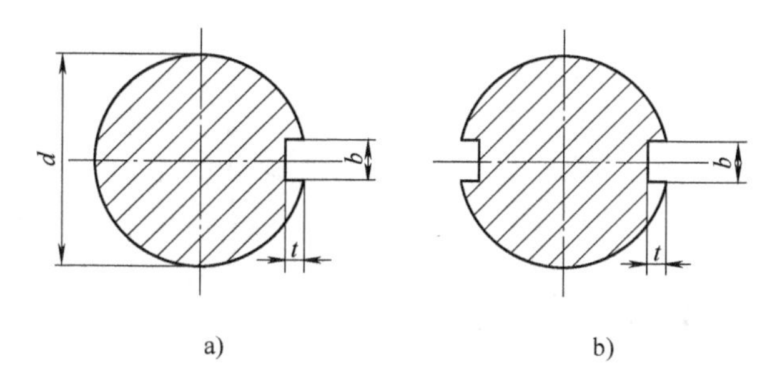

图 2-3　主轴的键槽

2.2　齿轮箱

风力发电机组中的齿轮箱是重要的机械部件之一，其主要作用是将风轮在风力作用下所产生的动力传递给发电机并使其得到相应的转速。为了增加机组的制动能力，常常在齿轮箱的输入端或输出端设置制动装置，配合叶尖制动（定桨距风轮）或变桨距制动装置共同对机组传动系统进行联合制动。

2.2.1　齿轮箱的组成

1. 箱体结构

箱体是齿轮箱的重要部件，它承受来自风轮的作用力和齿轮传动时产生的反力，必须具有足够的刚度去承受力和力矩的作用，防止变形，保证传动质量。

采用铸铁箱体可发挥其减振性好、易于切削加工等特点，适于批量生产。常用的材料有球墨铸铁和其他高强度铸铁。目前除了较小的机组尚用铝合金箱体外，大型机组的齿轮箱很少使用轻铝合金铸件箱体。

箱体支座的凸缘应具有足够的刚度，尤其是作为支撑座的耳孔和摇臂支座孔的结构，其支撑刚度要仔细地核算。为了减小齿轮箱传到机舱机座的振动，齿轮箱可安装在弹性减振器上。

箱盖上还应设有透气罩、油标或油位指示器，在相应部位设有注油器和放油孔。采用强制润滑和冷却的齿轮箱，在箱体的合适部位设置进出油口和相关的液压件的安装位置。

2. 齿轮与轴的联接

（1）平键联接　平键的两个侧面是工作面并用于传递转矩（如图 2-4 所示）。键上面与轮毂槽底之间留有间隙，为非工作面。工作时靠键与键槽侧面的挤压来传递转矩，故定心性较好，常用于具有过盈配合的齿轮或联轴器与轴的联接。

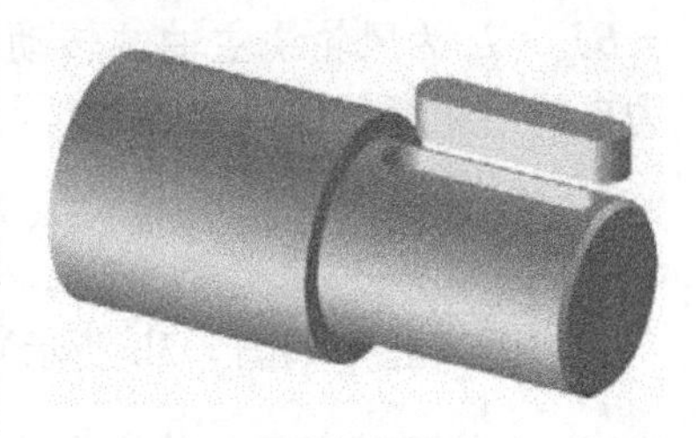

图 2-4　平键联接

（2）花键联接　指将具有均布的多个凸齿的轴置于轮毂相应的凹槽中所构成的联接。花键联接由内花键和外花键组成：在内圆柱表面上的花键为内花键（如图 2-5a 所示），在外圆柱表面上的花键为外花键（如图 2-5b 所示）。

a)

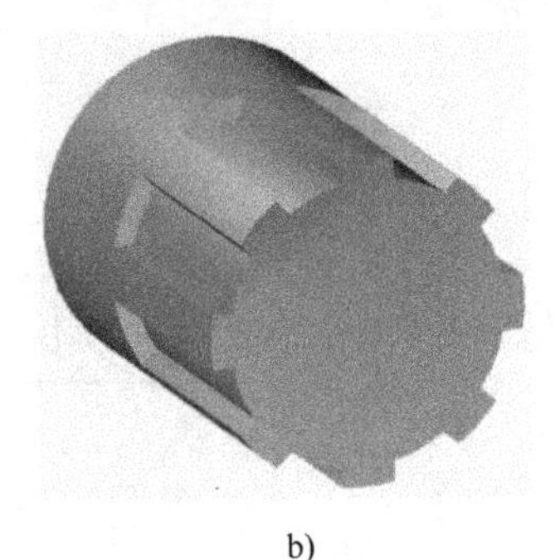

b)

图 2-5　花键联接

花键联接是平键联接在数目上的发展。通常这种联接是没有过盈的，因而被联接零件需要轴向固定。花键联接承载能力高，对中性好，但制造成本高，需用专用刀具加工。

（3）过盈配合联接　指靠两被联接件间的过盈配合构成的联接，常用于轴与带毂零件的联接（如图 2-6 所示）。按载荷选择适用的配合并校核其最小过盈能传递所承受的载荷，最大过盈应不会引起轴或轮毂失效。

过盈配合联接能使轴和齿轮（或联轴节）具有最好的对中性，特别是在经常出现冲击载荷的情况下，这种联接能可靠地工作，在风力发电齿轮箱中得到广泛的应用。

（4）胀紧套联接　胀紧套是一种无键联接装置，其原理是通过高强度拉力螺栓的作用，在内环与轴之间、外环与轮毂之间产生巨大抱紧力，以实现机件与轴的无键联接（如图 2-7 所示）。

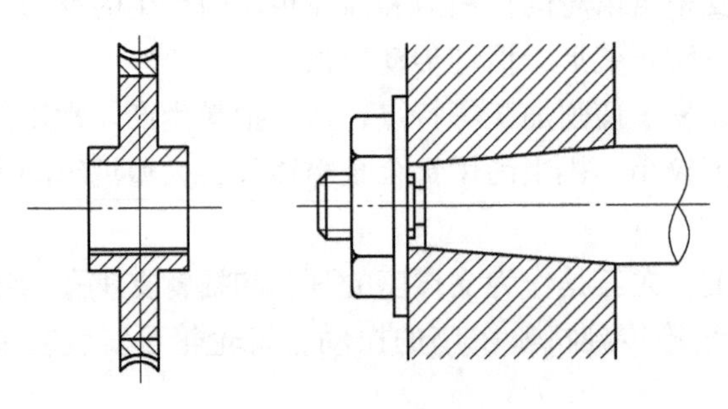

图 2-6　过盈配合联接

图 2-7　胀紧套联接

胀紧套联接主要有以下优点：对中精度高；安装、调整、拆卸方便；强度高，联接稳定可靠；承载能力高，在超载时可以保护设备不受损坏，尤其适用于传递重型负荷；能沿周向和轴向调节轴与轮毂的相对位置，且具有安全保护作用。胀紧套广泛配套于风力发电机组的

增减速机及偏航减速机上。

2.2.2　齿轮传动系统

由于齿轮箱（如图2-8所示）安装在塔顶的狭小空间内，一旦出现故障，修复非常困难，故对其可靠性和使用寿命都提出了比一般机械高得多的要求，除了常规状态下的机械性能外，还应具有低温状态下抗冷脆性等特性，防止振动和冲击，保证充分的润滑条件等。不同形式的风力发电机组有不一样的要求，齿轮箱的布置形式以及结构也因此而异，以固定平行轴齿轮传动和行星齿轮传动最为常见。

图2-8　典型的齿轮箱结构

根据对长期运行的大型风电机组的故障统计，传动系统故障，特别是齿轮箱和轴承故障在风电机组故障中占很大比例。虽然标准规定齿轮箱的设计寿命为20年，但是对于多数机组，传动系统的实际使用寿命远低于设计寿命。由于齿轮箱费用较高，通常风电场不保存备件，一旦出现故障需要维修或更换时的周期很长，维修费用很高，占整个风电机组在寿命期内维修费用的近一半。

1. 齿轮传动的基本类型

风力发电机组齿轮传动的种类很多，按照传统类型可分为圆柱齿轮传动、行星齿轮传动以及它们互相组合起来的齿轮传动；按照传动的级数可分为单级和多级；按照转动的布置形式又可分为展开式、分流式和同轴式等等。常用齿轮传动形式如图2-9所示。

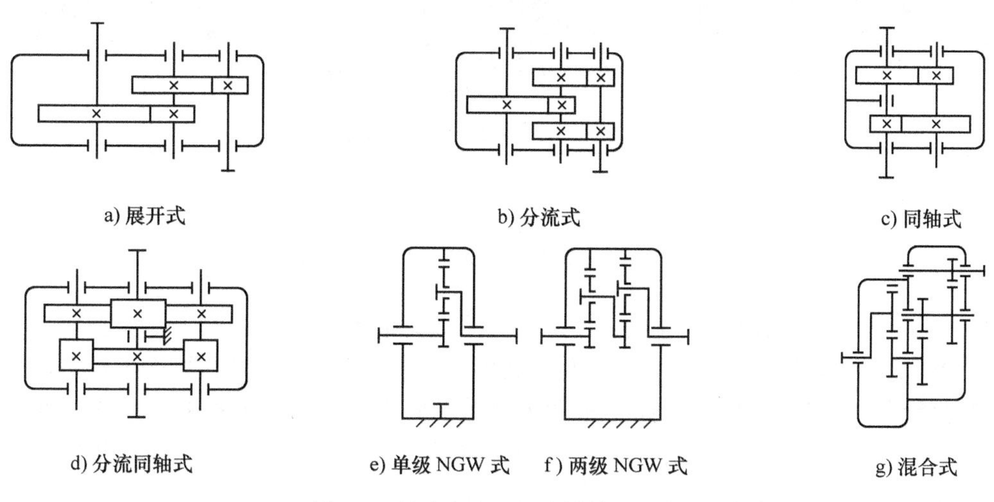

图2-9　风力发电机组齿轮传动形式

（1）展开式齿轮箱　展开式齿轮箱结构简单，但齿轮相对于轴承的位置不对称，因此要求轴具有较大的刚度。高速级齿轮布置在远离转矩输入端，轴在转矩作用下产生的转矩变形可部分地互相抵消，以减缓沿齿宽载荷分布不均匀的现象。展开式齿轮箱适用于载荷比较平稳的场合，高速级一般做成斜齿，低速级可做成直齿。

（2）分流式齿轮箱　分流式齿轮箱结构复杂，但由于齿轮相对于轴承对称布置，与展开式相比，载荷沿齿宽分布均匀，轴承受载荷较均匀。高速级由于承受交变载荷，一般情况下使用斜齿轮，低速级可用直齿轮或人字形齿轮。

（3）同轴式增速器　同轴式增速器横向尺寸较小，两对齿轮浸入油中深度大致相同，但轴向尺寸和重量较大，且中间轴较长、刚度差，使沿齿宽载荷分布不均匀，高速轴的承载能力难以充分利用，两级圆柱齿轮传动同轴。

（4）分流同轴式齿轮箱　该齿轮箱将输入轴输入的载荷进行分流，每对啮合齿轮仅传递全部载荷的一半，提高了承载能力。输入轴和输出轴只承受转矩，中间轴只承受全部载荷的一半。因此，与传递同样功率的其他增速器相比，轴颈尺寸可以缩小，减少材料的使用，减轻齿轮箱的重量。

（5）NGW 式齿轮箱　所谓 NGW 式是指由内啮合齿轮副、外啮合齿轮副和公用齿轮组成的行星齿轮传动机构，与普通圆柱齿轮增速器相比，具有尺寸小、重量轻的特点，但它的制造精度要求比较高，结构较普通增速箱复杂，广泛应用于结构紧凑性要求较高的动力传动中。

（6）混合式齿轮箱　混合式齿轮箱是由行星齿轮传动和平行轴齿轮传动组合的传动方式，其低速轴为行星齿轮传动，可以使功率分流，同时合理应用了内啮合。高速级为平行轴圆柱齿轮传动，可合理分配减速比，提高传动效率。

2. 齿轮传动的基本结构

现代风电机组传动系统的三种典型结构如图 2-10 所示。

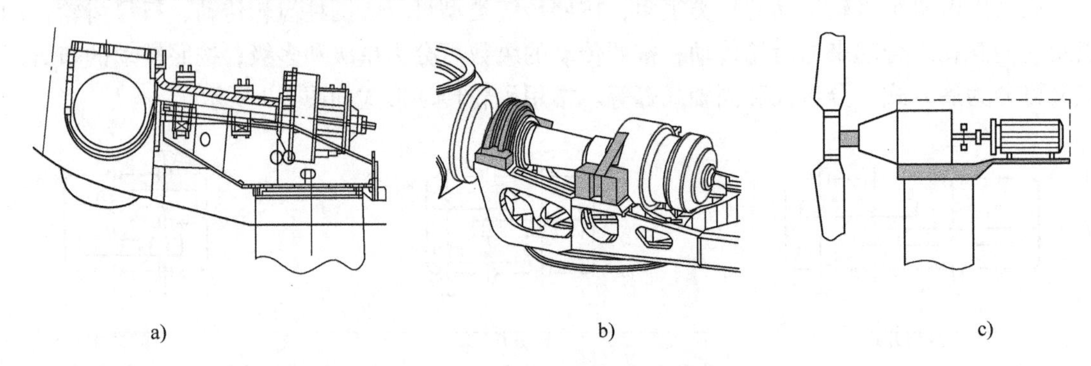

图 2-10　风电机组传动系统的典型结构

图 2-10a 所示的主轴为完全独立结构：主轴与齿轮箱在功能和结构上是完全独立的，主轴与齿轮箱之间靠联轴器进行连接。这种形式的主轴安装在独立的前后两个轴承支架上，主轴独立地承受风轮自重产生的弯曲力矩和风轮的轴向推力，所以主轴部件必须配置推力轴承。同时两个轴承都承受径向载荷，传递弯矩给塔架，从而主轴只传递转矩到齿轮箱，齿轮箱支撑只承受对机舱、机舱座的反转矩。

独立齿轮箱结构的优点是：齿轮箱体积相对较小，齿轮油用量比同功率齿轮箱、主轴一

体结构的机组低50%左右，齿轮箱重量低30%左右。独立齿轮箱结构制动过程较为平稳，齿轮箱承受的冲击载荷较小。其缺点是：因为低速轴的存在，机舱结构相对拥挤，需对低速轴轴承单独进行润滑。

图2-10b所示的主轴为半独立结构：主轴半独立结构只有一组前轴承托架，后轴承是与齿轮箱共用的。这种结构决定了主轴与齿轮箱共同承受风轮自重产生的弯曲力矩和风轮的轴向推力，所以齿轮箱的第一轴必须使用推力轴承，同时要求齿轮箱的箱体必须厚重些，以满足强度要求。这种结构的主轴与齿轮箱之间采用半刚性的胀套连接或刚性的法兰连接，然后才将前轴承托架安装在机舱座上。齿轮箱一般采用浮动托架安装，主轴安装是有锥度的，使轴上弯矩减小，节省了材料，减轻了重量。

图2-10c所示的主轴为齿轮箱轴结构：将齿轮箱的第一轴直接作为主轴使用，省去主轴组件，轮毂悬在一个承受轴向载荷、径向载荷和弯矩的大轴承上，载荷全部传递给齿轮箱。齿轮箱要直接承受来自风轮的冲击载荷，在制动过程中齿轮箱也要承受较大的载荷，对齿轮箱自身质量要求较高。该结构的优点是：因将低速轴与齿轮箱合为一体，机舱结构相对宽敞，齿轮油直接对低速轴轴承进行润滑，免去运行人员的维护任务。其缺点是：体积较大，重量大，结构相对复杂，造价较高。

3. 润滑油品的选用

风力发电机组的使用寿命是20年，齿轮箱作为风力发电机组的主要部件，润滑对于齿轮箱的寿命影响很大，根据国内外风力发电机组齿轮箱的损坏来看，大多数的损坏都是由于齿轮和轴承的润滑不当造成的。因此润滑油品的选用极为重要。

（1）润滑油的主要作用　润滑油的主要作用是减少磨损、减少阻力，好的润滑油品在齿轮啮合过程中容易形成一层均匀的油膜，齿轮与齿轮间通过油膜接触，而不是刚性接触，减少齿轮啮合时的摩擦和啮合阻力。润滑油通过在齿轮啮合过程中与齿箱外部循环带走大量的热量，从而保证齿轮箱的正常运转。

（2）润滑油品的选用原则

1）载荷：载荷与润滑油的黏度有关。载荷大选用黏度较高的润滑油，载荷较大时，高黏度的润滑油可以缓冲啮合过程的作用力。

2）速度：速度与润滑油的黏度有关。高速运转的设备选用黏度较小的润滑油，黏度较小的润滑油在运转时阻力较小。

3）运行温度：润滑油的黏度随着运行温度的升高而降低，因此在选用润滑油时要根据设备的运行温度，选择合适黏度的润滑油。

4）广泛的温度范围：机组的工作环境温度为-20~45℃（普通型）；-30~45℃（寒带型）。

4. 齿轮箱的工作环境

齿轮箱的正常工作条件：

1）环境温度为-40~50℃，当环境温度低于0℃时应加注防冻型润滑油。

2）负荷是变化的或稳定的、连续运转的或间断运转的。

3）适用于单向或可逆向运转。

4）高速轴最高转速不得超过2000r/min。

5）外啮合圆柱齿轮的圆周速度不得超过20m/s，内啮合圆柱齿轮的圆周速度不得超过

15m/s。

6）工作环境应为无腐蚀性环境。

齿轮箱的使用需要注意以下几点：

① 随着齿轮箱运行地点的不同，齿轮箱的运行方式、润滑油的选择、维护的间隔等也会随着变化。

② 在齿轮箱初次运行时，润滑系统的管路必须要进行泄漏测试。

③ 在齿轮箱的保修期内，不得打开齿轮箱，且外部元件不得进行改动。

2.2.3 齿轮的材料和加工工艺

1. 齿轮的材料

风力发电机组运转环境非常恶劣，受力情况复杂，要求所用的材料除了在强度、塑性、韧性和硬度等方面具有较好的综合力学性能外，还应满足极端温差条件下的材料特性要求等。齿轮材料为优质低碳或中碳合金结构钢，外齿轮推荐采用 15CrNi6、17Cr2Ni2A、17CrNiMo6、17Cr2Ni2MoA、20CrMnMo 和 20CrNi2MoA 等材料。内齿轮推荐采用 34Cr2Ni2MoA 和 42CrMoA 等材料。

2. 齿轮的加工

为了获得良好的锻造组织纤维结构和相应的力学特性，齿轮毛坯使用锻造方法制造，并采取合理的预热处理以及中间和最终热处理工艺，保证材料的综合力学性能达到设计要求。

（1）齿轮的机械加工　齿轮的加工从在车床上车削齿轮毛坯开始，外齿轮用内孔和端面定位，装夹在滚齿机的芯轴上进行齿面加工；内齿轮用外圆和端面定位，装夹在插齿机的转盘上进行齿面加工；轴齿轮加工时，常用顶尖顶紧轴端中心孔进行齿面加工。

（2）齿轮的热处理　齿轮齿面粗加工后进行热处理，使齿轮具有良好的抗磨损接触强度，轮齿心部具有相对较低的硬度和较好的韧性，提高抗弯强度。齿轮热处理后应进行无损检测，以确保齿面没有裂纹。

1）低碳合金钢热处理的方法是渗碳淬火。热处理后要求轮齿表面硬度达到（60 ± 2）HRC，齿面有效硬化层深度为 0.1 ~ 0.2 倍的齿轮法向模数。有效硬化层深度偏差为有效硬化层深度的 40%，但不大于 0.3mm。

2）中碳合金钢热处理的方法是表面淬火。高频感应淬火表面硬度应达到 50 ~ 56HRC，齿面有效硬化层深度为 0.15 ~ 0.35 倍的齿轮法向模数。齿底硬度大于 45HRC，齿底硬化层深度为 0.1 ~ 0.3 倍的齿轮法向模数。

（3）齿轮的精加工　齿轮热处理后必须进行磨齿加工以提高精度。齿轮的精度直接影响齿轮箱的寿命和齿轮箱的噪声，因此要求齿轮箱内用作主传动的齿轮精度，外齿轮不低于 GB/T 10095.1—2008 和 GB/T 10095.2—2008 规定的 5 级，内齿轮不低于 GB/T 10095.1—2008 和 GB/T 10095.2—2008 规定的 6 级。磨齿齿轮应做齿顶修缘，磨齿齿轮副应做齿向修形。同组行星齿轮的齿厚极限偏差应保持在 0.02 ~ 0.05mm 内。

2.3 传动系统中的联轴器

联轴器是把不同部件的两根轴连接成一体，以传递运动和转矩的机械传动装置。在风力

发电机组低速轴端一般选用胀套式联轴器、柱销式联轴器等，在高速轴端一般选用轮胎联轴器、膜片联轴器或十字节联轴器。

2.3.1　低速轴联轴器

1. 胀套式联轴器

胀套式联轴器（如图 2-11 所示）是一种新型传动联接方式，是靠拧紧高强度螺钉使包容面间产生的压力和摩擦力来实现负荷传递的一种新型无键联接装置。

1）安装：胀套在出厂时已涂了润滑油，可直接安装使用（如图 2-12a 所示）。

图 2-11　胀套式联轴器

安装时首先在零件法兰的螺孔中拧入三个螺栓 4 沿圆周均布，将内套 1、外套 2 顶开。然后将胀套 3 放到设计位置的毂孔中，使用指示式扭力扳手拧紧螺栓，拧紧的方法是每个螺栓每次只拧到额定力矩的 1/4。拧紧的次序以开缝处为界，左右交叉对称依次先后拧紧，确保达到额定力矩值。

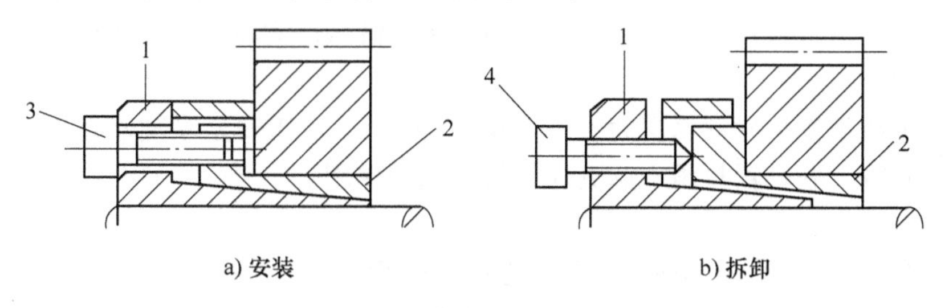

图 2-12　胀套式联轴器
1—内套　2—外套　3—胀套　4—螺栓

2）拆卸：先将全部螺栓放松几圈，然后在拆卸的螺孔内交叉地拧入螺栓 4 顶松胀套（如图 2-12b 所示）。

3）防护：安装时应避免胀套污染，严禁使用 MoS_2 油。在露天作业或工作环境较差的机器上，应定期在外露的胀套端面及螺栓上涂防锈油脂，应选用防锈性较好的胀套类型。

2. 弹性柱销联轴器

弹性柱销联轴器（如图 2-13 所示）是将若干非金属弹性材料制成的柱销，置于两半联轴器凸缘孔中，通过柱销实现两半联轴器连接。该联轴器结构简单，容易制造，装拆更换弹性元件比较方便。

弹性元件（柱销）的材料一般选用尼龙，有微量补偿两轴线偏移能力，弹性元件工作时受剪切，工作可靠性极差，仅适用于要求很低的中速传动轴系，不适用于可靠性要求较高的工况。

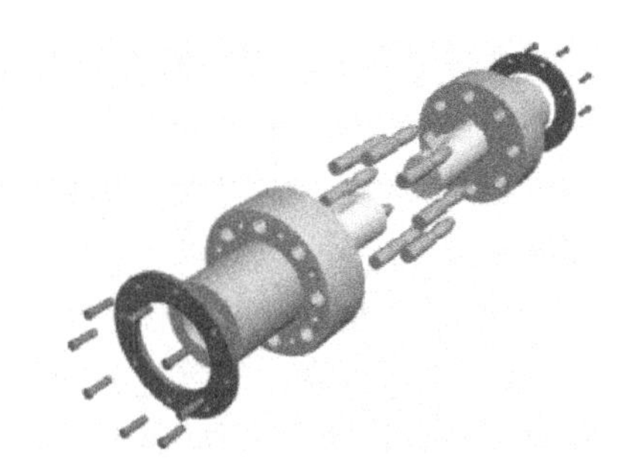

图 2-13　弹性柱销联轴器

3. 安全联轴器

（1）结构形式　安全联轴器的基本结构如图 2-14 所示，例如 BWL80 液压安全联轴器即为高速式法兰联接安全联轴器。

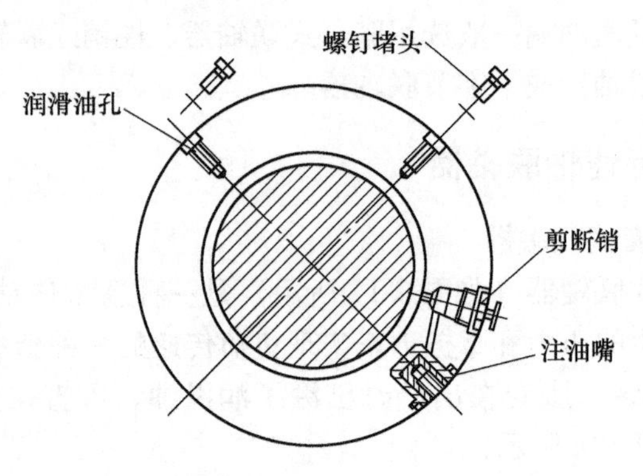

图 2-14　安全联轴器

（2）工作原理　安全联轴器适用于连接两同轴线的传动轴系，可起到限制转矩及安全过载保护的作用，通过改变液压压力可以调节滑动转矩。

滑动转矩是安全联轴器主、从端产生相对滑动瞬时所传递的转矩。如果超过设定的转矩，联轴器将在轴上打滑直到剪断销的顶部被剪断，液压压力将在几微秒内被释放，联轴器自由转动直到停止。

当风力发电机组发生异常情况时（如发电机抱死），液压安全联轴器在转矩达到标定值时，液压压力释放，联轴器打滑，起到保护齿轮箱的作用。

（3）安全规定

1）当给联轴器加注液压油时，必须戴上防护眼镜。

2）联轴器安装完成后必须在有压力的情况下进行设定。

3）随着联轴器的释放，剪断销的部件和液压油会甩掉。因此，在联轴器投入运行前必须将保护箍装上。

4）在联轴器安装完成后，必须检查在释放状态下且没有剪断销时是否容易将其转动。

5）在给联轴器加压前按照规定给其加注润滑油。

2.3.2　高速轴联轴器

在风力发电机组中对应用在高速轴的弹性联轴器的基本要求：

1）强度高，承载能力大。

2）弹性高，阻尼大，具有足够的减振能力，把冲击和振动产生的振幅降低到允许的范围内。

3）具有足够的补偿性，满足工作时两轴发生位移的需要。

4）工作可靠性能稳定，对于具有橡胶弹性元件的联轴器，还应具有耐热性、不易老化等特性。

1. 膜片联轴器

膜片联轴器（如图 2-15 所示）是由几组膜片（不锈钢薄板）用螺栓交错地与两半联轴器连接。每组膜片由数片叠集而成。膜片分为连杆式和不同形状的整片式。

图 2-15　膜片联轴器

膜片联轴器靠膜片的弹性变形来补偿所连两轴的相对位

移，是一种高性能的金属弹性元件挠性联轴器，不用润滑，结构较紧凑，强度高，使用寿命长，无旋转间隙，不受温度和油污影响，具有耐酸、耐碱和防腐蚀的特点，适用于高温、高速和有腐蚀介质工况环境的轴系传动，广泛用于高速传动轴系。

2. 十字轴式万向联轴器

十字轴式万向联轴器（如图2-16所示）是一种最常用的联轴器。利用其结构的特点能使不在同一轴线或轴线折角较大或轴向移动较大的两轴等角速连续回转，并可靠地传递运动和转矩。

十字轴式万向联轴器的主要特点为：具有较大的角度补偿能力；结构紧凑合理；承载能力大，与回转直径相同的其他类型的联轴器相比较，其所传递的转矩更大，对于回转直径受限制的机械设备，其配套范围更具优越性；传动效率高，其传动效率达98%～99.8%，用于大功率传动，节能效果明显；运载平稳，噪声低，装拆维护方便。

图2-16　十字轴式万向联轴器

由于制造及安装误差、零件受载后的变形、振动、机座下沉和温度变化等因素，齿轮箱与发电机两轴的轴线会产生某种形式的偏移，联轴器应对此具有足够的补偿能力。

2.4　制动系统

制动系统是风力发电机组的重要组成部分，它能保证在任何情况下使风轮安全减速制动停机。对于风力发电机组的安全运行来说，有效的制动系统是非常必要的。

制动一般有两种情况：一种是运行制动，它是在正常情况下经常性使用的制动；另一类是紧急制动，它只用在突发故障的时候，平时很少用。

风力发电机组的制动系统主要分为空气动力制动（简称气动制动）和机械制动两部分，有的风力发电机组只有机械制动系统，而目前生产使用的大型风力发电机组，每台机组至少有气动制动和机械制动两套独立的制动系统，每一系统均能把风力发电机组从高速时脱网及其他紧急情况带入安全状态。通常在运行时要让机组停机，首先采用空气动力制动，使风轮减速，再采用机械制动使风轮停转。

2.4.1　空气动力制动系统

风力发电机组使用的空气动力制动系统（气动制动）主要有两种形式：一种是定桨距风轮的叶尖扰流器旋转约90°，利用空气阻力使风轮减速或停止；另一种是变桨距风轮处于顺桨位置利用空气阻力使风轮减速或停止。

1. 定桨距风力发电机组的空气动力制动系统

空气动力制动系统常用于失速控制型机组安全保护系统，安装在叶片上，主要是限制风轮的转速，并不能使风轮完全停止转动，而是使其转速限定在允许的范围内。空气动力制动系统一般采用失效-安全型设计原则，即在风力发电机组的控制系统和安全系统正常工作时，空气动力制动系统恢复到机组的正常运行位置，机组可以正常投入运行；一旦风力发电机组的控制系统或安全系统出现故障，则空气动力制动系统立即启动，使机组安全停机。

（1）气动制动的原理

1）失速调节原理。当气流流经上下翼面形状不同的叶片时，因凸面的弯曲而使气流加速，压力较低；凹面较平缓使气流速度缓慢，压力较高，因而产生升力（如图2-17所示）。

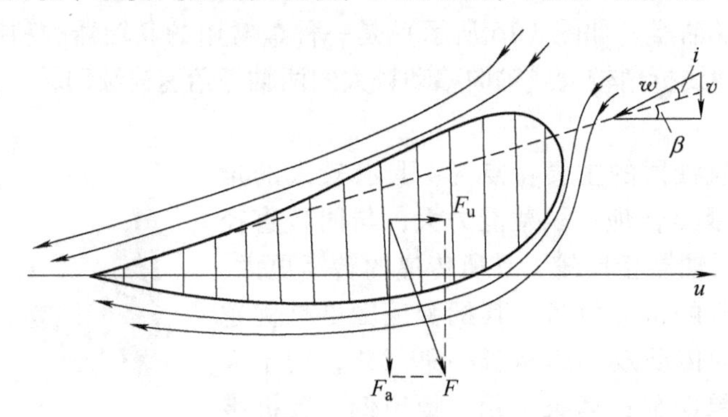

图2-17　正常运行情况

图2-17中，i为攻角，β为安装角（节距角），u为翼型的圆周速度，w为相对速度，v为风速，F为翼型在气流中受到的气动力，将F投影到转轴和圆周速度u上得到轴向分量F_a和切向分量F_u。

① 正常流动时，气流平滑地流过上翼面。气流从翼型前缘到邻近剖面的最大压力点处是加速进行的，然后沿着上翼面的其余部分到后缘缓慢减速。叶片的安装角不变，随着风速增加攻角增大，升力系数线性增大；在接近最大升力系数时，升力系数增加变缓；达到最大升力系数后开始减小。另一方面，阻力系数初期不断增大；在升力开始减小时，阻力继续增大。

② 当高于额定风速时，由于气流在叶片上的分离是随攻角的增大而增大，当攻角足够大（大于失速攻角）时，分离区形成大的涡流，流动失去翼型的气动特点，与未分离时相比，上下翼面压力差减小，致使阻力激增，升力减少，造成叶片失速，从而限制了功率的增加，如图2-18所示。

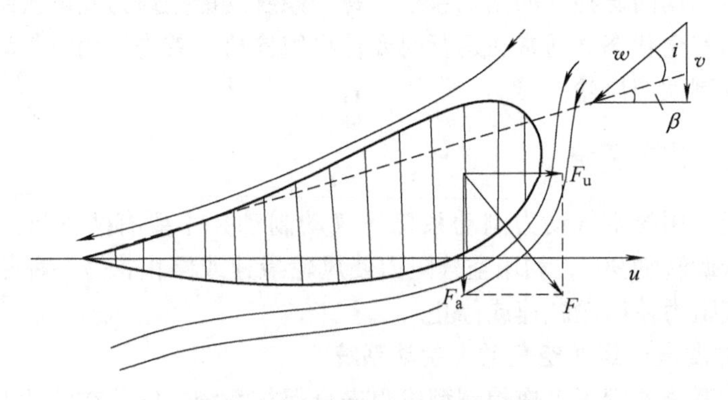

图2-18　高于额定风速的运行情况

一般来说，失速攻角在12°左右（大致相当于升力系数为1.2）。同时，它在很大程度上还取决于翼型和雷诺（Reynolds）数。

③ 未失速的翼型具有较低阻力且升力系数随攻角线性增加的特性。而失速的翼型阻力加大，升力大大降低。

④ 失速调节叶片的攻角沿轴向由根部向叶尖逐渐减小，因而根部叶面先进入失速，随风速增大，失速部分向叶尖处扩展，原先已失速的部分，失速程度加深。未失速部分仍有功率增加，从而使输入功率保持在额定功率附近。

2）失速调节特点

① 优点。无变桨距调节的运动机构，轮毂结构简化，生产成本降低，维护费用减少。失速后，阵风对风轮的输出功率影响不大，即该功率不会随阵风出现太大的波动。因此风电机组无需进行功率调节，进而省去功率调节系统的费用。

② 缺点。需可靠的制动，以免在风速过大失速消失后出现飞车，这导致了额外的费用。由于随风速的增加，气动推力加大，即便功率恒定或稍有下降，叶片、机舱和塔架上仍将承受较高的动态载荷。在频繁的制动过程中，叶片与传动系统产生较大的动载荷。起动风速较高，使起动性较差。在低空气密度地区难以达到额定功率。

（2）气动制动的工作过程　叶片空气动力制动主要是通过叶片形状的改变使气流受阻，即叶尖部分旋转，产生阻力，使风轮转速下降。图 2-19a、b 所示为叶片的正常运行位置和正常制动位置。

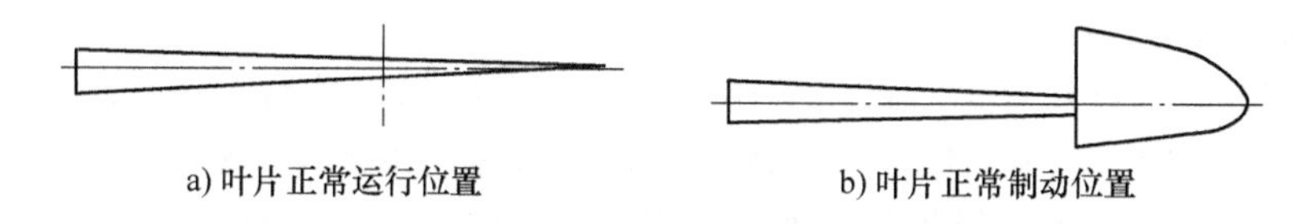

a) 叶片正常运行位置　　b) 叶片正常制动位置

c） 定桨距风力发电机组叶片

图 2-19　空气动力制动

当风力发电机组正常运行时，在液压系统的作用下，叶尖扰流器与叶片主体部分精密地合为一体，组成完整的叶片。当风力发电机组需要脱网停机时，液压系统按控制指令将叶尖扰流器释放并使之旋转形成阻尼板，使风力发电机组在几乎没有任何磨损的情况下迅速减速，这一过程即为叶片空气动力制动。叶尖扰流器是风力发电机组的主要制动器，气动制动时它起主要作用。

气动制动不论是由控制系统正常指令还是液压系统的故障引起，都将导致叶尖扰流器展开而使风轮停止运行。因此，空气动力制动是一种失效保护装置，它使整个风力发电机组的制动系统具有很高的可靠性。

2. 变桨距风力发电机组的空气动力制动系统

变桨距风力发电机组的空气动力制动系统即叶片变桨距制动，是在风速过高时，通过调整叶片攻角，减少叶片升力，以降低叶片转速直至停机。变桨距风力发电机组的空气动力制动系统单独由变桨距控制，叶片获得充分的制动作用。即使一个叶片制动失败，其他两个叶片也可以安全结束制动的过程，提高了整个系统的安全性。

2.4.2 机械制动系统

机械制动是一种靠摩擦力制动来减慢旋转负载的装置，主要由制动盘和制动衬块两部分组成，是用来保证机组在维修或大风期间以及停机后风轮处于制动状态并锁紧，而不至于盲目转动的重要安全设备。

制动的原理是，利用与机架相连的非旋转元件和与传动轴相连的旋转元件之间的相互摩擦，来阻止轮轴的转动或转动的趋势。

1. 制动系统的组成

制动系统都由以下4个部分组成：

1）制动器：俗称刹车或闸，是使机械中的运动部件停止或减速的机械部件。它是一种产生阻碍运动部件运动或运动趋势的制动力的部件，其中包括辅助制动系统中的缓速装置。

2）驱动装置：包括将制动能量传输到制动器的各个部件。

3）动力装置：包括供给、调节制动所需能量以及改善能量传递状态的各种部件。

4）控制装置：包括产生制动动作和控制制动效果的各种部件。

2. 机械制动的类型

（1）机械制动的常规分类　机械制动常分为外抱块式制动器、内涨蹄式制动器、带式制动器、盘式制动器、载荷自制盘式制动器、磁粉制动器和磁涡流制动器等。

（2）按作用方式分类　机械制动根据作用方式分为气动、液压、电磁、电液和手动等形式。

（3）按工作状态分类　制动器按工作状态可分为常闭式和常开式。

常闭式制动器靠弹簧或重力的作用经常处于紧闸状态，而机构运行时，则用人力或松闸器使制动器松闸。常开式制动器经常处于松闸状态，只有施加外力时才能使其紧闸。

（4）按机械制动安装的位置分类　机械制动按机械制动安装的位置分为高速轴制动和低速轴制动。将制动安装在低速轴上，制动较可靠。但低速轴上所需制动的力矩会很大，且闸体支撑材料要求性能好。制动安装在高速轴上，制动力矩小，制动力矩与齿轮箱的变比有关系，齿轮箱可带集成风轮支撑。但制动载荷大，对齿轮箱冲击大，安全性较差。

为了减少制动转矩、缩小制动器尺寸，机械制动通常装在高速轴上。在结构许可的情况下，也常将机械制动设计在低速轴上，但要注意确保制动系统在误操作情况下工作的可靠性。

3. 机械制动装置的性能要求

1）机械制动装置的零部件应具有足够的刚度和强度，并具有失效保护功能。

2）机械制动装置在额定负载状态下的制动力矩应不小于所提供的额定值。

3）机械制动装置的响应时间应不大于0.2s。

4）摩擦副应进行热平衡计算，给出连续两次制动的最小时间间隔。

5）电磁驱动的机械制动装置在50%的弹簧工作力和额定电压的条件下，按驱动装置的额定操作频率操作，应能灵活地闭合；在额定制动力矩时的弹簧力和85%额定电压下操作，应能灵活地释放。

6）液压驱动的机械制动装置在50%的弹簧工作力和额定液压压力的条件下，按驱动装置的额定操作频率操作，应能灵活地闭合；在额定制动力矩时的弹簧力和85%的额定液压力下操作，制动装置应能灵活地释放。

7）在额定工作压力和制动衬垫温度在250℃以内的条件下，制动装置的制动力矩应满足风力发电机组所需的最小动态制动力矩的要求。

8）在制动状态下，摩擦副工作表面的贴合面积应不小于有效面积的80%。

9）在非制动状态下，摩擦副的调整间隙在任何方向上均应在0.1~0.2mm之间。

2.4.3　风力发电机组制动器

1. 盘式制动器

对于风力发电机组，最常用的机械制动为盘式、液压、常闭式制动器。盘式制动器沿制动盘轴向施力，制动轴不受弯矩，径向尺寸小，制动性能稳定。

（1）结构形式　常用的盘式制动器有钳盘式、全盘式及锥盘式三种。本书主要介绍钳盘式制动器，图2-20为一钳盘式制动器外观图。制动衬块压紧制动盘而制动，制动衬块与制动盘接触面积很小，在盘中所占的中心角一般仅30°~50°，故这种盘式制动器又称为点盘式制动器。

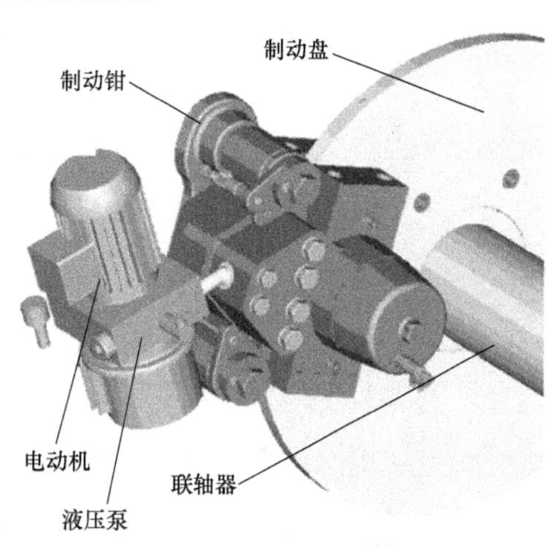

图2-20　钳盘式制动器

（2）组成

1）旋转元件：制动盘。它和车轮固定安装在一起旋转，其端面为摩擦工作表面。

2）固定元件：制动衬块、导向支撑销和轮缸活塞。它们都装在跨于制动盘两侧的钳体上，总称制动钳。制动钳用螺栓与转向节或桥壳上的凸缘固装，并用调整垫片来调节钳与盘之间的相对位置。

（3）工作过程

1）制动时，油液被压入内、外两轮缸中，其活塞在液压作用下将两制动衬块压紧制动盘，产生摩擦力矩而制动。此时，轮缸槽中的矩形橡胶密封圈的刃边在活塞摩擦力的作用下产生微量的弹性变形。

2）松开制动时，活塞和制动衬块依靠密封圈的弹力和弹簧的弹力回位。由于矩形橡胶密封圈刃边变形量很微小，在不制动时，摩擦片与盘之间的间隙每边只有0.1mm左右，它足以保证制动的解除。又因制动盘受热膨胀时，厚度方面只有微量的变化，故不会发生“拖滞”现象。

（4）分类　按钳盘式制动器的结构形式区分，有以下几种：

1）固定钳式：如图2-21a所示，制动钳固定不动，制动盘两侧均有液压缸。制动时两侧液压缸中的活塞驱使两侧制动衬块向制动盘的盘面移动。

2）浮动钳式：分为滑动钳式和摆动钳式两种。

① 滑动钳式：如图2-21b所示，制动钳可以相对于制动盘作轴向滑动，其中只在制动盘的内侧有液压缸，外侧的制动衬块固装在钳体上。制动活塞在液压压力的作用下使活动制

动衬块压靠到制动盘，而反作用力则推动制动钳体（连同固定制动衬块）压向制动盘的另一侧，直到两制动衬块受力均等为止。

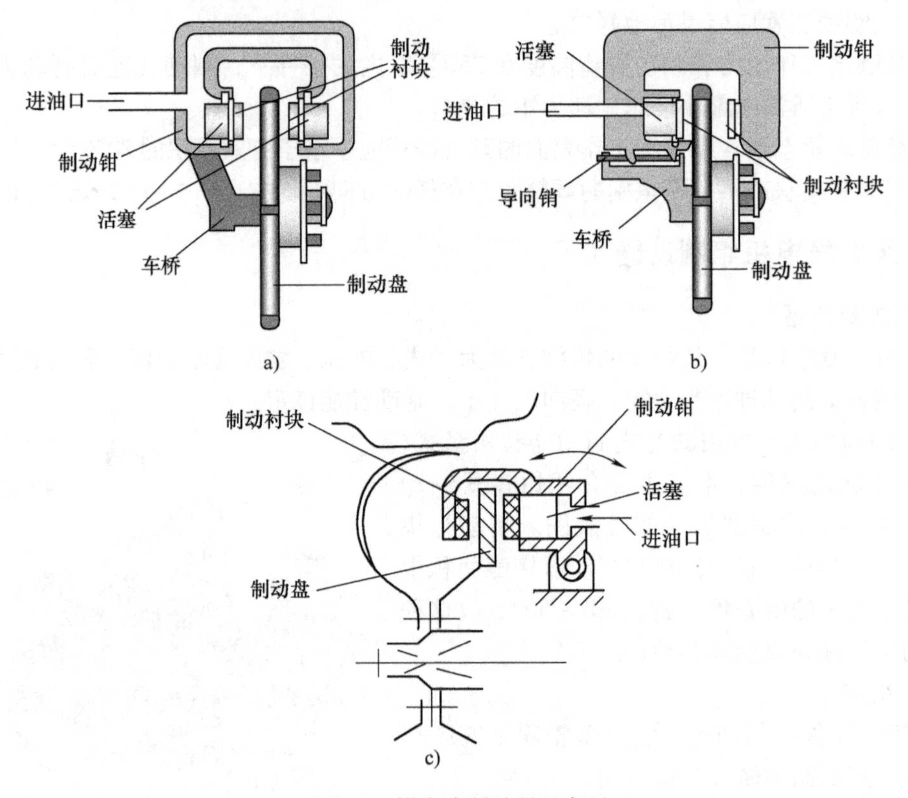

图 2-21　钳盘式制动器示意图

② 摆动钳式：如图 2-21c 所示，它也用单侧液压缸结构，制动钳体与固定支座铰接。为实现制动，钳体不是滑动而是在与制动盘垂直的平面内摆动。

2. 制动系统的运行

制动系统应设定控制方式，至少应设计有正常制动方式和紧急制动方式。一般情况下正常制动方式对应正常控制逻辑，紧急制动方式对应安全控制逻辑，特殊情况例外。

风力发电机组（以定桨距风力发电机组为例）制动系统有正常停机、安全停机和紧急停机三种工作状态。

（1）正常停机

1）如果发电机没有联网，制动程序是：

① 电磁阀失电，释放叶尖扰流器。

② 风轮转速低于设定值时，第一组机械制动投入。

③ 如果转速继续上升，则第二组机械制动立即投入（大型机组通常设有两组以上机械制动）。下一次制动时，先投入第二组机械制动，再投入第一组机械制动。

④ 停机后叶尖扰流器收回。

2）如果发电机已经联网，制动程序是：

① 通过电磁阀释放叶尖扰流器。

② 当发电机转速（无论是大或小）降至同步转速时，发电机主接触器动作，发电机与电网相脱离。

③ 风轮转速低于设定值时，第一组机械制动投入。

④ 如果释放后转速继续上升，则第二组机械制动立即投入。下一次使用制动系统时，第二个投入的机械制动先投入。

⑤ 停机后叶尖扰流器收回。

发电机从工作状态执行制动时，叶尖扰流器释放2s后发电机转速超速15%，或15s后风轮转速仍未降至20r/min为不正常情况，则要执行安全停机。

（2）安全停机

1）叶尖扰流器释放，同时投入第一组机械制动。

2）当发电机转速降至同步转速时，发电机主接触器跳开，第二组机械制动被投入。

3）叶尖扰流器不收回。

（3）紧急停机　所有的继电器、接触器失电；叶尖扰流器和两组机械制动同时投入，发电机同时与电网相脱离。

2.5　传动系统与制动系统的维护

2.5.1　传动系统的维护

1. 主轴的维护

主轴工作中承受一定振动和冲击、低速重载、高温或低温、介质侵入等。失效表现为：磨损、锈蚀而导致运转不灵活，运转阻力大，更甚者卡死。

应及时根据机组发出的异常噪声而停机维修，一般看到的是轴颈较均匀的磨损（如图2-22a所示）。若不能及时发现，当紧定衬套的紧定螺母脱落时，衬套滑向衬套大头一端，就会出现轴承内圈直接磨损轴颈的情况，磨损迅速且严重，常见的磨损形式如图2-22b所示。

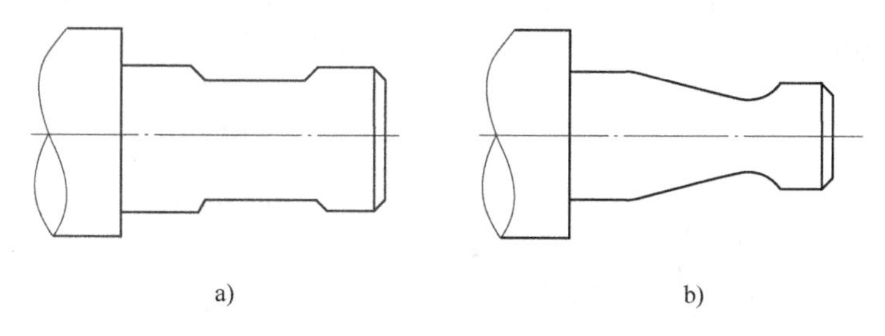

图2-22　主轴磨损

目前主轴采用高分子复合材料修复，当修补剂混合固化后，可对金属和硬质非金属表面的机械磨损、划伤、凹坑、裂缝和铸造砂眼等进行修复。修复步骤如下：

1）模具加工：制作标准对开模具（双边或单边定位）。

2）表面处理：去油、打磨、清洗，确保表面干净、干燥、结实。

3）调和材料：按比例调和，并搅拌均匀，直到两种颜色调和成为一种颜色。

4）涂抹材料：确保粘结紧固、填实并有一定厚度。

5）安装模具：涂刷803脱模剂，安装固定，确保多余材料被挤出。

6）脱模：固化后，拆卸模具将多余材料清理干净。

主轴的支撑常采用滚动轴承，主轴运行时滚动轴承也易受到损害，滚动轴承产生故障的原因很多：一部分为在润滑和保养中被污染，一部分为其安装不合理，还有一部分为其生产质量存在问题。通常滚动轴承故障表现为滚珠错位或者支架断裂，此时主轴就会卡死。

主轴轴承的维护保养如下：

① 主轴轴承润滑系统应运行正常，润滑泵没有堵塞，润滑油管没有爆裂。

② 检查轴承与轴承座接触面应清洁，无杂物。

③ 轴承座应紧固，没有前后错位情况。

④ 转速传感器信号应准确。

2. 齿轮箱的维护

齿轮箱在运行过程中极易出现故障，在长期运行状态下或在未及时保养的情况下易出现齿轮箱故障。因此要求对其进行定期的、必要的维护和保养，从而提高其使用年限，降低其故障发生概率。防止齿轮箱出现长期停转状态，必须确保其运行才能延长其使用时间，提高其工作效率。

1）检查齿轮箱周围是否存在泄漏情况。如有应马上采取处理措施并清理积油。

2）在齿轮箱运转时注意是否有异常噪声，特别是周期性的异常响声。

3）检查齿轮箱是否存在局部温度过高，特别是轴承部位。

4）对齿轮箱的滤清帽进行定期的清理或冲洗。

5）检查齿轮箱上的附件是否正常。

3. 联轴器的维护

1）检查联轴器罩是否完好。

2）检查联轴器外表是否有损坏现象。

3）检查联轴器表面清洁度。

4）由于机器弹性层（橡胶金属）随着承载时间的增长而老化，联轴器对中应有规则地控制，为保证联轴器的使用寿命，必须每年使用激光对中仪进行对中检测（如图2-23所示）。

图2-23　对中检测

2.5.2　制动系统的维护

高速轴的制动闸是保障风机安全的重要设备，分别位于齿轮箱输出轴制动盘的左右，其维护保养工作是非常重要的。

1）如果制动闸液压缸中进入空气，必须通过放气帽排净气体。

2）保持制动闸的清洁：制动片磨损过程中产生的细小粉末，特别容易粘在有油迹的地方。特别是如果制动盘上有油污，会降低制动力矩，严重影响机械制动的效果。每次维护检查机械制动时，都要将制动盘上的油污彻底清除干净。

3）检查制动闸的表面状况。

4）每4年或40万次动作后，检查制动的性能。

5）制动片应存放在干燥的环境中。

本章小结

1. 主轴主要参数：主轴功率、主轴额定寿命、主轴密封和主轴的强度校核。

2. 齿轮箱的基本传动结构类型有：展开式齿轮箱、分流式齿轮箱、同轴式增速器、分流同轴式齿轮箱、NGW式齿轮箱和混合式齿轮箱。

3. 现代风电机组传动系统的三种典型结构：主轴完全独立结构、主轴半独立结构、主轴为齿轮箱轴结构。

4. 齿轮箱的设计要求：效率、噪声、可靠性、工作温度、振动、密封性能、低速轴旋转方向、防护漆、相关附属设备、过载能力。

5. 齿轮与轴的联接方式：平键联接、花键联接、过盈配合联接、胀紧套联接。

6. 风力发电机组中联轴器的方式：常采用刚性联轴器、弹性联轴器两种方式。

7. 风力发电机组的制动系统：空气动力制动和机械制动。

习　题

1. 现代风电机组传动系统的典型结构有哪些？各自有什么特点？
2. 润滑油品的选用原则有哪些？
3. 齿轮箱的正常工作条件有哪些？
4. 空气制动的原理是什么？
5. 风力发电机组有哪些制动器？
6. 制动系统有哪些工作方式？

第3章 发电系统

风力发电包含了由风能到机械能和由机械能到电能两个能量转换过程，发电机及其控制系统承担了后一种能量转换任务。它不仅直接影响这个转换过程的性能、效率和供电质量，而且也影响到前一个转换过程的运行方式、效率和装置结构。

本章介绍关于风力发电机组发电机的种类、结构及工作原理，了解风力发电机组中发电机的技术要求，掌握风力发电机组发电机的结构特点。

3.1 发电机

发电机是将其他形式的能源转换成电能的机械设备，由动力机械驱动。发电机的功能是将水流、气流、燃料燃烧或原子核裂变产生的能量转换为电能。

3.1.1 发电机的分类

发电机的种类很多，其工作原理都是基于电磁感应定律和电磁学及力学定律。理论上任何形式的发电机都能用于风力发电，实际上要根据容量大小、运行方式、风力机的性能和参数等来选择适合的发电机，目前国内装机的发电机一般分为两类：

（1）异步型

1）笼型异步发电机：功率有600kW、750kW、800kW等，定子向电网输送不同功率的50Hz交流电。

2）双馈异步发电机：功率有1500kW、2000kW、2500kW等，定子向电网输送50Hz交流电，转子由变频器控制，向电网间接输送有功或无功功率。

（2）同步型

1）永磁同步发电机：功率有750kW、1200kW、1500kW等，由永磁体产生磁场，定子输出经全功率整流逆变后向电网输送50Hz交流电。

2）电励磁同步发电机：由外接到转子上的直流电流产生磁场，定子输出经全功率整流、逆变后向电网输送50Hz交流电。

3.1.2 风力发电用发电机的特殊性

（1）风的随机性　风力发电用发电机面对的首要问题就是风的随机性，体现在以下几方面：

1）普通发电机都必须稳定地运行在同步转速（同步发电机）或同步转速附近（异步发电机），但对于风力发电用发电机来说，由于风速是时刻变化的，因此风力发电机组的风轮转速也是瞬时变化的，要想使风轮的转速稳定在同步转速附近比较困难，除在发电机本身设

计上采取一些措施外，还需要在发电机的运行控制上采取相应的措施。

2）由于风力发电机组风轮的转速随风速瞬时变化，发电机的输出功率也随之波动，而且幅值较大。当风速过大时，发电机将会过载，所以风力发电用发电机在过热、过载能力以及机械结构等方面与普通的发电机大不相同，其过载能力及时间应远大于普通的发电机，同时其导线要有足够的载流量和过电流能力，以免出现引出线熔断事故。

3）由于风速具有不可控性，风力发电机组多数时间运行于额定功率以下，发电机经常在半载或轻载下运行。为保证发电机在额定功率以下运行时具有较高的效率并改善发电机的性能，应尽量使风力发电用发电机的效率曲线比较平缓。

4）由于风速的不确定性，当风速太低或机组发生故障时，发电机必须脱离电网。而风力发电机组脱网相当于发电机甩负荷，发电机甩负荷后转速上升，极易出现“飞车”现象，造成发电机机械和电气结构的损坏。风力发电机组的脱、并网操作比较频繁，必须依靠超速保护系统使风力发电机组停机。因此，要求在设计时应保证发电机转子的飞逸转速应为1.8~2倍的额定转速，而一般异步电动机的飞逸转速仅为额定转速的1.2倍。

（2）工作环境的特殊性　这种特殊性主要体现在以下几方面：

1）风力发电机组位于室外高空，在较小且封闭的机舱内工作，由于通风条件较差，机舱内产生和积聚的热量不易较快而通畅地散发出来，造成发电机输出功率下降、机组过热。因此风力发电机组的散热条件比一般情况下使用的发电机要差得多，这就要求发电机具有耐较高温度的绝缘等级，一般风力发电用发电机选用F级的绝缘材料。

2）一般发电机都安装在稳固的基础之上且运转平稳。而风力发电机组的发电机工作在高空不断运动的机舱之中，运转在具有较强振动的环境下。

3）风力发电机组机舱内由于通风散热的需要不可能完全密封，潮湿和空气污染物（粉尘、灰尘和腐蚀性气体等）是引起发电机故障的最常见因素。污染物的积累会引起绝缘层的性能变坏，不仅容易形成对地的导电通路，还会使转子因轴承部分的摩擦力增大而发热。各种湿气极易在发电时形成对地的漏电通路，引起发电机故障。

3.2　异步发电机

异步发电机也称为感应发电机，是一种利用定子与转子间气隙旋转磁场与转子绕组中感应电流相互作用的交流发电机。其转子的转向和旋转磁场的转向相同，但转速略高于旋转磁场的同步转速。

3.2.1　异步发电机的结构

异步发电机有笼型和绕线转子两种，在恒速恒频系统中，一般采用笼型异步发电机。

1. 笼型异步发电机

笼型异步发电机（如图3-1所示）的定子铁心和定子绕组的结构与同步发电机相同。转子采用笼型结构，转子铁心由硅钢片叠成，呈圆筒形，槽中嵌入金属（铝或铜）导条，在铁心两端用铝或铜端环将导条短接。转子不需要外加励磁，没有集电环和电刷，因而其结构简单、坚固，基本上无需维护。

2. 双馈异步发电机

双馈异步发电机的定子与笼型异步发电机相同，转子绕组电流通过集电环和电刷流入流出。定子绕组为三相绕组，可采用星形或三角形联结，当定子的三相绕组接三相电压时，可以产生固定速度的旋转磁场。发电机转子的转速略高于旋转磁场的同步转速，且恒速运行，发电机运行在发电状态。因风轮的转速较低，在风轮和发电机之间要经增速齿轮箱来提高转速以达到适合异步发电机运转的转速。

图 3-1　笼型异步发电机

3.2.2　异步发电机的工作原理

根据电机学的理论，当异步电机接入频率恒定的电网时，定子三相绕组中电流产生的旋转磁场的同步转速决定电网的频率和电枢绕组的极对数，三者之间的关系为

$$n_1 = \frac{60f_1}{p} \tag{3-1}$$

式中，n_1是同步转速，单位为 r/min；f_1是电网频率，单位为 Hz；p 是电枢绕组的极对数。

异步电机中旋转磁场和转子之间的相对转速为 $\Delta n = n_1 - n$，相对转速与同步转速的比值称为异步电机的转差率，用 s 表示，即

$$s = \frac{n_1 - n}{n_1} \tag{3-2}$$

异步电机可以工作在不同的状态：当转子的转速小于同步转速时（$n < n_1$），电机工作在电动状态，电机中的电磁转矩为拖动转矩，电机从电网中吸收无功功率建立磁场，吸收有功功率将电能转化为机械能；当异步电机的转子在风机的拖动下，以高于同步转速旋转时（$n > n_1$），电机运行在发电状态，电机中的电磁转矩为制动转矩，阻碍电机旋转，此时电机需从外部吸收无功功率建立磁场（如由电容提供无功电流），而将从风力机获得的机械能转化为电能提供给电网。此时电机的转差率为负值，一般其绝对值在 2% ~5% 之间，并网运行的较大容量异步发电机的转子转速一般在（1 ~1.05）n_1之间。

3.2.3　异步发电机的并网方式

目前在国内和国外大量采用的是异步发电机，其并网方式也根据发电机的容量不同和控制方式不同而不同。异步发电机投入运行时，由于靠转差率来调整负荷，因此对机组的调速精度要求不高，不需要同步设备和整步操作，只要转速接近同步转速，就可并网。显然，异步发电机不仅控制装置简单，而且并网后也不会产生振荡和失步，运行非常稳定。然而，异步发电机并网也存在一些特殊问题，如直接并网时产生的冲击电流过大造成电压大幅度下降，会对系统安全运行构成威胁；本身不输出无功功率，需要无功补偿；当输出功率超过其最大转矩所对应的功率时，会引起网上“飞车”；过高的系统电压会使其磁路饱和，无功励磁电流大幅增加，定子电流过载，功率因数大大下降；不稳定系统的频率上升过多，会使同步转速上升而使异步发电机从发电状态变成电动状态；不稳定系统的频率下降过多，又会使异步发电机因电流剧增而过载等等。

1. 并网方式

（1）直接并网　这种并网方式要求在并网时发电机的相序与电网的相序相同，当风力驱动的异步发电机转速接近同步转速时即可并入电网；自动并网的信号由测速装置给出，而后者通过自动断路器合闸完成并网过程。

这种并网方式比同步发电机的准同步并网简单、容易。但直接并网时会出现较大的冲击电流（发电机额定电流的4～5倍），电网电压瞬时严重下降，因此这种并网方式只适用于异步发电机容量在几百千瓦以下或电网容量较大的情况下。

（2）准同期并网　与同步发电机准同步并网方式相同，在转速接近同步转速时，先用电容励磁，建立额定电压，然后对已励磁建立的发电机电压和频率进行调节和校正，使其与系统同步。当发电机的电压、频率、相位与系统一致时，将发电机投入电网运行。

采用这种方式，若按传统的步骤经整步实现同步并网，则仍需要高精度的调速器和整步、同期设备，不仅要增加机组的造价，而且从整步达到准同步并网所花费的时间很长。该并网方式合闸瞬间尽管冲击电流很小，但必须控制在最大允许的转矩范围内运行，以免造成网上“飞车”。由于它对系统电压影响极小，所以适合于电网容量与风力发电机组容量为同一量级的情况。

（3）减压并网　这种并网方式是在异步发电机与电网之间串接电阻或电抗器，或者接入自耦变压器，以达到降低并网合闸瞬间冲击电流幅值及电网电压下降的幅度的目的。因为电阻、电抗器等元件要消耗功率，在发电机并入电网以后，进入稳定运行状态时，必须将其迅速切除，并网时发电机每相绕组与电网之间皆串接有大功率电阻。

（4）捕捉式准同步快速并网技术　捕捉式准同步快速并网技术的工作原理是将常规的整步并网方式改为在频率变化中捕捉同步点的方法进行准同步快速并网。捕捉式准同步快速并网技术工作准确、快速可靠，既能实现无冲击准同步并网，对机组的调速精度要求不高，又能解决同步并网与降低造价的矛盾，非常适合于风力发电机组的准同步并网操作。

（5）软并网　软并网方式是将异步发电机定子每相串入一只双向晶闸管后与电网连接起来，三相均由双向晶闸管控制。接入双向晶闸管的目的是将发电机并网瞬间的冲击电流控制在允许的限度内。

1）发电机与系统之间通过双向晶闸管直接连接。该连接方式的工作过程：当风轮带动的异步发电机转速接近同步转速时，与电网直接相连的每相的双向晶闸管的触发延迟角由180°至0°逐渐同步减小；同时作为每相无触点开关的双向晶闸管的导通角由0°至180°逐渐同步增大。在双向晶闸管导通阶段开始，异步发电机作为电动机运行，随着转速的升高，其转差率逐渐趋于零。当转差率为零时，双向晶闸管已全部导通，并网过程到此结束。由于并网电流受晶闸管导通角的限制，并网较平稳，不会出现冲击电流。

2）发电机与系统之间软并网过渡，零转差自动并网开关切换连接。该连接方式的工作过程：当风轮带动的异步发电机起动或转速接近同步转速时，与电网相连的每相双向晶闸管的触发延迟角由180°至0°逐渐同步减小；同时作为每相无触点开关的双向晶闸管的导通角由0°至180°逐渐同步增大。此时自动并网开关尚未动作，发电机通过双向晶闸管平稳地进入电网。在双向晶闸管导通阶段开始，异步发电机作为电动机运行，随着转速的升高，其转差率逐渐趋于零。当转差率为零时，双向晶闸管已全部导通，这时自动并网开关动作，常开触点闭合，于是短接了已全部开通的双向晶闸管。发电机输出功率后，双向晶闸管的触发脉冲自动关闭，发电机输出电流不再经双向晶闸管而是通过已闭合的常开触点流向电网。

两种方式是目前风力发电机组普遍采用的并网方式，其共同特点是可以得到一个平稳的并网过渡过程而不会出现冲击电流。但是，第一种方式所选用高反压双向晶闸管的电流允许值比第二种方式的要大得多，因为前者的工作电流要考虑能通过发电机的额定值，而后者只要通过略高于发电机空载时的电流就可满足要求。软并网是目前国内外中型及大型风力发电机组中普遍采用的并网方式。

2. 并网系统

图 3-2 所示为异步发电机交-直-交并网系统示意。

（1）优点

1）控制方式较简单。

2）可使用普通交流异步发电机。

3）有功分量和无功分量可单独控制。

4）对电网波动有较强的适应性。

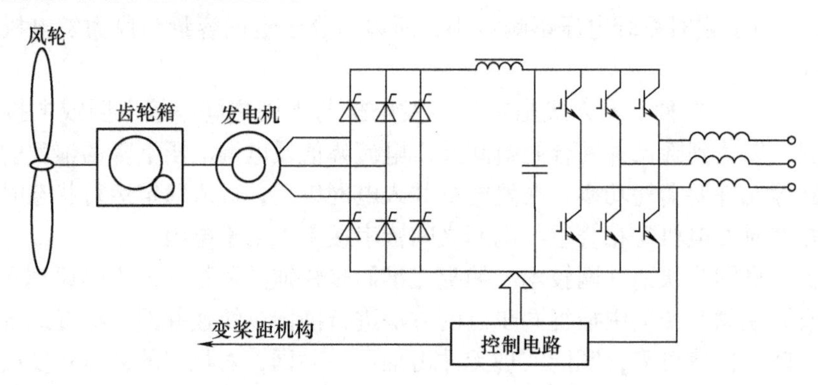

图 3-2　异步发电机交-直-交并网系统示意

（2）缺点

1）整流器和逆变器的容量必须和风力发电机功率相匹配，变换器价格昂贵。

2）发电机绕组承受较高的 $\mathrm{d}u/\mathrm{d}t$（电压变化率），电磁兼容性较差。

3）直流侧 LC 滤波器、交流网侧电感容量较大。

交-直-交并网系统不适合应用于兆瓦级系统，应用于 10～200kW 系统时其性能价格比最优。

3. 并网后需要关注的主要问题

根据国家标准，对电能质量的要求有五个方面：电网高次谐波、电压闪变与电压波动、三相电压及电流不平衡、电压偏差及频率偏差。风电机组对电网产生的影响主要有电压闪变、谐波污染与电压波动。

（1）电压闪变　风力发电机组大多采用软并网方式，但是在起动时仍然会产生较大的冲击电流。当风速超过切出风速时，机组会从额定出力状态自动退出运行。如果整个风电场所有机组几乎同时动作，这种冲击对配电网的影响十分明显，容易造成电压闪变与电压波动。

（2）谐波污染　机组给系统带来谐波的途径主要有两种。一种是风力发电机组本身配

备的电力电子装置带来谐波问题。另一种是机组的并联补偿电容器可能和线路电抗发生谐振，在实际运行中，在风电场出口变压器的低压侧产生大量谐波的现象。与电压闪变问题相比，并网带来的谐波问题不是很严重。

（3）电压波动　随着电力电子技术的发展，大量新型大容量风力发电机组投入运行，风电场装机达到可以和常规机组相比的规模，直接接入输电网，与风电场并网有关的电压、无功控制、有功调度、静态稳定和动态稳定等问题越来越突出。

风电场大多采用感应发电机，需要系统提供无功支持，否则有可能导致小型电网的电压失稳。电网稳定性降低或发生三相接地故障，都可以导致全网的电压崩溃。但大型电网具有足够的备用容量和调节能力，一般不必考虑风电进入引起频率稳定性问题。

3.3　双馈异步发电机

双馈异步发电机（又称为交流励磁发电机）定子结构与普通异步发电机相同，转子结构带有集电环和电刷。与绕线转子异步发电机和同步发电机不同的是，转子采用交流电压励磁，既可以输入电能也可以输出电能，运行方式灵活，既有异步发电机的某些特点，也有同步发电机的某些特点。

双馈异步发电机（如图3-3所示）发电系统由一台带集电环的绕线转子异步发电机和变频器组成，一般变频器采用交-交变频器、交-直-交变频器及正弦波脉宽调制双向变频器。

图3-3　双馈异步发电机

双馈异步发电机的结构特点：

1）双馈异步发电机在结构上采用绕线转子，转子绕组电流由集电环导入，定子、转子均为三相对称绕组，这种带集电环的双馈异步发电机被称之为有电刷双馈异步发电机。

2）双馈异步发电机仍然是异步发电机，除了转子绕组与普通异步发电机的笼型结构不同外，其他部分的结构完全相同。

3）双馈异步发电机定子通过断路器与电网连接，绕线转子通过四象限变频器与电网相连，变频器对转子交流励磁进行调节，保证定子侧同电网恒频恒压输出。

4）通过在双馈异步发电机与电网间加入变流器，发电机转速就可以与电网频率解耦，并允许风轮速度有变化，也能控制发电机气隙转矩。

5）双馈异步发电机全部采用变桨距控制，变桨距控制使双馈异步发电机有更宽的调速范围。

3.3.1　双馈异步发电机的工作原理

双馈异步发电机是将定、转子三相绕组分别接入两个独立的三相对称电源，定子绕组接入工频电源，转子绕组接入频率、幅值、相位都可以按照要求进行调节的交流电源，即采用交-直-交或交-交变频器给转子绕组供电的结构。转子外加电压的频率在任何情况下必须与转子感应电动势的频率保持一致，当改变转子外加电压的幅值和相位时即可以改变发电机的转

速及定子的功率因数。

如图 3-4 所示，双馈异步发电机的定子接入电网，转子绕组由频率、相位、幅值、相位和相序都可调节的交-直-交变频器供电。

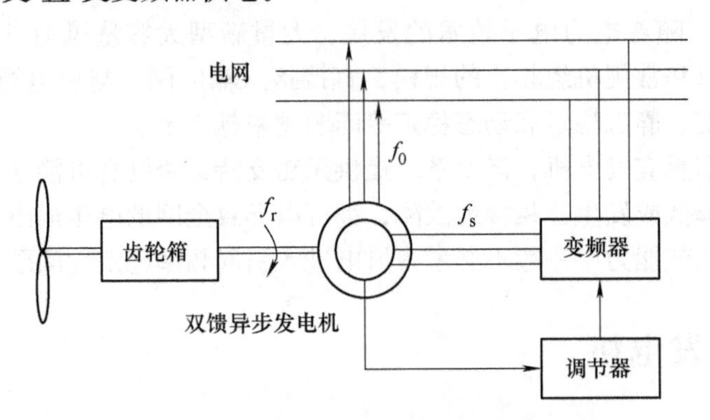

图 3-4　双馈异步发电机基本原理

双馈异步发电机在稳态运行时，定子旋转磁场和转子旋转磁场以及气隙磁场在空间保持相对静止，转子旋转磁场相对于转子的转速同转差率成正比。设定子电网频率为 f_0，定子旋转磁场在空间以 $\omega_0=2\pi f_0/p$ 的角频率旋转（p 为定子绕组磁极对数），则转子旋转磁场相对于转子的旋转角频率应当是

$$\omega_s=\omega_0-\omega_r=\omega_0-\omega_0(1-s)=\omega_0 s \tag{3-3}$$

式中，ω_0 是定子磁场同步旋转角频率；ω_r 是转子旋转角频率；ω_s 是转子励磁电流形成的旋转磁场角频率；s 是转差率。

式（3-3）说明转子励磁电流形成的旋转磁场的角频率同转差率成正比，若发电机的转子转速低于同步转速，则转子励磁电流形成的旋转磁场与转子旋转的方向相同，如果转子转速高于同步转速，则两者旋转方向相反。

转子旋转磁场相对于转子的旋转角频率为转差速率 ω_s，馈入转子绕组中的电流频率 f_r 应当是转差频率与转子极对数的乘积，即 $2\pi f_r=p\omega_s$，它与转差率之间的关系是

$$f_r=f_0 s \tag{3-4}$$

式中，f_r 是转子励磁电流的频率；f_0 是定子电流的频率。

一般的同步发电机是由直流电流励磁的，即转子励磁电流的频率是 $f_r=0$。根据式（3-3）和式（3-4）可知，发电机的工作转速只能是同步转速 ω_0。

图 3-5 是双馈异步发电机的等效电路。定子接电网，所以定子磁场是恒定的。气隙磁场的励磁电流可以从定转子两方面获取，由于定子磁场和气隙磁场励磁回路的串联关系，又因为存在定子磁场恒定这个约束，所以定子磁场的励磁电流可以从定转子两方面提供，这样通过控制转子侧的励磁电流就可以控制发电机定子侧从电网吸收的无功功率，起调节功率因数的作用。

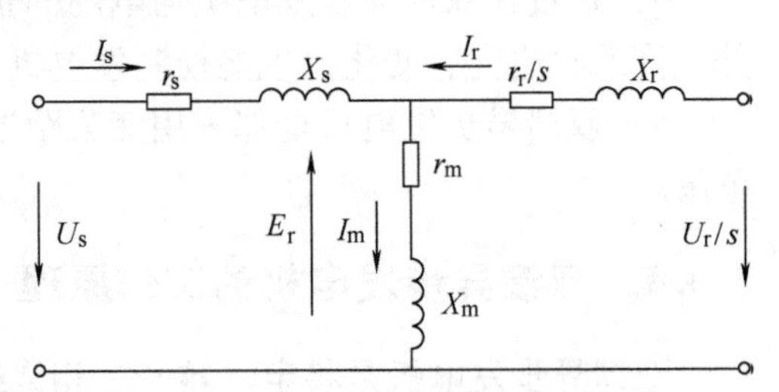

图 3-5　双馈异步发电机等效电路

双馈异步发电机的转子绕组中总是作用着两个频率都是 $f_0 s$ 的电源。一个是转子感应电

动势 E_r，另一个是转子绕组的外加电压 U_r。E_r 是一个受控电压源，受双馈异步发电机的转差率和定子侧电流的约束。调节转子绕组外加电压 U_r 的幅值和相位，就可以控制双馈异步发电机转子侧的有功功率和无功功率。

3.3.2 双馈异步发电机的运行状态

1. 亚同步发电区（$0<s<1$）

在此种状态下转子转速 $n<n_1$（同步转速），由滑差频率为 f_2 的电流产生的旋转磁场转速 n_2 与转子的转速方向相同，因此 $n+n_2=n_1$。此时的电磁功率 $P_{em}<0$，由发电机定子绕组馈入电网；转差功率 $P_s<0$，由电网通过变频器提供给转子绕组，发电机实际发电功率为（$1-s$）P_{em}，如图 3-6a 所示。

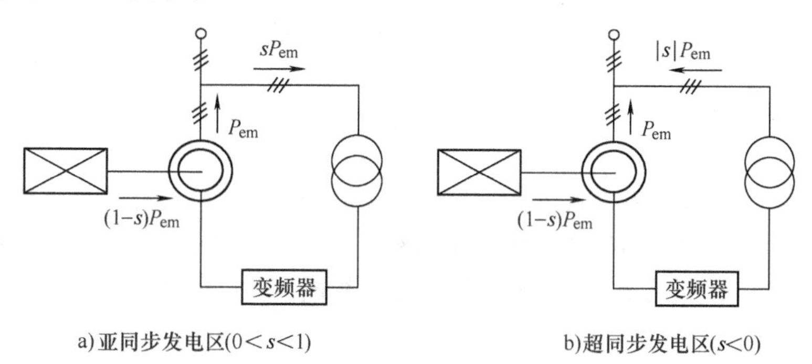

a) 亚同步发电区($0<s<1$)　　b) 超同步发电区($s<0$)

图 3-6　功率传递关系

2. 超同步发电区（$s<0$）

在此种状态下转子转速 $n>n_1$（同步转速），改变通入转子绕组的频率为 f_2 的电流相序，则其所产生的旋转磁场转速 n_2 的转向与转子的转向相反，因此有 $n-n_2=n_1$。为了实现 n_2 反向，在由亚同步运行转向超同步运行时，转子三相绕组必须能自动改变其相序。此时的电磁功率 $P_{em}<0$，由发电机定子绕组馈入电网；转差功率 $P_s>0$，由转子绕组经变频器将其馈入电网，电机实际发电功率为（$1+|s|$）P_{em}（如图 3-6b 所示）。

在亚同步发电区或者超同步发电区都可以控制发电机的电磁转矩为制动力矩或者电动力矩，从而控制发电机可以在任何转速下都可以工作在发电状态，也可以调节循环于电网和定子之间的无功功率。在超同步和亚同步两个发电区调节发电机的转速，要求转子侧的变频器具有双向传递能量的能力。能量既可以从发电机的转子通过变频器传向电网，也可以沿着相反的方向，由电网传向发电机转子。

3. 同步运行区

此种状态下 $n=n_1$，滑差频率 $f_2=0$，这表明此时通入转子绕组的电流的频率为 0，也即直流电流，因此与普通同步发电机一样。此时，$s=0$，$P_{em}=P_{mec}$（总机械功率），机械能全部转化为电能并通过定子绕组馈入电网，转子绕组仅提供发电机励磁。

3.3.3 双馈异步发电机的特性

与基于恒速运行的风力发电机组相比较，双馈异步风力发电机组有以下主要特点：

1）发电机可以在超同步和亚同步广泛区域内运行，而且功率因数可以调节，系统具有较好的特性。

2）通过调节转子电压的频率、幅值和相位等可以实现系统的变速恒频功能。

由电机学原理可知，异步发电机频率具有下述关系：

$$f_1 = f_m \pm f_R \text{（超同步时取 - ，亚同步时取 + ）} \tag{3-5}$$

式中，f_1是定子电压频率；f_m是主轴传动的机械频率；f_R是发电机工作的转差频率。

当转子旋转速度变化时，只要相应地改变转子磁动势的频率，即可使定子频率为一常数，实现变速恒频功能。

3）采用双馈异步风力发电机组时，通过控制转子励磁电压（或电流）的频率、幅值、相位和相序，使发电机的功率特性按$P_{em}(n)$曲线变化，从而实现在多种风速下发电机与风力机功率特性的最佳匹配，使风力发电系统获得最大风能利用率。

3.4 同步发电机

风力发电中所用的同步发电机绝大部分是三相同步发电机，其输出连接到邻近的三相电网或输配电线。因为一般三相发电机比起相同额定功率的单相发电机来说，体积较小、效率较高，而且便宜，所以只有在功率很小和仅有单相电网的少数情况下才考虑采用单相发电机。

3.4.1 同步发电机的结构

同步发电机（如图3-7所示）由定子和转子组成。定子由开槽的定子铁心和放置在定子铁心槽内，按一定规律连接成的定子绕组构成。转子上装有磁极（即转子铁心）和使磁极磁化的励磁绕组（也称转子绕组或转子线圈）。当励磁绕组中通过直流电后，转子上的磁极就磁化，产生磁场，当原动机带动转子转动后，转子所产生的磁场同时转动，该磁场与定子绕组之间发生相对运动，定子绕组中感应出交流电动势，这时发电机就发出交流电。

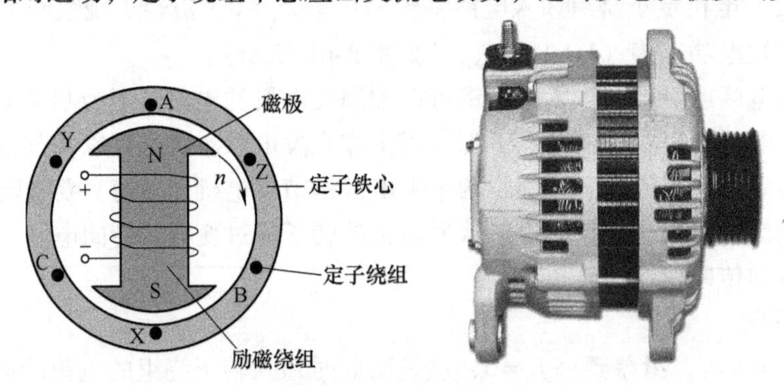

图3-7　同步发电机

同步发电机的磁极结构可分为凸极式和隐极式。凸极式转子（如图3-8所示）有明显的磁极，绕在磁极上的励磁绕组为集中绕组，定子与转子间气隙不均匀，极弧底下气隙小，极间部分气隙大。隐极式转子（如图3-9所示）为圆柱形，与定子间气隙是均匀的，无明显磁极，励磁绕组为分布绕组，分布在转子表面的槽内。

图 3-8　凸极式转子

图 3-9　隐极式转子

3.4.2　同步发电机的工作原理

1. 同步发电机的工作原理

同步发电机在风力机的拖动下，转子（含磁极）以转速 n 旋转，并产生转子旋转磁场，切割定子上的三相对称绕组，在定子绕组中产生频率为 f_1 的三相对称的感应电动势和电流输出，从而将机械能转化为电能。由定子绕组中的三相对称电流产生的定子旋转磁场的转速与转子之间有着严格不变的固定关系，即

$$f_1 = \frac{pn}{60} = \frac{pn_1}{60} \tag{3-6}$$

当发电机转速一定时，同步发电机的频率稳定，电能质量高；同步发电机运行时可通过调节励磁电流来调节功率因数，既能输出有功功率，也可提供无功功率，可使功率因数为1，因此在电力系统中广泛应用。但在风力发电中，由于风速的不稳定性使得发电机获得不断变化的机械能，给风力发电机造成冲击和高负载，对风力发电机及整个系统不利。为了维持发电机输出电流的频率与电网频率始终相同，发电机的转速必须恒定，要求发电机有精确的调速机构，以保证风速变化时维持发电机的转速不变。

2. 同步发电机的工作过程

（1）主磁场的建立　励磁绕组通以直流励磁电流，建立极性相间的励磁磁场，即建立起主磁场。

（2）载流导体　三相对称的电枢绕组充当功率绕组，成为感应电动势或者感应电流的载体。

（3）切割运动　原动机拖动转子旋转（给发电机输入机械能），极性相间的励磁磁场随轴一起旋转并顺次切割定子各相绕组（相当于绕组的导体反向切割励磁磁场）。

（4）交变电动势的产生　由于电枢绕组与主磁场之间的相对切割运动，电枢绕组中将会感应出大小和方向按周期性变化的三相对称交变电动势。通过引出线，即可提供交流电源。

3. 同步发电机励磁方式

同步发电机为了实现能量的转换，需要有一个直流磁场，而产生这个磁场的直流电流，称为发电机的励磁电流。根据励磁电流的供给方式，凡是从其他电源获得励磁电流的发电机，称为他励发电机，从发电机本身获得励磁电流的，则称为自励发电机。

1）直流发电机供电的励磁方式。这种励磁方式的发电机具有专用的直流发电机，称为直流励磁机，直流励磁机一般与发电机同轴，发电机的励磁绕组通过装在大轴上的集电环及固定电刷从直流励磁机获得直流电流。这种励磁方式具有励磁电流独立、工作比较可靠和减少自用电消耗量等优点。缺点是励磁调节速度较慢，维护工作量大，故在10MW以上的机组中很少采用。

2）交流励磁机供电的励磁方式。交流励磁机装在发电机大轴上，它输出的交流电流经整流后供给发电机转子励磁，此时发电机的励磁方式属他励磁方式，由于采用静止的整流装置，故又称为他励静止励磁，交流副励磁机提供励磁电流。

交流副励磁机可以是永磁机或是具有自励恒压装置的交流发电机。为了提高励磁调节速度，交流励磁机通常采用100~200Hz的中频发电机，而交流副励磁机则采用400~500Hz的中频发电机。这种发电机的直流励磁绕组和三相交流绕组都绕在定子槽内，转子只有齿与槽而没有绕组。因此，它没有电刷、集电环等转动接触部件，具有工作可靠、结构简单、制造工艺方便等优点。缺点是噪声较大，交流电动势的谐波分量也较大。

3）无励磁机的励磁方式。此励磁方式中不设置专门的励磁机，而从发电机本身取得励磁电源，经整流后再供给发电机本身励磁，称自励式静止励磁。自励式静止励磁可分为自并励和自复励两种方式。

自并励方式通过接在发电机出口的整流变压器取得励磁电流，经整流后供给发电机励磁，这种励磁方式具有结简单、设备少、投资省和维护工作量少等优点。

自复励方式除设有整流变压外，还设有串联在发电机定子回路的大功率电流互感器。这种互感器的作用是在发生短路时，给发电机提供较大的励磁电流，以弥补整流变压器输出的不足。该励磁方式具有两种励磁电源，通过整流变压器获得的电压电源和通过串联变压器获得的电流源。

3.4.3 同步发电机的特性

表征同步发电机特性的主要是空载特性和负载运行特性，也是选用发电机的依据。

1. 空载特性

发电机不接负载时，电枢电流为零，称为空载运行。此时发电机定子的三相绕组只有励磁电流 I_f 感生出的空载电动势 E_0（三相对称），其大小随 I_f 的增大而增加。但是，由于发电机磁路铁心有饱和现象，所以两者不成正比。反映空载电动势 E_0 与励磁电流 I_f 关系的曲线称为同步发电机的空载特性。

2. 负载运行特性

主要指外特性和调整特性。外特性是当转速为额定值、励磁电流和负载功率因数为常数时，发电机端电压 U 与负载电流 I 之间的关系。调整特性是转速和端电压为额定值、负载功率因数为常数时，励磁电流 I_f 与负载电流 I 之间的关系。

3. 同步发电机的特点

同步发电机的电压变化率约为20%~40%，为此，随着负载电流的增大，必须相应地调整励磁电流。同步发电机的主要优点是可以向电网或负载提供无功功率，不仅可以并网运行，也可以单独运行，满足不同负载的需要。缺点是它的结构以及控制系统比较复杂，成本比感应发电机高。

3.4.4 同步发电机的并网方式

同步发电机在运行中，既能输出有功功率，又能提供无功功率，周波稳定，电能质量高，已被电力系统广泛采用。同步发电机用于风力发电机组中时，由于风速时大时小，随机

变化，作用在转子上的转矩极不稳定，并网时其调速性能很难达到同步发电机所要求的精度，并网后常会发生无功振荡与失步等问题，在重载下尤为严重。近年来随着电力电子技术的发展，从技术上解决了这些问题，在同步发电机与电网之间采用变频装置。

1. 并网条件

风力同步发电机并联到电网时，为了防止过大的电流冲击和转矩冲击，风力发电机输出的各相端电压的瞬时值要与电网端对应相电压的瞬时值完全一致，具体有五个条件：①波形相同；②幅值相同；③频率相同；④相序相同；⑤相位相同。在并网时，因风力发电机旋转方向不变，只要使发电机的各相绕组输出端与电网互相对应，条件④就可以满足；而条件①可由发电机设计、制造和安装保证；因此并网时，主要是其他三个条件的监测和控制，这其中条件③频率相同是必须满足的。

2. 并网方式

（1）自动准同步并网　当发电机在风力机的带动下转速接近同步转速时，励磁调节器给发电机输入励磁电流，通过励磁电流的调节使发电机输出的端电压与电网电压相近。在发电机的转速几乎达到同步转速、发电机的端电压与电网电压的幅值大致相同，并且断路器两端的电位差为零或很小时，控制断路器合闸并网。风力同步发电机并网后通过自整步作用牵入同步，使发电机电压频率与电网一致。

（2）自同步并网　自动准同步并网的优点是合闸时没有明显的电流冲击，缺点是控制与操作复杂、费时、合闸后有电流冲击和电网电压的短时下降现象。当电网出现故障而要求迅速将备用发电机投入时，由于电网电压和频率出现不稳定，自动准同步并网法很难操作，往往采用自同步并网法实现并联运行。

自同步并网的方法是：同步发电机的转子励磁绕组先通过限流电阻短接，发电机中无励磁磁场，用原动机将发电机转子拖到同步转速附近（差值小于5%）时，将发电机并入电网，再立刻给发电机励磁，在定、转子之间的电磁力作用下，发电机自动牵入同步。由于发电机并网时转子绕组中无励磁电流，因此发电机定子绕组中没有感应电动势，不需要对发电机的电压和相角进行调节和校准，控制简单。

3. 并网系统

由于同步发电机的转速和电网频率是硬性连接，而风力资源具有较大的随机性，因此发电机和电网之间使用交-直-交变换器使机组在较大转速范围内运行。交-直-交同步发电机并网系统如图3-10所示。

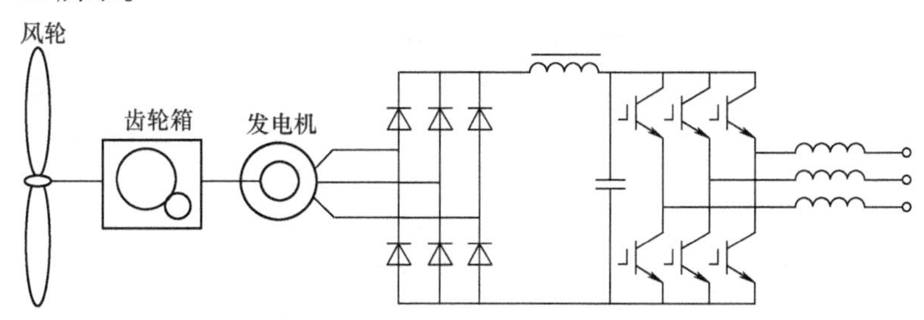

图3-10　交-直-交同步发电机并网系统

由于同步发电机具有独立的励磁回路，无需再提供再生能量，因此交-直-交变换器不需要四象限运行，小功率的发电机也可采用永磁发电机，但由于同步发电机在低风速时输出电

压较低，此时无法将能量回馈至电网，因此实用的电路往往在直流侧加入一个 Boost 升压电路（开关直流升压电路，如图 3-11 所示）。

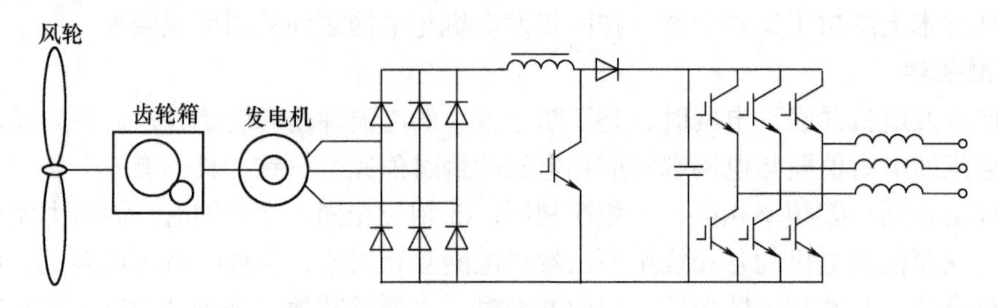

图 3-11　带 Boost 升压电路的同步发电机并网系统

在低速时由升压电路先将整流器输出的直流电压提升，采用此电路可使风力发电机运行在非常宽的调速范围，另外 Boost 升压电路还可以调节整流器入端（即发电机输出端）的电流波形，以改善其谐波失真和功率因数，此电路结构在中小型并网系统中有着应用前景。

优点：控制电路简单可靠；无最大、最小速度限制，调速范围宽；发电机不承受高的 dv/dt，电磁兼容性好；对电网波动不敏感。

缺点：三级变换（整流、升压、逆变）使系统效率下降 2% ~3%；直流环节电容为高压、大容量，体积大、价格高；网侧电感容量较大。

3.5　永磁同步发电机

近年来，随着电力电子技术、微电子技术、新型电机控制理论和稀土永磁材料的快速发展，永磁同步发电机得以迅速的推广应用。永磁同步发电机具有体积小、损耗低和效率高等优点。

3.5.1　永磁同步发电机的结构

1. 定子

永磁同步发电机定子与普通交流电机相同，由定子铁心和定子绕组组成，在定子铁心槽内安放有三相绕组，转子采用永磁材料励磁。但因为该类发电机的电负荷较大，使得发电机的铜耗较大，因此应在保证齿、轭磁通密度及机械强度的前提下，尽量加大槽面积，增加绕组线径，减小铜耗，提高效率。

定子绕组的分布影响风力发电机的起动阻力矩的大小。起动阻力矩是永磁同步发电机设计中一个至关重要的参数。起动阻力矩是由于永磁同步发电机中齿槽效应的影响，使得发电机在起动时产生的磁阻力矩。起动阻力矩小，发电机在低速风时便能发电，风能利用程度高；反之，风能利用程度低。

2. 转子

永磁同步发电机的转子上没有励磁绕组，因此无励磁绕组的铜损耗，发电机的效率高；转子上无集电环，运行更可靠；永磁材料一般有铁氧体和钕铁硼两类，其中采用钕铁硼制造的发电机体积较小，重量较轻，因此采用广泛。永磁同步发电机的转子极对数可以做到很多，同步转速较低，轴向尺寸较小，径向尺寸较大，可以直接与风力发电机组相连接，省去了齿轮箱，减小了机械噪声和机组的体积，从而提高了系统的整体效率和运行可靠性。但其

功率变换器的容量较大，成本较高。

永磁同步发电机转子磁路结构如图 3-12 所示，按工作主磁场方向的不同，主要分为径向式和切向式两种。

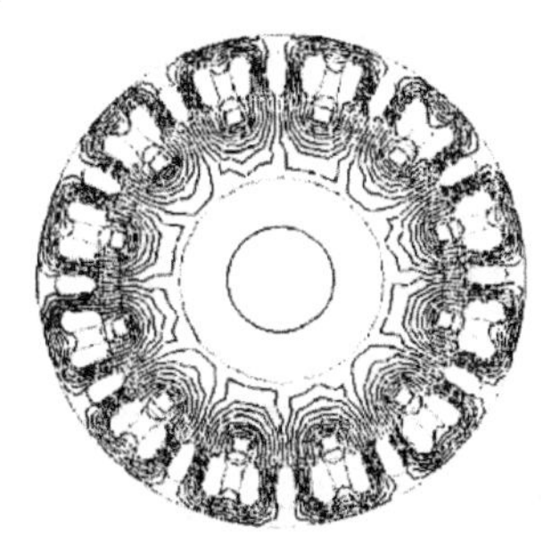

a) 径向式结构

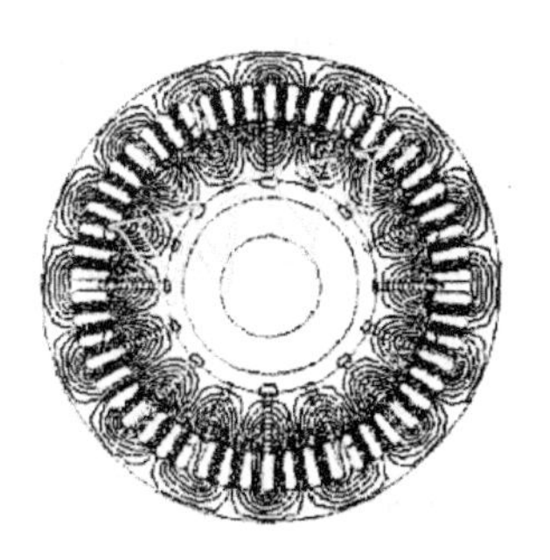

b) 切向式结构

图 3-12 永磁同步发电机转子磁路结构

径向式结构的永磁体直接粘在转子磁轭上，一对极的两块永磁体串联，永磁体仅有一个截面提供每极磁通，所以气隙磁通密度较小，发电机的体积稍大。切向式结构是把永磁体镶嵌在转子铁心中间，固定在隔磁套上，隔磁套由非磁性材料制成，用来隔断永磁体与转子的漏磁通路，减少漏磁。

从图 3-12 可以看出，切向式结构永磁体有两个截面对气隙提供每极磁通，使发电机的气隙磁通密度较高，在多极情况下效果更好，而且对永磁体宽度的限制不是很大，极数较多时，可摆放足够多的永磁体。设计的发电机转速较低时，需较多的极数以减小体积和满足频率要求，所以选用切向式结构。

大型永磁同步发电机结构布置形式分为内转子型和外转子型，它们各有特点，广泛应用于风力发电机组。

1）内转子型。风轮驱动发电机转子，永磁体安装在转子体上，发电机定子为电枢绕组，经全功率变流器与电网连接。这种形式的发电机电枢绕组和铁心通风冷却条件好，温度低，定子外径尺寸小，易于运输。内转子型直驱永磁同步发电机的结构如图 3-13 所示。

2）外转子型。风轮与发电机外转子连接，直接驱动旋转（结构如图 3-14 所示）。永磁体安装在外转子体内圆周边，发电机定子电枢绕组和铁心安装在静止轴上。这种布置形式永磁体虽易于安装固定，但电枢铁心和绕组通风冷却不利，永磁转子直径大，不易密封防护，大件运输比较困难。

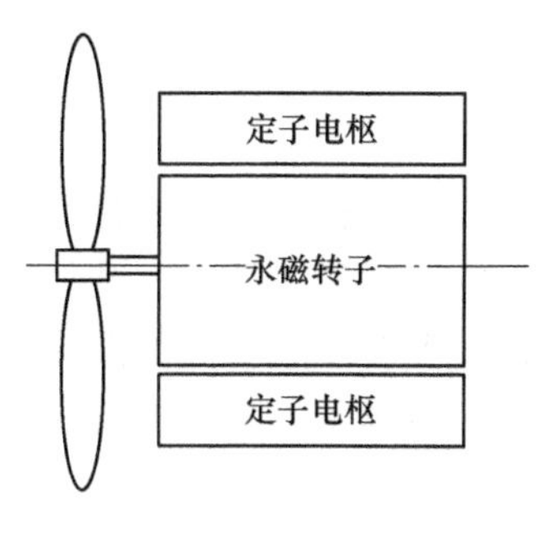

图 3-13 内转子型

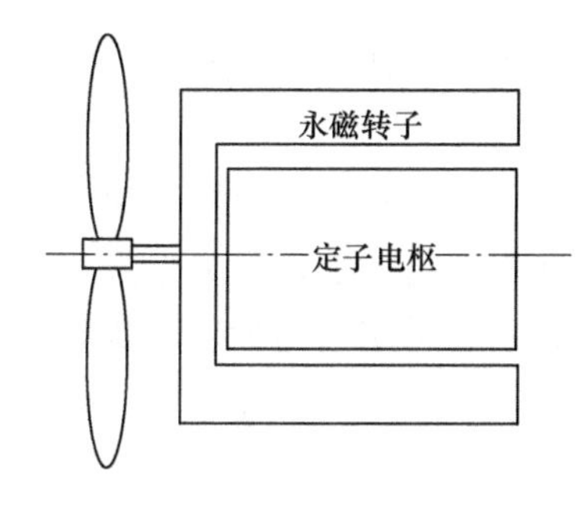

图 3-14 外转子型

永磁同步发电机在运行中必须保持转子温度在永磁体最高允许工作温度之下，因此，风力发电机中永磁同步发电机常做成外转子型，以利于永磁体散热。外转子型永磁同步发电机的定子固定在发电机的中心，而外转子绕着定子旋转。永磁体沿圆周径向均匀安放在转子内侧，外转子直接暴露在空气之中，因此相对于内转子具有更好的通风散热条件。

3.5.2 永磁同步发电机的特点

目前，永磁同步发电机的体积大、质量大、价格高，但市场占有率正在大幅上升，永磁同步发电机具有如下特点：

1）取消了齿轮箱，使传动系统部件的数量减少，没有传动磨损和漏油所造成的机械故障，减少了齿轮传动装置需要的润滑、清洗等定期维护工作，也降低了风力发电机组的运行维护成本。

2）取消了传动轴，使机组水平轴方向的长度大大缩短，而且增加了机组稳定性。同时也降低了机械损耗，提高了风力发电机组的可利用率和使用寿命，降低了风力发电机组的噪声。

3）与电励磁同步发电机和双馈异步发电机相比，不用外接励磁电源，没有集电环和电刷，不仅简化了结构，而且提高了可靠性和机组效率。

4）外表面面积大，易散热。由于没有电励磁，转子损耗近似为零，可采用自然通风冷却，结构简单可靠。

5）采用永磁发电技术及变速恒频技术，提高了风电机组的效率，可以进行无功补偿。采用电力电子器件制造的变流器，能在极端恶劣的环境下可靠工作。

6）发电机功率因数高，其值接近或等于1，提高了电网的运行质量。

7）由于减少了部件数量，整机的生产周期大大缩短。

8）低速多磁极永磁同步发电机采用变速恒频运行方式，使用一台全功率变流器将频率变化的风电送入电网。

永磁同步发电机组存在的缺点是：对永磁材料的性能稳定性要求较高，多磁极使发电机外径和重量大幅度增加。另外，IGBT 变流器的容量较大，一般要选发电机额定功率的120%以上。

理论上永磁同步风力发电机具有维护成本低、耗材少等经济可靠的优点，但在实际制造过程中，现阶段发电机本身的制造成本和控制难度都比较大，永磁同步风力发电机组的售价高于双馈异步风力发电机组，短期内两种技术路线并存的局面难以改变。

3.6 风力发电用发电机的选型

（1）笼型异步发电机　离网型风力发电机普遍使用同步发电机，而大型并网风力发电机组使用带增速齿轮箱的恒速型笼型异步发电机。笼型异步发电机结构简单、维护方便、价格低廉、容易并网，采用增速齿轮箱提高风力发电机的转速，配合体轻价廉的高速型笼型异步发电机，具有比较高的性价比。由于技术简单、经济性好，我国早期建成、目前运行中的大型风电场，绝大多数采用这种类型的发电机。

恒速型笼型异步发电机存在如下问题：

1）在不同的风速下难以获得合适的叶尖速比，导致获取风能的效率降低。

2）齿轮箱在风况和环境变化中承受交变载荷冲击，温差悬殊，工况恶劣，维修保养的成本很高，成为风力发电机组中的薄弱环节。

3）笼型异步发电机的效率不高，转差功率无法利用，转差率稍高就严重发热。

4）笼型异步发电机必须从电网中吸收励磁功率（无功功率），功率因数低，导致电网网损增大。

异步发电机要求转子表面到定子的距离（即气隙）非常小，确保有足够的气隙磁通密度。而大直径发电机的小气隙加工工艺目前还是一个技术难题，因此异步发电机只能工作在高速工况下。

（2）双馈异步发电机　针对恒速型笼型异步发电机的缺点，目前采用双馈异步发电机的技术方案。双馈异步发电机与恒速型笼型异步发电机相同的是发电机定子都直接并网，能将大部分电能输入电网，同时从电网吸收励磁功率。不同的是随着风轮转速的变化，双馈异步发电机转子绕组能将转子所产生的转差功率，通过变流器转化为工频电流，回输到电网；同时，这部分工频电流也可以调节功率因数，使机组的总功率因数得到改善。目前双馈异步风力发电机组被广泛采用。

双馈异步发电机对无功功率、有功功率均可调，对电网可起到稳压、稳频的作用，提高了发电质量。与同步发电机变流器相比，具有变流器容量小、重量轻的优点，更适合于风力发电机组使用，同时也降低了造价。但当风力发生变化、发电机组突然切除时，会对电网造成较大的冲击。另外，有电刷双馈异步发电机存在集电环和变速箱的问题，运行可靠性差，需要经常维护，其维护保养费用远高于无齿轮永磁同步风力发电机，因此这种结构不适合运行在环境比较恶劣的海上风力发电系统中。

（3）永磁同步发电机　目前，国内外兆瓦级以上技术较先进的、有发展前景的风力发电机组主要是采用双馈异步风力发电机组和无齿轮永磁同步风力发电机组，两者综合比较各有优劣。单从控制系统本身来讲，永磁同步发电机组控制电路少，控制简单，但要求变流器容量大。而双馈异步风力发电机组控制电路多，控制系统复杂些，但变流器容量小、控制灵活，可实现对有功、无功的控制。

3.7 发电系统的维护

发电机的维护工作量小，正常情况下只需定期为发电机轴承加注润滑脂和螺栓紧固。

1. 异步发电机

给发电机轴承加注润滑脂：滚动轴承应在累计使用2000h时后，更换润滑脂，鉴于风力发电机的运行特点，每隔半年加一次润滑脂。润滑脂的加油量不宜过多或过少，润滑脂过多将导致轴承的散热条件变差，而润滑脂过少则会影响轴承的正常润滑。

螺栓紧固：检修时发现发电机与弹性支撑连接螺栓、支撑底座连接螺栓松动或需要更换，须涂螺纹锁固剂重新紧固。

2. 同步发电机

1）发电机定转子：触摸及观察检查定子铁心外观，确保定子铁心表面清洁，无锈蚀、损伤；检查转子外观，检查焊缝和漆面；紧固转子轴与发电机转子螺栓；紧固发电机锁定手轮位置的连接螺栓是否伸缩自由。

2）发电机定转子轴：检查防腐、裂缝、漆面和受损程度；紧固定子轴与发电机定子螺栓；紧固定子轴与底座螺栓。

3）发电机主轴承（塔架侧）：检查密封圈的密封，擦去多余油脂；每个油嘴均匀地加注油脂，加注时打开放油口。

4）发电机副轴承：检查密封圈边缘的密封和清洁，擦去多余的油脂；通过油嘴均匀地加注油脂；紧固轴承盖外圈、轴承盖内圈、集电环支架及集电环螺栓。

3. 发电系统巡视

1）在发电机运转情况下，须仔细聆听发电机及其前后轴承是否有异常声音。

2）检查发电机弹性支撑的橡胶元件是否存在龟纹、开裂等老化现象。

本章小结

1. 发电机的种类：异步发电机、同步发电机。
2. 风力发电用发电机的特殊性。
3. 异步发电机种类及其结构特点。
4. 双馈异步发电机的运行状态：亚同步发电区、超同步发电区、同步运行区。
5. 同步发电机的工作原理。
6. 直驱永磁同步发电机的结构。

习　题

1. 异步发电机与同步发电机有哪些不同？
2. 与传统的恒速风力发电机相比，双馈异步发电机有哪些性能优势？
3. 同步发电机有哪些励磁方式？
4. 同步发电机的工作过程有哪些？
5. 直驱永磁同步发电机有哪些特点？

第4章
偏航系统

偏航系统是水平轴式风力发电机组必不可少的组成系统之一。偏航系统的主要作用有三个：其一是与风力发电机组的控制系统相互配合，使风力发电机组的风轮始终处于迎风状态，充分利用风能，提高风力发电机组的发电效率；其二是提供必要的锁紧力矩，以保障风力发电机组的安全运行；其三是在安全故障状态下，使机舱偏离主风向90°，风力发电机组停止发电，达到保护系统的目的。

本章首先介绍偏航系统的构成及其特点，然后了解偏航系统的测量及系统各组成部分的结构和工作原理。

4.1 偏航系统概述

风力发电机组的偏航系统一般分为主动偏航系统和被动偏航系统。被动偏航指的是依靠风力通过相关机构完成机组风轮对风动作的偏航方式，常见的有尾舵、舵轮和下风向三种；主动偏航指的是采用电力或液压拖动来完成对风动作的偏航方式，常见的有齿轮驱动和滑动两种形式。对于并网型风力发电机组来说，通常采用主动偏航的齿轮驱动形式。

4.1.1 偏航系统的组成

风力发电机组的偏航系统（如图4-1所示）主要由偏航检测部分、机械传动部分和扭缆保护装置三大部分组成，偏航采用主动偏航形式。

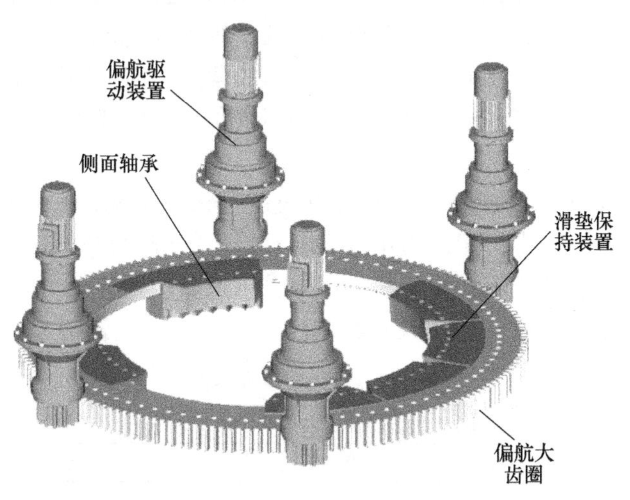

图4-1 偏航系统

偏航检测部分：在机舱后部有两个互相独立的传感器——风速仪和风向标，机组对风向的检测由风向标来完成。

机械传动部分：主要包括偏航驱动机构、经特殊设计的带内齿圈的四点接触球轴承、偏航保护以及偏航制动机构。偏航驱动机构主要包括偏航电动机、由行星减速齿轮箱组成的偏航减速机构、用于调整啮合间隙的偏航小齿轮和偏航齿圈。偏航制动机构分为两部分，一部分为与偏航电动机轴直接相连的电磁制动；另一部分为液压闸，与液压系统连接。当风力发电机对风时，液压油进入偏航制动体，偏航制动动作，偏航结束。在偏航制动时，由液压系统提供压力，使与制动闸液压缸相连的制动片紧压在制动盘上，提供制动力。偏航时，液压释放但保持一定的余压，减少机组在偏航过程中的冲击载荷，避免破坏齿轮。

偏航系统的特点如下：

1）偏航系统能对风向变化进行自动识别，并进行自动对风。

2）偏航系统的电动机采用软起动方式，减少起动电流对电动机的冲击，延长电动机寿命。

3）偏航系统安装有减速器，使起动平稳，减小撞击。

4）风力发电机组偏航系统有扭缆保护装置，使其自动运行更安全可靠。

5）偏航系统有可靠的执行电路来进行工作。

6）偏航系统具有锁定状态装置，以提高风力发电机的可靠性。

4.1.2 偏航系统的运行条件

（1）电缆　为保证机组悬垂部分电缆不产生过度的扭绞而使电缆断裂失效，应使电缆有足够的悬垂量，在设计上要采用冗余设计。电缆悬垂量的多少根据电缆所允许的扭转角度确定。

（2）阻尼　为避免风力发电机组在偏航过程中产生过大的振动而造成整机的共振，偏航系统在机组偏航时必须具有合适的阻尼力矩。阻尼力矩的大小要根据机舱和风轮质量总和的惯性力矩来确定，其基本的确定原则为确保风力发电机组在偏航时动作平稳顺畅，不产生振动。

（3）解缆和扭缆保护　偏航动作会导致机舱和塔架之间的连接电缆发生扭绞，所以在偏航系统中应设置与方向有关的计数装置对电缆的扭绞程度进行检测。对于主动偏航系统来说，检测装置或类似的程序应在电缆达到规定的扭绞角度之前发解缆信号；对于被动偏航系统，检测装置或类似的程序应在电缆达到危险的扭绞角度之前禁止机舱继续同向旋转，并进行人工解缆。

（4）偏航转速　对于并网型风力发电机组的运行状态来说，主轴和叶片轴在机组的正常运行时不可避免地产生陀螺力矩，力矩过大将对机组的寿命和安全造成影响。为减少力矩对机组的影响，偏航系统的偏航转速应根据风力发电机组功率的大小通过偏航系统力学分析来确定，偏航系统的偏航转速的推荐值见表4-1。

表4-1　偏航转速推荐值

风力发电机组功率/kW	100～200	250～350	500～700	800～1000	1200～1500
偏航转速/（r/min）	≤0.3	≤0.18	≤0.1	≤0.092	≤0.085

（5）偏航液压系统　液压装置的作用是拖动偏航制动器松开或锁紧。一般液压管路采用无缝钢管制成，柔性管路连接部分采用高压软管。连接管路连接组件应保证偏航系统所要

求的密封和承受工作中出现的动载荷。

（6）偏航制动器　采用齿轮驱动的偏航系统时，为避免风向的振荡变化，引起偏航齿轮产生交变载荷，应采用偏航制动器（或称偏航阻尼器）来吸收微小自由偏转振荡，防止偏航齿轮的交变应力引起齿轮过早损伤。

（7）偏航计数器　偏航计数器的作用是记录偏航系统所运转的圈数，当偏航系统的偏航圈数达到偏航计数器的设定条件时，则触发自动解缆动作，机组进行自动解缆并复位。

（8）润滑　偏航系统设置有润滑装置（如图4-2所示），以保证驱动齿轮和偏航齿圈的润滑。

图4-2　偏航润滑装置

（9）密封　偏航系统必须采取密封措施，以保证系统内的清洁以及相邻部件之间的运动不会产生有害的影响。

（10）表面防腐处理　偏航系统各组成部件的表面防腐处理必须适应风力发电机组的工作环境。机组比较典型的工作环境条件除风况之外，其他环境（气候）条件如热、光、腐蚀、机械、电或其他物理化学作用也应加以考虑。

4.2　偏航检测

4.2.1　对风装置

为了使风力发电机组能有效地捕捉风能，设置对风装置来跟踪风向的变化，保证风轮始终处于迎风状态。常用风力发电机组的对风形式有尾舵对风、舵轮对风、自动对风和电动对风四种。

1. 尾舵对风

尾舵也称尾翼（如图4-3所示），是常见的一种对风装置，微、小型风电机组应用它对风。

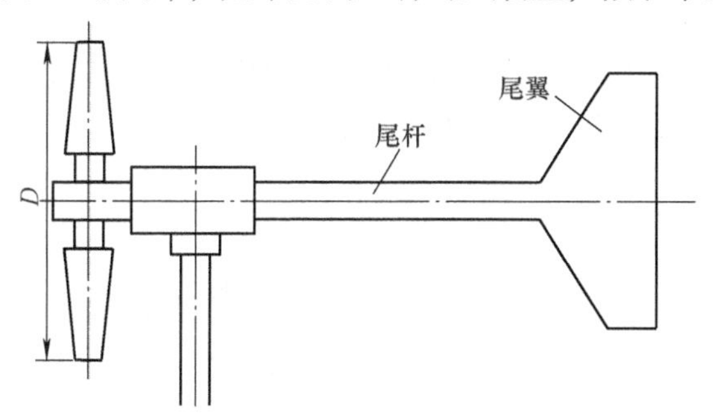

图4-3　尾舵对风

尾舵一般安装在主风轮后面，并与主风轮回转面垂直。其调向原理是：风力发电机组工作时，尾翼板始终顺着风向，也就是与风向平行。这是由尾翼梁的长度和尾翼板的顺风面积决定的，当风向偏转时尾翼板所受风压作用而产生的力矩足以使机舱头转动，从而使风轮处在迎风位置。

尾舵处于风轮后面的尾流区里，为了避开尾流的影响，将尾舵翘起，高出风轮旋转高度。尾舵到风轮的距离，一般取为风轮直径的 0.8～1 倍。高速风力发电机的尾舵面积可取风轮旋转面积的 4% 左右；低速风力发电机的尾舵面积可取风轮旋转面积的 10% 左右。

2. 舵轮对风

在风轮后面，机舱两侧装有两个平行的多叶片式小风轮，称为舵轮（也称为侧风轮），齿轮啮合的旋转面与风轮扫掠面相垂直（如图 4-4 所示）。舵轮的轴带动由圆锥齿轮和圆柱齿轮组成的传动系统，传动系统的齿轮与装在塔架顶端的回转体上的从动大圆柱齿轮啮合。

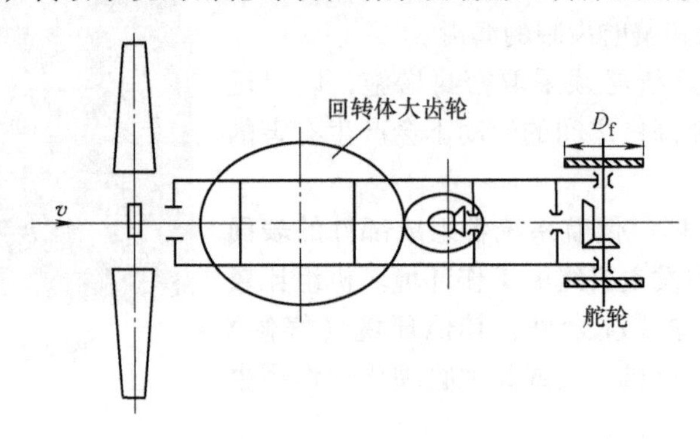

图 4-4　舵轮对风

正常工作时，风力发电机组的风轮对准风向，舵轮旋转平面与风向平行，舵轮不转动。当风向变化，舵轮与风向偏离某一角度时，在风力作用下舵轮开始旋转，通过传动系统，使风力发电机组的风轮重新对准风向，舵轮旋转平面又恢复到与风向平行的位置，便停止转动。舵轮对风装置比尾舵工作平稳，多用于中型风力发电机组。

3. 自动对风

对于下风向式的风力机，将风轮设计成图 4-5 的形式，利用风作用在风轮上的阻力使风轮自动对准风向，即成为自动对风的风轮。

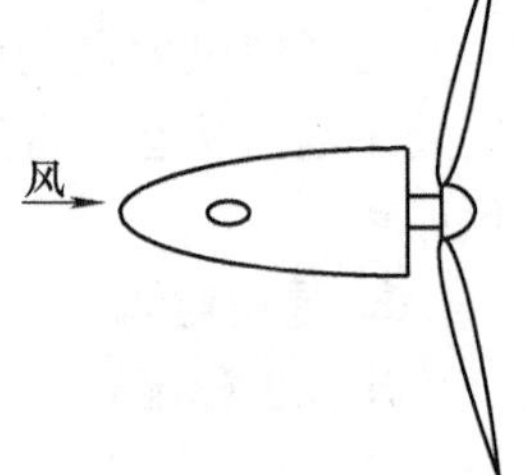

图 4-5　自动对风风轮

4. 电动对风

对于大型和中型风力发电机组，考虑到系统的稳定性和安全性能，常采用电动或液压对风装置（如图 4-6 所示）。

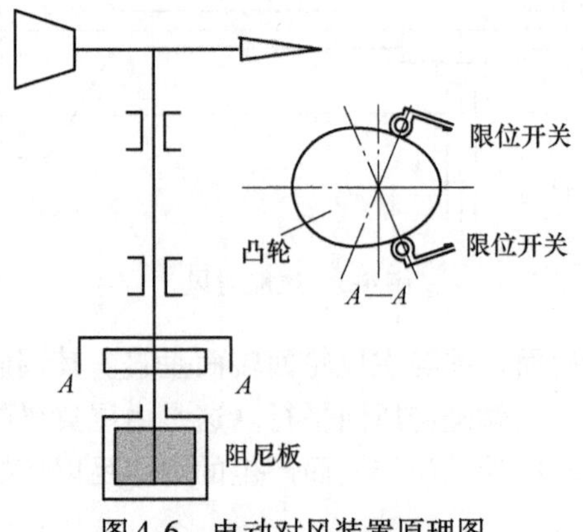

图 4-6　电动对风装置原理图

风向标的垂直轴上有一个凸轮，轴的下端有钻有很多小孔的阻尼板，用以吸收风向的脉动。当风向偏离主轴线±15°时，风向标带动其垂直轴上的凸轮转动，使左侧或右侧的限位开关接通，经过30s（可任意调时）延时后，交流接触器闭合，起动对风伺服电动机左转或右转，并接通相应的指示灯。伺服电动机经过减速器带动回转体上的转盘转动，风轮重新迎风后，限位开关断开，伺服电动机停转，指示灯熄灭。两只交流接触器互为闭锁，从而保证动作时只能闭合一只，不会同时接通而造成短路。

上风向式风力发电机组则必须采用调向装置，常用的有以下几种：

1）尾舵：主要用于小型风力发电机组，它的优点是能自然地对准风向，不需要特殊控制。为了获得满意的效果，尾舵面积 A' 与风轮扫掠面积 A 之间应符合下列关系：

$$A' = 0.16A \tag{4-1}$$

由于尾舵调向装置结构笨重，因此很少用于中型以上的风力发电机组。

2）侧风轮：在机舱的侧面安装一个小风轮，其旋转轴与风轮主轴垂直。如果主风轮没有对准风向，则侧风轮会被风吹动，产生偏向力，并通过蜗轮蜗杆机构使主风轮转到对准风向为止。

3）对于大型风力发电机组，一般采用电动机驱动的风向跟踪系统。

4.2.2 偏航测量及驱动

大型风力发电机组的偏航测量及驱动主要由风向标、偏航识别和偏航执行机构组成。

1. 风向标

风力发电机组机对风的测量主要由风向标来完成（如图4-7所示）。

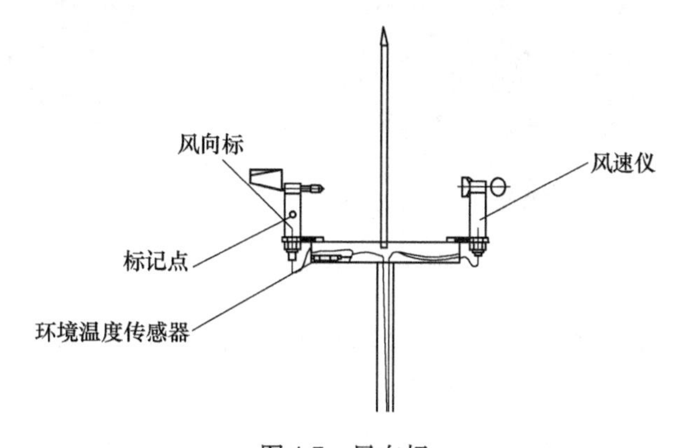

图4-7 风向标

随着数字电路的发展，风向标的种类越来越多。风向标是一种光电感应传感器，内部带有一个8位的格雷码盘，格雷码盘将360°分成256个区，每个区为1.41°。当风向标随风转动时，同时也带动格雷码盘转动，由此得到不同的格雷码，通过光电感应元件变成一组8位数字信号传入控制系统。

2. 偏航识别和偏航执行机构

当风向标的信号被采集后，通过数据传输系统传输给控制系统，控制系统通过程序计算后进行判断是否应偏航。当确定需偏航后，计算机发出偏航动作信号，信号经放大后先驱动顺偏或逆偏继电器，再由继电器驱动接触器吸合，使偏航电动机带电运行来完成顺时针或逆时针转动。

4.3 机械传动

偏航系统的机械传动部分主要由偏航电动机、偏航减速机构、偏航小齿轮、偏航齿圈和偏航制动机构组成。

4.3.1 偏航电动机

风力发电机组的偏航系统采用三相异步电动机驱动，图 4-8 所示的偏航电动机是多极电动机，适用于风向变化频繁和主风向比较固定的情况。

偏航电动机的轴末端装有一个电磁制动装置，用于在偏航停止时使电动机锁定，从而将偏航传动锁定。附加电磁制动手动释放装置，在需要时可将其手柄抬起释放电磁制动。

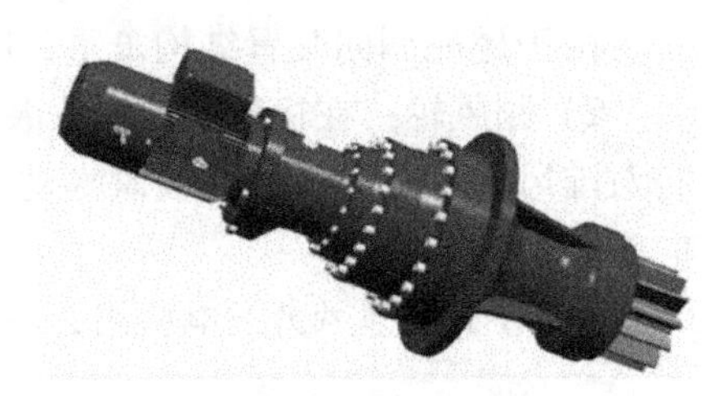

图 4-8 偏航电动机

（1）偏航电动机的电磁制动 电磁制动（如图 4-9 所示）是使机械中的运动件停止或减速的机械零件。电磁制动器主要由制动架、制动件和操纵装置等组成。有些电磁制动器还装有制动件间隙的自动调整装置。

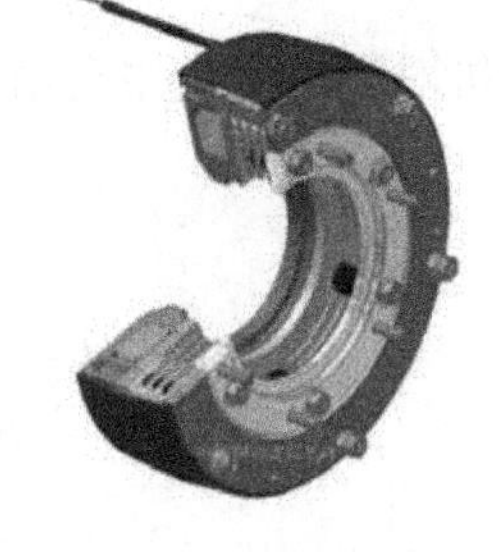

图 4-9 电磁制动

1）工作原理。电磁制动线圈的直流电取自电动机的一相绕组，经整流桥整流后供电。当偏航电动机工作时，电磁制动线圈带电，吸引移动衔铁，克服制动弹簧的作用，与制动盘分离。偏航停止，电磁制动线圈随之失电，移动衔铁在制动弹簧的推动下，与制动盘的摩擦层接触并施加压力，从而实现制动。

2）气隙调整。气隙为电磁制动线圈与移动衔铁之间的间隙，它的最大值可达初始值的 4 倍。由于制动盘的摩擦层的磨损会使间隙增加，所以气隙应定期检查。

（2）电磁制动的整流器 偏航整流桥为一单向整流电路，将取自偏航电动机一相绕组的交流电整流后供给电磁制动线圈。整流板安装在偏航电动机的接线盒内。

4.3.2 偏航减速机构

偏航减速器（如图 4-10 所示）一般都由两级组成：第一级是螺旋齿轮减速器，第二级为行星齿轮减速器。偏航减速器在正常的运行情况下是免维护的，一般情况下，在运行期间

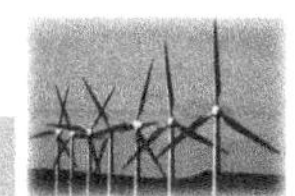

检查润滑油是否有泄漏、定期对油位进行检查和更换润滑油。

(1) 偏航小齿轮与内齿圈的啮合间隙 为保证偏航小齿轮与内齿圈的啮合良好，其啮合间隙应为0.3～0.6mm。在试运转或更换偏航零部件后，应对偏航间隙进行检查，如果不合适，可通过偏心盘进行调整。

(2) 偏心盘 偏航减速器是通过偏心盘与机舱底座相连的。偏心盘上偏航减速器与机舱底座的安装孔之间不同心，偏心距为2.5mm。通过转动偏心盘即可调整偏航小齿轮与内齿圈啮合中心距，从而调整啮合间隙至要求范围。

图4-10 偏航减速器

(3) 偏航轴承 偏航轴承位于风力发电机组的机舱底部，承载着风力发电机组主传动系统的全部重量，为了保证偏航轴承的承载能力，轴承采用“负游隙”，使轴承有一定的阻尼力矩。偏航轴承的安装位置如图4-11所示。

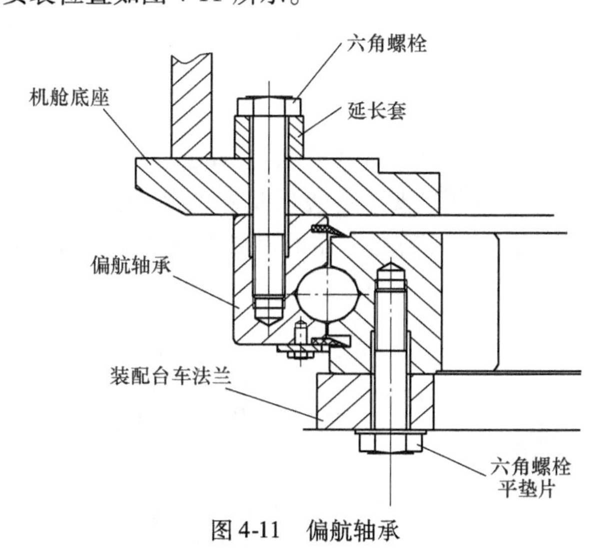

图4-11 偏航轴承

偏航轴承必须进行密封，轴承的强度分析应主要考虑三个方面：在静态计算时，轴承的极端载荷应大于静态载荷的1.1倍；轴承的寿命应按风力发电机组的实际运行载荷计算；制造偏航齿圈的材料还应在－3℃条件下进行切口冲击能量试验。

4.3.3 偏航小齿轮及偏航齿圈

偏航小齿轮由偏航电动机经偏航减速器减速后驱动，带动机舱在偏航齿盘上转动，偏航齿圈（如图4-12所示）固定在塔架上是不动的，这样就可使机舱能正确对风、风轮能转动对风。

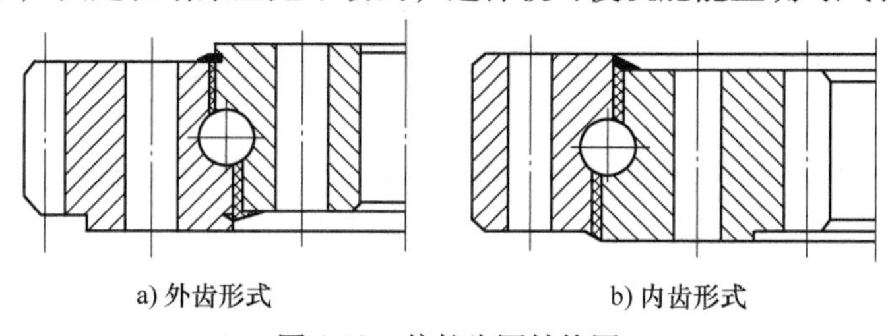

a) 外齿形式　　b) 内齿形式

图4-12 偏航齿圈结构图

偏航小齿轮的齿根和齿表面的强度分析，应使用以下系数：

1）静强度分析：对齿表面接触强度，安全系数 $S_H>1.0$；对轮齿齿根断裂强度，安全系数 $S_F>1.2$。

2）疲劳强度分析：对齿表面接触强度，安全系数 $S_H>0.6$；对轮齿齿根断裂强度，安全系数 $S_F>1.0$。

一般情况下，对于偏航小齿轮，其疲劳强度计算用的使用系数 $K_A=1.3$。

4.3.4 偏航制动机构

偏航制动器是偏航系统中的重要部件，在机组偏航过程中，偏航制动器提供的阻尼力矩应保持平稳。偏航制动器设有自动补偿机构，以便在制动衬块磨损时进行自动补偿，保证制动力矩和偏航阻尼力矩的稳定。

在偏航系统中，制动器可以采用常闭式和常开式两种结构形式，常闭式制动器是在有动力的条件下处于松开状态，常开式制动器则是处于锁紧状态。两种形式相比较并考虑失效保护，一般采用常闭式制动器。

1. 偏航制动钳

偏航制动钳为液压卡钳形式（如图 4-13 所示）。在偏航制动时，由液压系统提供约 12～14MPa 的压力，使制动片紧压在制动盘上，提供足够的制动力。偏航时，液压释放但保持 1.5～3MPa 的余压，偏航过程中始终保持一定的阻尼力矩，减少风力机在偏航过程中的冲击载荷。

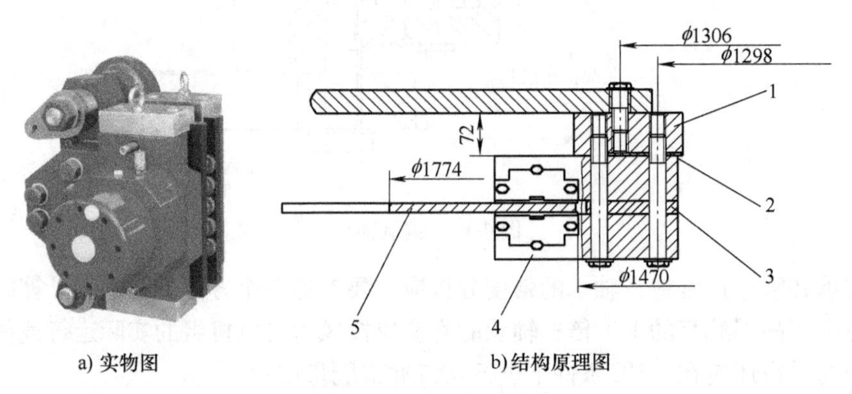

图 4-13　偏航制动钳

1—制动固定块　2—调整板　3—闸规　4—垫板　5—制动盘

2. 偏航制动盘

偏航制动盘通常位于塔架或塔架与机舱的适配器上，一般制动盘由三部分相同的扇形组成一个圆环（如图 4-13 所示），制动盘应具有足够的强度和韧性。

3. 偏航闸体

偏航闸体（剖面如图 4-14 所示）用来调整闸规的上下闸体与制动盘对中，并保持一定的间隙。如果偏航声音太大，则有可能是因为闸垫间隙不当。

调整垫片是为了保证闸垫挡块和闸垫之间的接触间隙。用深度尺测量闸垫和闸体边缘之间的 A 和 A' 值。测量时，闸垫顶紧另一侧挡块。同样测量挡块的 B 和 B'，如图 4-15 所示。

不同的闸其厚度可能不同，具体如下：

$$E = \frac{(B - A) + (B' - A')}{2} \tag{4-2}$$

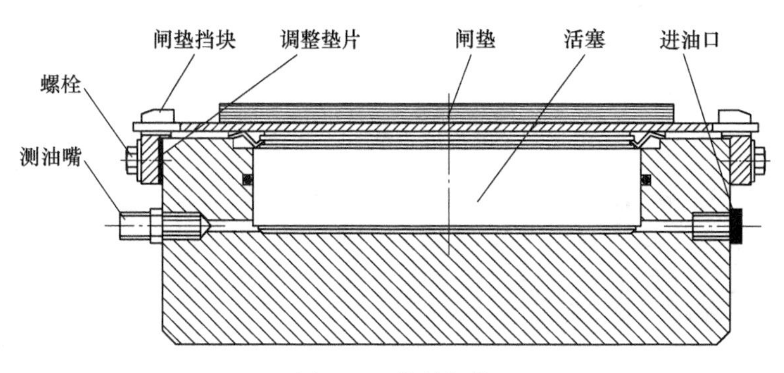

图 4-14 偏航闸体

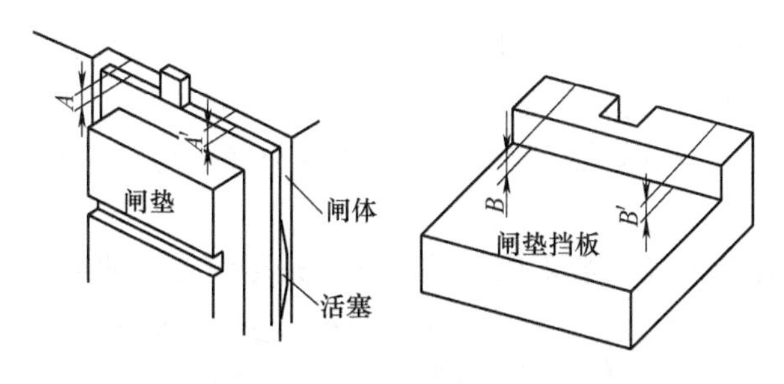

图 4-15 闸垫和闸体

4.4 扭缆保护装置

扭缆保护装置是偏航系统必须具有的装置，它的作用是在偏航系统的偏航动作失效后，电缆的扭绞达到威胁机组安全运行的程度而触发该装置，使机组紧急停机。一般情况下，这个装置是独立于控制系统的，一旦这个装置被触发，则机组必须紧急停机。偏航系统的解缆一般分为初级解缆和终极解缆。初级解缆是在一定的条件下进行的，一般与偏航圈数和风速相关。扭缆保护装置（即终极解缆）的控制逻辑具有最高级别的权限。

扭缆保护包括偏航计数器和扭缆开关两级保护，扭缆保护装置一般由凸轮控制器（或偏航位置传感器）和扭缆开关组成。

1. 凸轮控制器

凸轮控制器（如图 4-16 所示）也称接触器式控制器，它主要用于起重设备中控制中小型绕线转子异步电动机的起动、停止、调速、换向和制动，也适用于有相同要求的其他电力拖动场合。

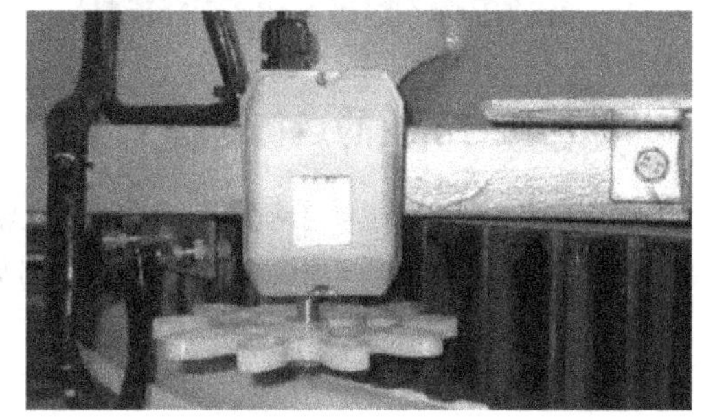

图 4-16 凸轮控制器

凸轮控制器基本元件由凸轮脉冲盘、刻度盘、角度调节盘和电子接近开关构成，各部件之间用垫片隔开，并通过刻度盘键槽与刻度盘凸键相连，其中凸轮脉冲盘由两个半径相差3mm的半圆形盘组成，与角度调节盘固定连接。当偏航动作后，由两个计数传感器记录偏航齿圈上的齿数，计算机进行数据运算来识别偏航的圈数。一般凸轮控制器有三个开关（如图4-17所示）：顺偏位置开关、中间位置开关、逆偏位置开关。

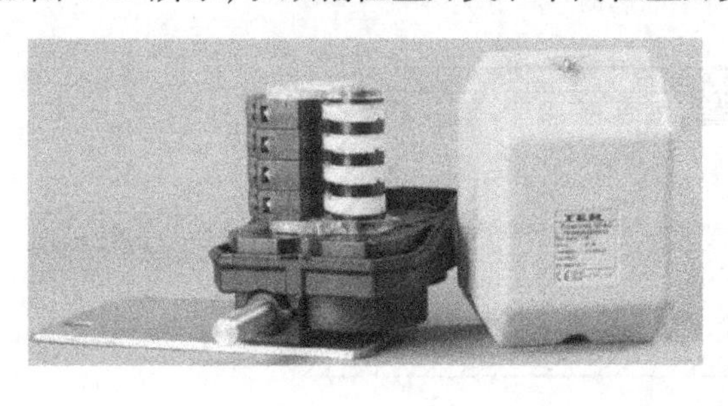

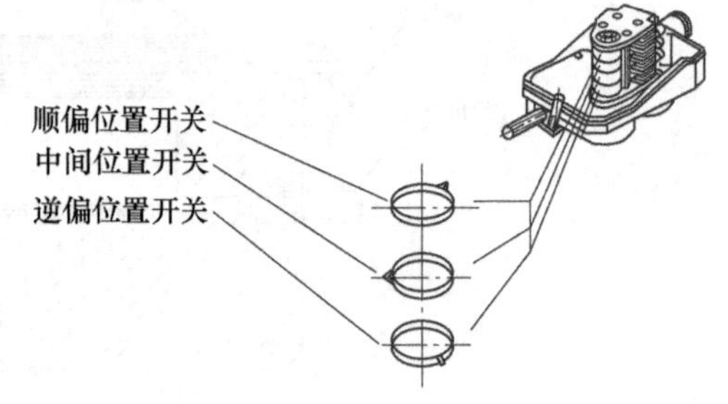

图4-17　凸轮控制器内部结构

解缆偏航过程在收到顺/逆偏位置开关信号时执行，表示风力发电机向一个方向偏航过多。不论正在执行对风偏航还是侧风偏航，都停止执行偏航制动，执行逆/顺时针解缆偏航。当收到中间位置开关信号时执行偏航制动，自动清除故障信息，返回自动偏航。

2. 扭缆开关

图4-18所示的扭缆开关（一般采用行程开关）是电缆扭转的最后一级保护。

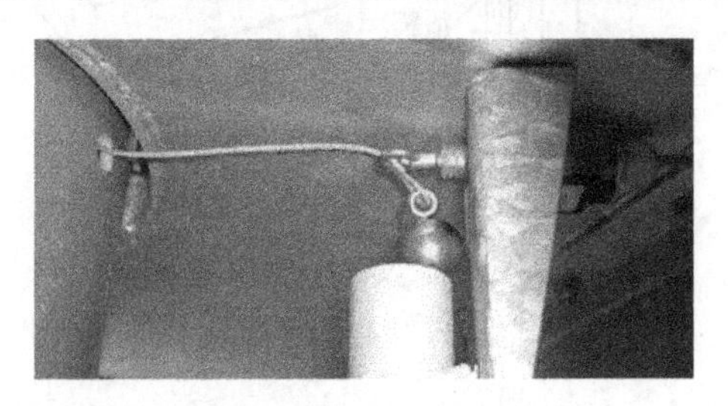

图4-18　扭缆开关

这一级动作完全由硬件来实现，假设偏航计数器或计算机控制失灵，持续向一个方向偏航时间过长，以致连在扭缆开关上的金属线全部绕在电缆上（金属线的长度可以在电缆上绕3.5圈），拉动扭缆开关，引起控制系统的安全链动作。

4.5　偏航系统的运行与维护

4.5.1　偏航系统的运行

偏航系统是一随动系统，当风向与主轴线偏离一个角度时，控制系统经过一段时间的确认后，会控制偏航电动机将风轮调整到与风向一致的方位。图4-19所示为偏航控制系统结构图。

偏航控制本身对响应速度和控制精度并没有要求，但在对风过程中风力发电机组是作为一个整体转动的，具有很大的转动惯量，从稳定性考虑，需要设置足够的阻尼。

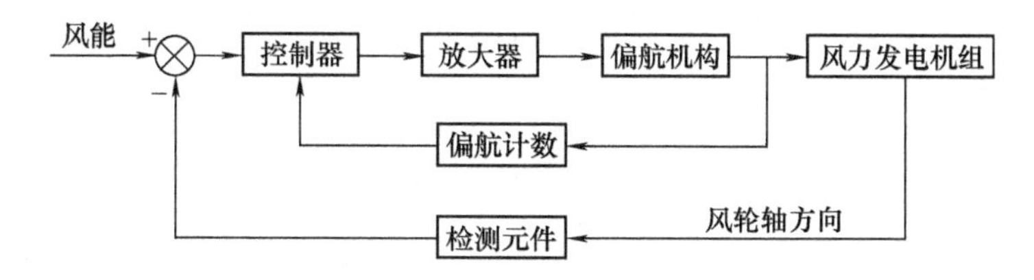

图 4-19 偏航控制系统

风力发电机组无论处于运行状态还是待机状态（风速 >3.5m/s），均能主动对风。当机舱在待机状态已调向 720°（根据设定），或在运行状态已调向 1080°时，由机舱引入塔架的发电机电缆将处于缠绕状态。这时控制器会报告故障，风力发电机组将停机，并自动进行解缆处理（偏航系统按缠绕的反方向调向 720°或 1080°），解缆结束后，故障信号消除，控制器自动复位。

当风力发电机组的航向（风轮主轴的方向）与风向仪指向偏离时，计算机开始计时。偏航时间达到一定值时，即认为风向已改变，计算机发出向左或向右调向的指令，直到偏差消除。

4.5.2 偏航系统的维护

偏航系统的维护条件：如果环境温度低于 -20℃，不得进行维护和检修工作。对于低温型风力发电机组，如果环境温度低于 -30℃，不得进行维护和检修工作。如果风速超过限值（瞬时最大停机风速 33m/s 或延时 10s 停机风速 25m/s），不得上塔进行维护和检修工作。

维护时风机的要求：用维护钥匙将风机打至维护状态，最好将风轮锁锁定。当处理偏航齿轮箱润滑油时，必须佩戴安全帽。

表面检查项目：风机偏航时检查是否有异常噪声，是否能精确对准风向；检查侧面轴承和齿圈外表是否有污物，检查涂漆外表面是否油漆脱落；驱动装置齿轮箱的润滑油是否渗漏；检查电缆缠绕情况、绝缘皮磨损情况。

1）偏航轴承润滑。对于偏航轴承，应对轴承滚道和齿面进行润滑，充分润滑可以降低摩擦力，并且能有效保护密封免受腐蚀。轴承的密封应每隔 6 个月检查一次，将密封上的脏物及时清除。如有损坏，应及时更换。应使内齿圈和小齿轮的齿面充分润滑。

2）检查螺栓连接。偏航轴承在安装运行后，在运转的第一个月，检查内圈和外圈安装螺栓的预紧力矩，以后每隔半年检查一次。

3）检查螺栓力矩。检查偏航减速器—底座、偏航轴承—底座、塔架顶部—偏航轴承、偏航制动—底座的螺栓力矩。

4）检查磨损。检查偏航小齿轮、偏航轴承外齿轮的磨损或者裂纹。

5）检查液压接头是否紧固和有无渗漏。

6）清洁偏航制动盘，检查偏航制动闸块，间隙≥2mm 时更换。安装偏航制动盘时应注意接缝处不能出现明显台阶，否则影响制动闸片正常工作。机组在运行过程中，油脂有可能滴落到制动盘上。油脂的存在会使制动片失去功效，必须及时将其擦拭干净。

7）风速风向仪的维护。检查连接线路接线是否稳固，信号传输是否准确，电缆绝缘皮有无损坏或磨损，如有则及时更换。

8）扭缆开关和传感器的维护。检查扭缆开关和编码器是否完好。检查电缆是否固定牢固。检查安装螺栓是否松动。

本章小结

1. 偏航系统的组成：主要由偏航检测部分、机械传动部分和扭缆保护装置三大部分组成。

2. 风力发电机组的对风形式：主要有尾舵对风、舵轮对风、自动对风和电动对风4种。

3. 偏航系统的机械传动部分的组成：主要由偏航电动机、偏航减速机构、偏航小齿轮、偏航齿圈和偏航制动机构组成。

习　题

1. 偏航系统有哪些特点？
2. 偏航减速器的结构是什么？
3. 偏航测量主要由哪些部分组成？
4. 扭缆保护采取哪些措施？

第5章

液压系统

液压传动是利用密闭系统中的受压液体来传递运动和动力的一种传动方式。液压传动与机械传动相比，具有许多优点。所以在机械设备、风力发电设备中，液压传动是被广泛采用的传动方式之一。特别是近年来，液压与微电子、计算机技术相结合，使液压技术的发展进入了一个新的阶段。

本章主要介绍风力发电机组中液压系统的组成以及典型风力发电机组的液压系统。

5.1 定桨距风力发电机组的液压系统

风力发电机组的液压系统主要执行风力机的变桨距和制动操作，实现风力发电机组的转速控制、功率控制和开关机。

5.1.1 液压系统的组成

定桨距风力发电机组的液压系统（以 FD43-600kW 风力发电机组的液压系统为例，如图 5-1 所示）实际上是制动系统的驱动机构，通常液压系统由三个压力保持回路组成（如图 5-2 所示），一路通过蓄能器供给叶尖扰流器，一路通过蓄能器供给机械制动机构，一路通过电磁阀供给偏航机械制动机构。压力保持回路的工作任务是使机组运行时制动机构始终保持压力。

液压系统的主要功能是执行叶尖、高速圆盘闸、偏航闸的动作以及通过叶尖压力监控风轮转速不超过限定值。

1. 叶尖动作

图 5-1 左侧是气动制动压力保持回路，液压油经液压泵、精过滤器进入系统。开机时电磁阀（6-1）接通，液压油经单向阀（1-2）进入蓄能器（2-2），并通过单向阀（1-3）和旋转接头进入气动制动液压缸。压力开关（3-2）由蓄能器的压力控制，当蓄能器压力达到设定值时，开关动作，电磁阀（6-1）关闭。运行时，回路压力主要由蓄能器保持，通过液压缸上的钢索拉住叶尖扰流器，使之与叶片主体紧密结合。

电磁阀（6-2）为停机阀，用来释放气动制动液压缸的液压油，使叶尖扰流器在离心力作用下滑出。突开阀不受控制系统的指令控制，是独立的安全保护装置。

2. 高速圆盘闸（简称高速闸）**动作**

图 5-1 中间是两个独立的高速轴制动器回路，分别通过电磁阀（7-1）、（7-2）控制制动器中液压油的进出，从而控制制动器动作。工作压力由蓄能器（2-1）保持；压力开关（3-1）根据蓄能器的压力控制液压泵电动机的停/起；压力开关（3-3）、（3-4）用来指示制动器的工作状态。

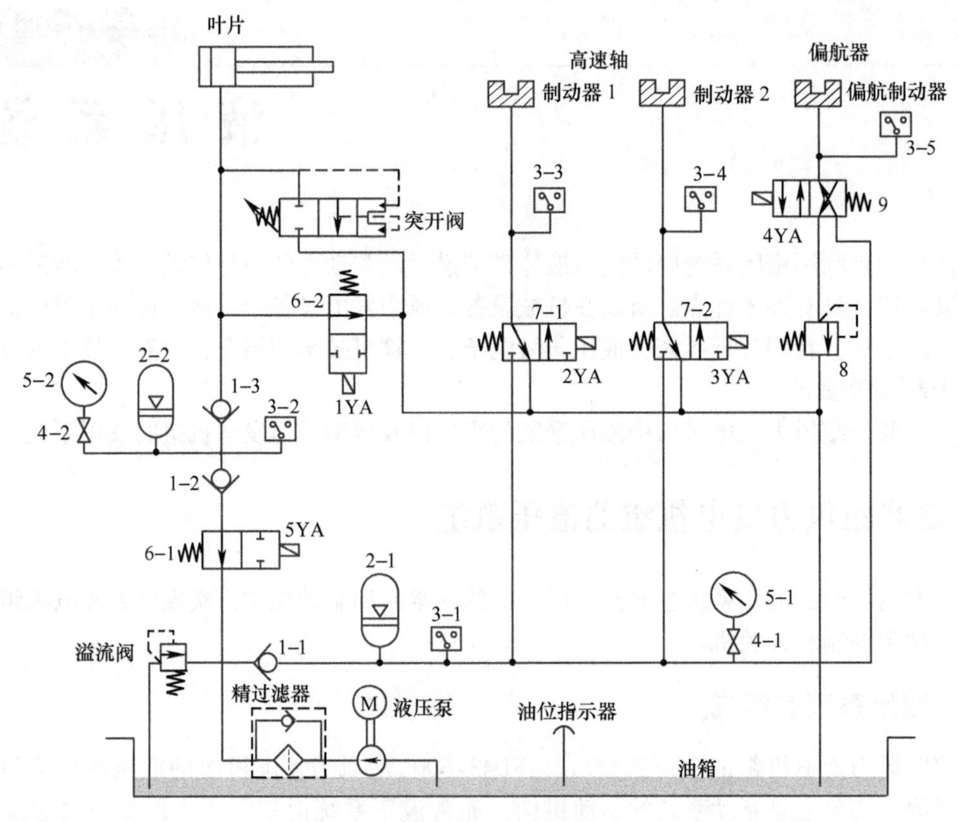

图 5-1 液压系统

1—单向阀 2—蓄能器 3—压力开关 4—节流阀 5—压力表 6，7—电磁阀 8—减压阀 9—电磁阀

图 5-2 液压系统实物图

闸释放过程：电磁阀（7-1）、（7-2）的线圈得电吸合，高速闸建压至系统压力，闸体克服弹簧的弹力而释放。闸制动过程：电磁阀（7-1）、（7-2）的线圈失电，高速闸的压力降为零，依靠闸体内的弹簧进行制动。

3. 偏航闸动作

图5-1右侧为偏航系统回路，偏航系统有两个工作压力，分别提供偏航时的阻尼和偏航结束时的制动力。工作时，4YA得电，电磁阀（9）左侧接通，回路压力由溢流阀保持，以提供偏航系统足够的阻尼；风力发电机组偏航完成后即转入偏航制动，4YA失电，电磁阀右侧接通，制动压力由蓄能器直接提供，偏航闸的压力达到系统压力，起偏航制动作用。

4. 风轮过速保护

风力发电机组通过三种不同的方法防止系统过速，三种方法相互独立并且都能使风力发电机组动作以确保安全运行，其中一种方法由电气控制系统执行，其余两种由液压系统执行。

通过突开阀执行风轮过速保护：由于离心力的作用，随着风轮转速的升高，叶尖压力也随之升高。在运行过程中，当风轮转速达到一定程度时，叶尖油路压力达到压力开关（3-2）的整定值，压力开关动作，风力发电机组执行紧急刹车制动，同时报告“风轮过速”故障；突开阀用于过速保护，当风轮飞车时，离心力增大，通过活塞的作用使回路内压力升高，当压力达到一定值时，突开阀开启，液压油泄回油箱。

通过防爆膜执行风轮过速保护：当风轮转速过高，而电气控制系统未检测出风轮过速或发电机过速，同时叶尖压力达到压力开关（3-2）的整定值而压力开关（3-2）未动作时，风轮转速持续升高，当离心力作用使叶尖压力达到防爆膜破裂压力，防爆膜被冲破，叶尖油路压力释放，叶尖甩出，风力发电机组执行正常停机，同时报告“叶尖压力低”故障。

5.1.2 液压系统的工作过程

1. 起动时液压系统的工作过程

风力发电机组起动，执行60s倒计时，液压系统建压，叶尖油路建压，叶尖收回；60s倒计时完成后执行高速闸释放。详细工作过程如下：

液压泵工作，电磁阀（6-1）线圈得电吸合，由压力开关（3-2）控制系统压力（可通过压力表5-2观察系统压力），当系统压力达到压力开关（3-2）的上限整定值时，液压泵停止工作，此时叶尖油路压力达到整定值，叶尖收回；60s倒计时完成后，电磁阀（7-1）、（7-2）的线圈得电吸合，高速闸建压至系统压力，闸体克服弹簧的弹力而释放。

在系统建压过程中，如果所建系统压力超过溢流阀的整定值，液压泵将连续工作，工作时间达到最大限定时间（90s）时电气控制系统将报告“液压泵故障”，风力发电机组正常停机，需要运行人员排除故障。

2. 运行时液压系统的工作过程

在风力发电机组无故障待机状态下或正常运行过程中，当系统压力降低到压力开关（3-2）的下限整定值时，压力开关（3-2）动作，液压泵起动补压，直到系统压力达到压力开关（3-2）的上限整定值时，压力开关（3-2）动作，液压泵停止工作。如果液压泵建压时间超过最大限定时间（90s），系统报告“液压泵故障”，风力发电机组正常停机。

3. 停机（制动）时液压系统的工作过程

风力发电机组有三种停机形式：正常停机、安全停机、紧急停机。

① 风力发电机组执行正常停机时，正确动作过程为：首先叶尖动作，发电机转速降到同步转速时脱网，当风轮转速低于15r/min时，一副高速闸制动，风力发电机组停转后，另

一副高速闸制动（下次正常停机时两副高速闸的动作顺序相反）。

液压系统工作过程为：电磁阀（6-2）线圈失电，释放叶尖压力，叶尖甩出，起空气制动闸的作用；当风轮转速低于15r/min时，电磁阀（7-1）或（7-2）线圈失电，高速闸的压力降为零，依靠闸体内的弹簧进行刹车制动，风力发电机组停转后，电磁阀（7-2）或（7-1）的线圈失电，释放高速闸的压力，执行刹车制动。下次正常停机时电磁阀（7-1）、（7-2）动作顺序相反。

② 风力发电机组执行安全停机时，首先叶尖和一副高速闸同时动作，当发电机达到同步转速时，发电机脱网，另一副高速闸动作。

液压系统动作过程为：电磁阀（6-2）和（7-1）或（7-2）的线圈同时失电，叶尖甩出，同时对应的一副高速闸失压执行刹车制动，发电机脱网后，电磁阀（7-2）或（7-1）线圈失电，另一副高速闸动作。

③ 风力发电机组执行紧急停机时，叶尖和两副高速闸同时动作。

液压系统工作过程为：电磁阀（6-2）、（7-1）和（7-2）的线圈同时失电，叶尖甩出，同时两副高速闸动作。

4. 偏航时液压系统的工作过程

风力发电机组正常运行和处于无故障待机状态时，风力发电机组将自动偏航以跟踪主风向：电磁阀（9）线圈失电，偏航闸压力下降至溢流阀的整定值，即风力发电机组偏航过程中偏航闸的残压，释放偏航闸。风力发电机组偏航完成后即转入偏航制动：电磁阀（9）线圈得电吸合，偏航闸的压力建至与系统压力相等，起偏航制动作用。

5.2 变桨距风力发电机组的液压系统

变桨距风力发电机组的液压系统与定桨距风力发电机组的液压系统很相似，也由两个压力保持回路组成。在变桨距系统中采用了比例控制技术，为了便于理解，我们先对比例控制技术做一简要介绍。

5.2.1 比例控制技术

比例控制技术是在开关控制技术和伺服控制技术间的过渡技术，它具有控制原理简单、控制精度高、抗污染能力强及价格适中的优点，受到人们的普遍重视，得到飞速发展。比例控制阀是在普通液压阀基础上，用比例电磁铁取代阀的调节机构及普通电磁铁构成的。采用比例放大器控制比例电磁铁就可对比例控制阀进行远距离连续控制，从而实现对液压系统压力、流量和方向的无级调节。

1. 工作原理

比例控制技术的基本工作原理是：根据输入信号电压值的大小，通过控制放大器将该输入电压信号（一般在 -9 ~ 9V 之间）转换成相应的电流信号，从而产生和输入信号成比例的输出量——力或位移。该力或位移又作为输入量加给比例控制阀，后者产生一个与前者成比例的流量或压力。通过转换，一个输入电压信号的变化，不但能控制执行元件和机械设备上工作部件的运动方向，而且可对其作用力和运动速度进行无级调节。当需要更高的阀性能时，可在阀或电磁铁上接装一个位置传感器，提供一个与阀芯位置成比例的电信号（如

图 5-3 所示）。

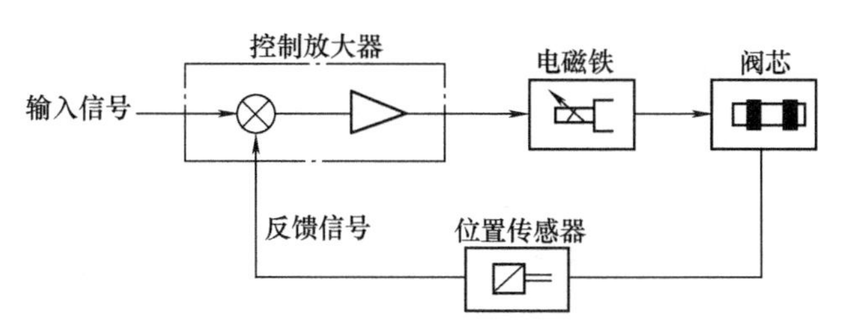

图 5-3　位置反馈示意图

位置信号向阀的控制器提供一个反馈，使阀芯可以由一个闭环配置来定位，可使阀芯在阀体中准确地定位，而由摩擦力、液动力或液压力所引起的任何干扰都被自动地纠正。

2. 组成

(1) 位置传感器　通常用于阀芯位置反馈的传感器为图 5-4 所示的非接触式 LVDT（线性可变差动变压器）。LVDT 由绕在与电磁铁推杆相连的铁心上的一个一次线圈和两个二次线圈组成。

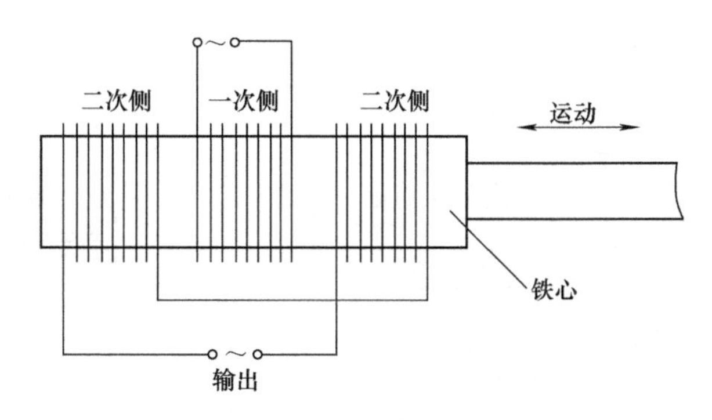

图 5-4　阀芯位置反馈的传感器

一次线圈由一高频交流电源供电，它在铁心中产生变化磁场，该磁场通过变压器作用在两个二次线圈中感应出电压。如果两个二次线圈对称连接，当铁心居中时，每个线圈中产生的感应电压将抵消而产生的净输出为零。随着铁心离开中心移动，一个二次线圈中的感应电压提高而另一个降低，产生一个净输出电压，其大小与运动量成比例而相位移指示运动方向。

(2) 控制放大器　控制放大器的原理（如图 5-5 所示）：根据输入信号的极性，阀芯两端的电磁铁将有一个通电，使阀芯向某一侧移动。控制放大器为两个运动方向设置了单独的增益调整，可用于微调阀的特性或设定最大流量；还设置了一个斜坡发生器，可启动或禁止该发生器，并针对每个输出级设置了死区补偿调整，用电子方法消除阀芯遮盖的影响。使用位置传感器的比例控制阀意味着阀芯在阀体中的位置仅取决于输入信号，而与流量、压力或摩擦力无关。

比例控制阀由液压部分和电气部分组成，液压部分的结构原理和普通阀一样，电气部分是一个比例电磁铁。这个电磁铁的吸力或行程与电流的大小成正比，当通过电磁铁的电流大小受到控制时，阀芯所受的力或位移也就按比例地得到了控制，方便对系统的压力、流量和方向进行自动连续的调节和控制。

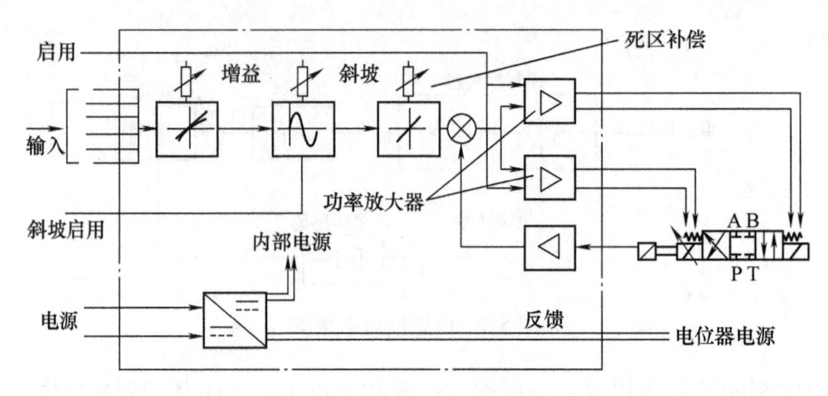

图 5-5　控制放大器原理图

5.2.2　液压系统的工作过程

变桨距风力发电机组的液压系统由两个压力保持回路组成。一路由蓄能器通过电液比例阀供给叶片变桨距液压缸，另一路由蓄能器供给高速轴上的机械制动机构。图 5-6 为 Vestas-V39 型风力发电机组液压系统。

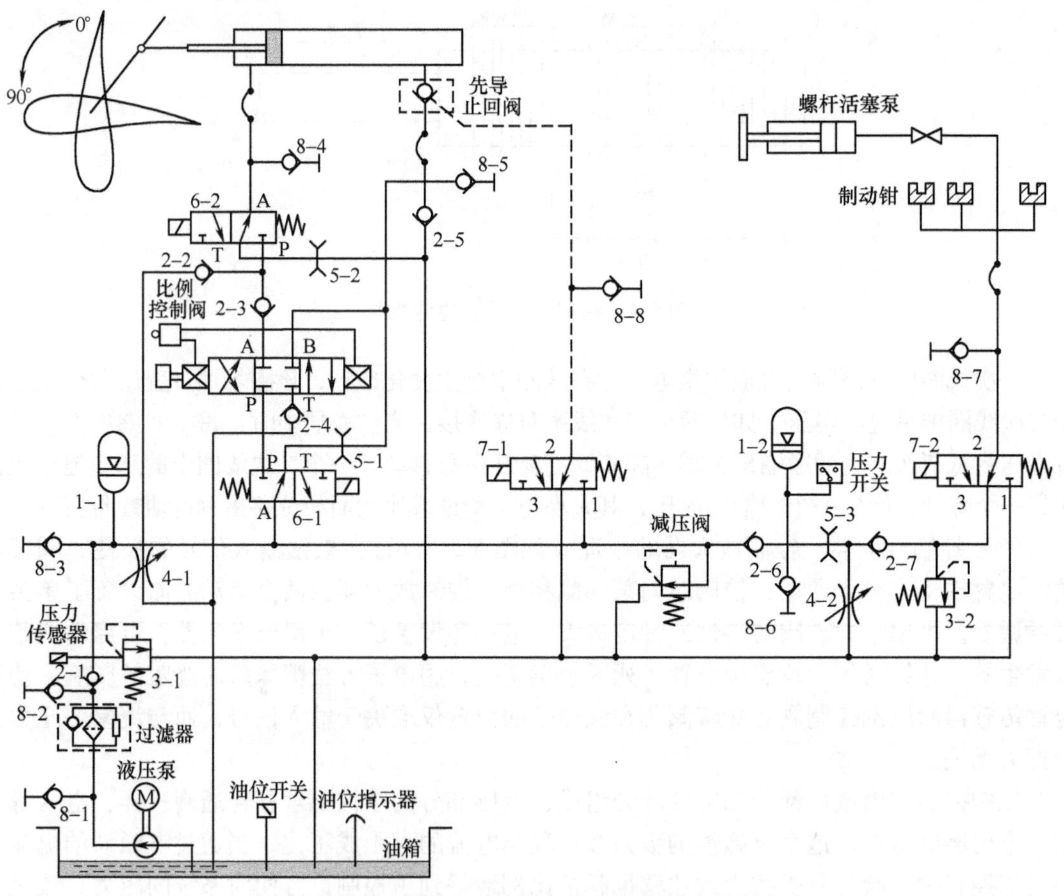

图 5-6　Vestas-V39 型风力发电机组液压系统

1—蓄能器　2—单向阀　3—溢流阀　4—可调节流阀　5—节流阀　6，7—电磁阀　8—压力测试口

1. 液压泵站

液压泵由压力传感器的信号控制。当泵停止时，系统由蓄能器（1-1）保持压力。系统的工作压力设定范围为 13～14.5MPa。当压力降至 13MPa 以下时，泵起动；达到 14.5MPa 时，泵停止。在运行、暂停和停止状态，泵根据压力传感器的信号自动工作，在紧急停机状态，泵将被迅速断路而关闭。

液压油从泵通过高压过滤器和单向阀（2-1）传送到蓄能器（1-1）。过滤器上装有旁通阀和污染指示器，它在旁通阀打开前起作用。单向阀（2-1）在泵停止时阻止回流。紧跟在过滤器外面，先后有两个压力表连接器（8-1）和（8-2），它们用于测量泵的压力或过滤器两端的压力降。

溢流阀（3-1）是防止泵在系统压力超过 14.5MPa 时继续泵油进入系统的安全阀。在蓄能器（1-1）因外部加热的情况下，溢流阀（3-1）会限制气压及油压升高。

油箱内的油温由装在油池内的 Pt100 传感器测得，出线盒装在油箱上部。油温过高时会导致报警，以免在高温下泵的磨损，延长密封的使用寿命。

2. 变桨距机构

变桨距系统的节距控制是通过比例控制阀来实现的。如图 5-7 所示，DSC 控制模块根据功率或转速信号给出一个 −10～10V 的控制电压，通过比例控制阀控制器转换成一定范围的电流信号，控制比例控制阀输出流量的方向和大小。点画线内是带控制放大器的比例控制阀，设有内部 LVDT 反馈。变桨距液压缸按比例控制阀输出的方向和流量操纵叶片节距角在 0～+90°之间运动。

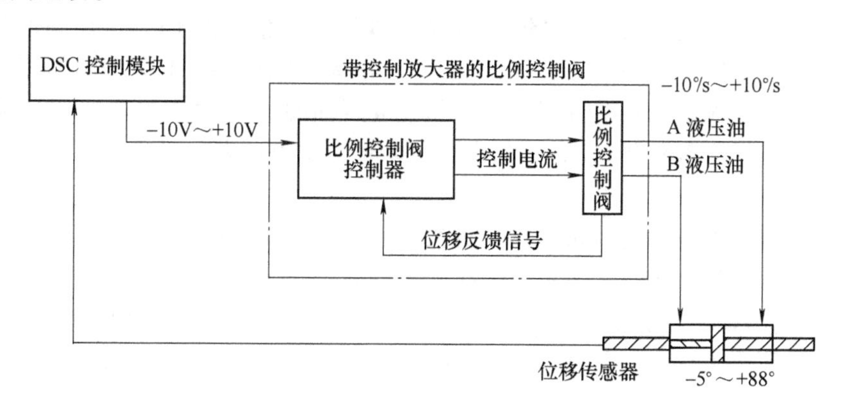

图 5-7 节距控制示意图

3. 液压系统的工作情况

（1）运转/暂停时的工作情况 图 5-6 中电磁阀（6-1）和（6-2）（紧急顺桨阀）通电后，使比例控制阀上的 P 口得到来自泵和蓄能器（1-1）的压力。变桨距液压缸的左端（前端）与比例控制阀的 A 口相连。

电磁阀（7-1）通电后，先导管路（虚线）压力增加。先导止回阀装在变桨距液压缸后端靠先导压力打开以允许活塞双向自由流动。

把比例控制阀通电到“直接”状态（P-A，B-T）时，液压油即通过单向阀（2-3）和电磁阀（6-2）传送到液压缸的左端。活塞向右移动，相应的叶片节距角向 −5°方向调节，油从液压缸右端（后端）通过先导止回阀和比例控制阀（B 口至 T 口）回流到油箱。

把比例控制阀通电到“跨接”状态（P-B，A-T）时，液压油通过先导止回阀传送进入液压缸后端，活塞向左移动，相应的叶片节距角向 +90°方向调节，油从液压缸左端（前端）通过电磁阀（6-2）和单向阀（2-2）回流到压力管路。由于右端活塞面积大于左端活塞面积，使活塞右端压力高于左端的压力，从而能使活塞向前移动。

（2）停机/紧急停机时的工作情况　停机指令发出后，电磁阀（6-1）和（6-2）断电，油从蓄能器（1-1）通过电磁阀（6-1）和节流阀（5-1）及先导止回阀传送到液压缸后端。液压缸的左端通过电磁阀（6-2）和节流阀（5-2）排放到油箱，叶片桨距角达到 +90°机械端点而不受来自比例控制阀的影响。

电磁阀（7-1）断电时，先导管路液压油排放到油箱，先导止回阀不再保持在双向打开位置，但仍然保持单向阀的作用，只允许液压油流进缸筒，从而使来自风的变距力不能从液压缸左端方向移动活塞，避免向0°的方向调节叶片节距角。

在停机状态，顺桨过程通过来自蓄能器（1-1）的液压油来完成。在紧急停机位时，泵很快断开，顺桨由蓄能器（1-1）的液压油来完成。为了防止在紧急停机时蓄能器内油量不够变桨距液压缸一个行程，紧急顺桨将由来自风的自变距力完成。液压缸右端将由两部分液压油来填补：一部分为来自液压缸左端通过电磁阀（6-2）、节流阀（5-2）、单向阀（2-5）和先导止回阀的重复循环油；另一部分为来自油箱通过吸油管路及单向阀（2-5）和先导止回阀的油。

紧急顺桨的速度由两个节流阀（5-1）和（5-2）控制并限制到约9°/s。

4. 制动系统

制动系统由泵系统通过减压阀供给压力源。图5-6中蓄能器（1-2）是确保制动系统在蓄能器（1-1）或泵没有压力的情况下也能工作。可调节流阀（4-2）用于抑制蓄能器（1-2）的预充压力，或在维修制动系统时用于调节释放液压油的速度。溢流阀（3-2）防止制动系统在减压阀误动作或在蓄能器（1-2）受外部加热时，压力过高。过高的压力即过高的制动转矩，会造成传动系统的严重损坏。

液压系统在制动器一侧装有球阀，以便螺杆活塞泵在液压系统不能加压时，制动风力发电机组。打开球阀、旋上螺杆活塞泵，制动卡钳将被加压，单向阀（2-7）阻止回流油向蓄能器（1-2）方向流动。要防止在电磁阀（7-2）通电时加压，这时制动系统的液压油经电磁阀排回油箱，加不上来自螺杆活塞泵的压力。在任何一次使用螺杆活塞泵以后，球阀必须关闭。

（1）运行/暂停/停机　开机指令发出后，电磁阀（7-2）通电，制动卡钳排油到油箱，制动器因此而被释放。暂停期间保持运行时的状态。停机指令发出后，电磁阀（7-2）失电，来自蓄能器（1-2）和减压阀的液压油可通过电磁阀（7-2）的3口进入制动器液压缸，实现停机时的制动。

（2）紧急停机　电磁阀（7-2）失电，蓄能器（1-2）将液压油通过电磁阀（7-2）进入制动器液压缸。制动器液压缸的速度由节流阀（5-4）控制。

5.3　液压系统的维护

液压系统是由机械、液压和电气等装置组合而成的，所以出现的故障也多种多样。而某

种故障现象可能是由许多因素影响后造成的，因此，分析液压故障必须能看懂液压系统原理图，并了解原理图各个元件的作用和工作过程。液压设备是为长期无故障运行、免维护和长寿命设计的。它不需要太多的保养，尽管如此，定期保养对于保证无故障运行还是很重要的。

1. 日常维护和检查

1）检查液压泵站是否存在泄漏缝隙、积土，尤其是管路是否有破损。如果有泄漏缝隙，需进行处理。

2）检查液压泵、电动机及阀门是否有异常噪声，如果有，应查找原因并消除。

3）检查压力表是否正常；检查所有的阀门、压力开关和油温液位开关是否正常。

4）测试手动泵是否能够打压。

5）检查所有紧固件和功能元件的连接。

6）除尘；检查过滤器，如杂质过多，需进行清洁。

7）检查压力值是否正确。

8）检查液压软管是否损坏。

9）检测蓄能器，如蓄能器无压力，需要重新对蓄能器进行注压。

2. 检查泄漏

每次维护时检查油位、过滤器、泄漏情况。如果有泄漏现象发生，修理完成后，应彻底清洁液压泵站，便于下一次观察。

3. 检查油品

油品老化与一些运行参数有关，如温度、压力、空气湿度及环境中的灰尘等。可从视觉检查中做出判断（见表5-1）。

表5-1 油品检查

现 象	杂 质	故障原因
呈黑色	产品氧化	过热、油不够或混入其他油
呈乳白色	水或泡沫	有水或空气浸入
有水分离物	水	有水进入
有气泡	空气	有空气或油少
有悬浮或沉淀杂质	固体	有磨损物、有脏物或老化
有异味	产品老化	过热

4. 检查液压油油位

油位必须在最高的位置处。若否，应按规定加注液压油。

5. 加注液压油

旋开空气过滤器，把漏斗插入注油管中，使用一个合适的油桶加注液压油。从油位窗上观察油位，直到达到规定的油位。

6. 更换液压油

使用的油品需要在实验室内作定期分析，换油间隔可以根据油品的分析结果作相应调整；如果不对液压油进行定期处理和分析，则要按风机检修项目表中的时间间隔更换液压油。

本章小结

1. 定桨距风力发电机组的液压系统的工作过程：起动工作过程、运行工作过程、停机（制动）工作过程、偏航工作过程。

2. 变桨距风力发电机组的液压系统的工作过程：运转/暂停工作过程、停机/紧急停机工作过程。

3. 比例控制技术的组成：位置传感器、控制放大器。

习题

1. 定桨距风力发电机组的液压系统的工作过程是什么？
2. 变桨距风力发电机组的液压系统的工作过程是什么？
3. 液压系统实现节距角从0°到90°方向变化的工作过程是什么？

第 6 章

变桨距系统

变桨距控制是根据风速沿叶片的纵轴旋转叶片的角度，改变功率因数，控制风轮的能量吸收，保持一定的输出功率。变桨距控制的优点是能够确保高风速段稳定的输出功率，在额定点具有较高的风能利用率，提高风力发电机组的起动性能与制动性能，提高机组的整体柔性度，改善整机和叶片的受力状况。

本章主要介绍变桨距风力发电机组的变桨距系统的结构组成、工作原理以及目前风力发电机组使用的变桨距系统。

6.1　变桨距系统的工作原理及组成

变桨距风力发电机组与定桨距风力发电组相比，起动与制动性能好，风能利用率高，在额定功率点以上输出功率平稳。所以，大型和特大型风力发电机组多采用变桨距形式。

变桨距（也称变桨、变距）系统通常有两种类型：一种是液压变桨距系统，以液体压力驱动执行机构；另一种是电动变桨距系统，以伺服电动机驱动齿轮系实现变桨距调节功能。

6.1.1　变桨距控制的工作原理

变桨距控制是通过叶片和轮毂之间的轴承机构，借助控制技术和动力系统转动叶片来改变叶片的节距角（又称为桨距角、安装角），由此来改变翼型的升力，以达到改变作用在风轮叶片上的转矩和功率的目的。

变桨距控制时叶片节距角相对气流是连续变化的，可以根据风速的大小调节气流对叶片的攻角。当风力发电机组起动及风速低于额定转速时，节距角处于可获取最大推力的位置，有较低的切入风速。当风速超过额定风速时，叶片向小节距角方向变化从而使获取的风能减少，这样就保证了风轮输出功率不超过发电机的额定功率，风轮速度降低使发电机组输出功率可以稳定在额定功率上。当出现超过切出风速的强风、紧急停机或有故障时，可以使叶片迅速处于90°节距角的顺桨位置，使风轮迅速进行空气动力制动而减速，既减小了负载对风力发电机组的冲击，又延长了风力发电机组的使用寿命，并有效地降低了噪声，避免了大风对风力发电机组的破坏性损害。

一台变桨距风力发电机组在不同风速条件下的节距角见表 6-1。由表 6-1 中的数据可以发现通过改变节距角，在风速大幅度增加的情况下，风轮转速被有效地控制在额定转速以下。

表 6-1　不同风速条件下的节距角

风速/(m/s)	6	8	10	12	14	16	18	20	22	24	26
风轮转速/(r/min)	5	8	17	19	22	25	28	21	23	25	27
节距角/(°)	0	0	10	10	10	10	10	20	20	20	20

注：表中风力发电机组的最大切出风速为 28m/s。

变桨距最重要的作用是转速和功率控制，以及顺桨时的制动。但是，利用变桨距装置在风轮起动时，采用较大的正节距角会产生一个较大的起动转矩。利用变桨距装置调整为负节距角则增加了攻角，会人为地导致失速现象发生。

变桨距控制风轮的优点是：起动性能好；制动机构简单，叶片顺桨后风轮转速可以逐渐下降，停机安全；叶根承受的静、动载荷小，改善了整机和叶片的受力情况；额定功率点以前的功率输出饱满；额定功率点以上的功率输出平稳且在额定功率点以上具有较高的风能利用率。其不足之处是：增加了变桨距装置，使轮毂结构变得相对复杂；变桨距控制系统复杂，可靠性设计要求高；维护费用也比较高。

6.1.2　变桨距系统的组成

变桨距系统由变桨距机构和变桨距控制系统两部分组成（如图 6-1 所示）。变桨距机构是由机械、电气及液压组成的装置，变桨距控制系统是一套计算机控制系统。

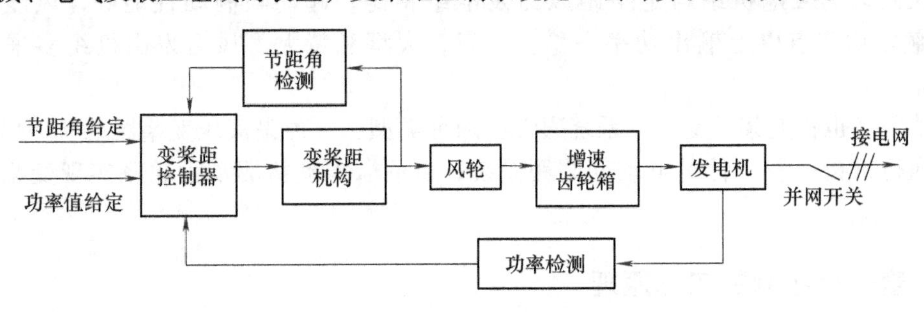

图 6-1　变桨距系统

变桨距控制器将节距角检测和功率检测得到的数据，与微处理器中给定的节距角变化数学模型进行比较，把差值作为控制信号用于驱动变桨距机构进行变桨距操作。变桨距机构由执行装置、驱动装置和控制系统三部分组成，习惯上把执行装置和驱动装置两部分通称为变桨距执行机构。

1. 变桨距执行装置

变桨距执行装置是指直接控制叶片转动部分的机械装置。常见的变桨距执行装置有下面几种：

（1）平行轴齿轮驱动　平行轴齿轮驱动的结构多用于分散控制电动变桨距系统。平行轴齿轮驱动的伺服电动机通过行星齿轮减速器降低转速，在减速器的输出轴上装有驱动内齿圈的直齿轮，驱动直齿轮即可实现变桨距控制。兆瓦级及以上的大型风力发电机组多采用这种结构。

（2）垂直轴伞齿轮驱动　垂直轴伞齿轮驱动的结构用于集中控制电动变桨距系统和液压变桨距系统。这种结构的变桨距轴承内圈上加工有 100°扇形角度的伞齿轮，轮毂前端面上安装有与各叶片变桨距轴承内圈上扇形伞齿轮相啮合的伞齿轮，驱动此伞齿轮即可实现叶

片变桨距。

（3）机械摇杆驱动　机械摇杆的结构用于集中控制电动变桨距系统和液压变桨距系统。机械摇杆驱动的变桨距轴承内圈上有一个轴销作为摇杆，一个圆盘在其外沿三等分线上有三个带长槽的摇臂，摇杆卡在摇臂中。当圆盘带动摇臂前后运动时，摇臂带动摇杆完成变桨距操作。

2. 变桨距驱动装置

（1）按动力源划分　按变桨距驱动装置的动力源不同，风力发电机组的变桨距机构分为液压变桨距机构和电动变桨距机构两种。

1）液压变桨距机构。液压变桨距机构具有传动转矩大、重量轻、刚度大、定位精确及执行机构动态响应速度快等优点，能够保证更加快速、准确地把叶片调节至预定桨距。但液压变桨距机构控制环节多，比较复杂，成本高。

2）电动变桨距机构。电动变桨距机构是利用电动机对叶片进行控制，其没有液压变桨距机构那么复杂，也不存在非线性、漏油、卡塞等现象。因此，这种变桨距机构是目前广泛采用的主流技术，市场前景十分广阔。

电动变桨距系统的变桨距控制通过电动机来驱动，结构紧凑，控制灵活、可靠，因此受到大多数整机厂家的青睐。同时电动变桨距系统和液压变桨距系统相比，便于进行远程集中控制，实现无人值守，因而广泛使用在大型风力发电机组上。

（2）按调节方式划分　按每个叶片是独立调节还是同步调节，风力发电机组的变桨距系统可以分为共同驱动变桨距系统和独立驱动变桨距系统两种。

1）共同驱动变桨距系统。该系统在早期风力发电机组中采用。其特点是三支叶片的驱动由同一个驱动装置驱动，三支叶片的节距角调节是同步的。它的控制系统比较简单、成本低，但机械装置庞大，调整复杂，安全冗余度小。

2）独立驱动变桨距系统。这种变桨距系统在现代风力发电机组中采用的较为普遍。其特点是三支叶片的驱动由同三个相同的驱动装置驱动，三支叶片的节距角调节是相互独立的。它需要三套相同的控制系统，成本较高，但结构紧凑，控制灵活、可靠，安全冗余度大。

6.2　液压变桨距系统

液压变桨距是利用液压缸作为原动机，通过曲柄滑块机构推动叶片旋转。由于液压系统出力大，变桨距机构可以做得很紧凑。

液压变桨距系统的组成如图6-2所示，液压变桨距系统是一个自动控制系统，由桨距控制器、数码转换器、液压控制单元、执行机构和位移传感器等组成。

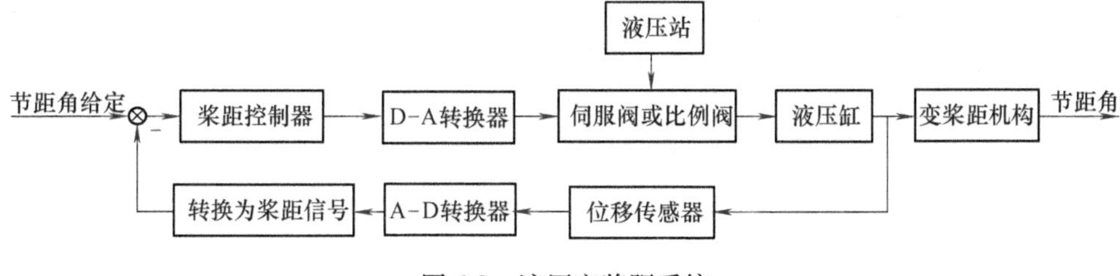

图6-2　液压变桨距系统

1. 液压变桨距系统的类型

在液压变桨距型机组中根据驱动形式的差异可分为叶片单独变桨距和叶片统一变桨距两种类型。

(1) 叶片单独变桨距　叶片单独变桨距(如图6-3所示)是通过安装在轮毂内的三个液压缸、三套曲柄滑块机构分别驱动三片叶片。这种方案变桨距动力很大，但液压系统复杂，而且三个液压缸的控制也较难，也存在电气布线困难、增加叶轮重量和轮毂制造难度、维护不便等问题。

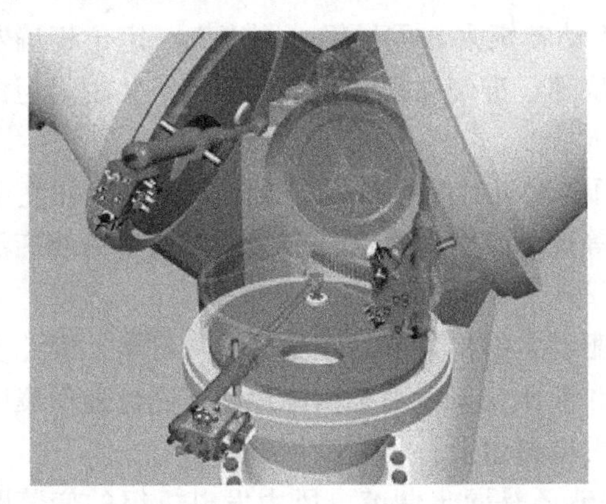

图6-3　叶片单独变桨距系统

(2) 叶片统一变桨距　叶片统一变桨距结构是将液压站和液压缸放在机舱内，通过一套曲柄滑块机构同步推动三片叶片旋转。这种结构不存在电气布线困难的问题，降低了叶轮重量和轮毂制造难度，维护也很容易，但要求传动机构的强度、刚度较高。

2. 液压变桨距系统的结构

液压变桨距系统主要由推动杆、支撑杆、导套、防转装置、同步盘、短转轴、连杆、长转轴、偏心盘和叶片法兰等部件组成。其结构如图6-4所示。

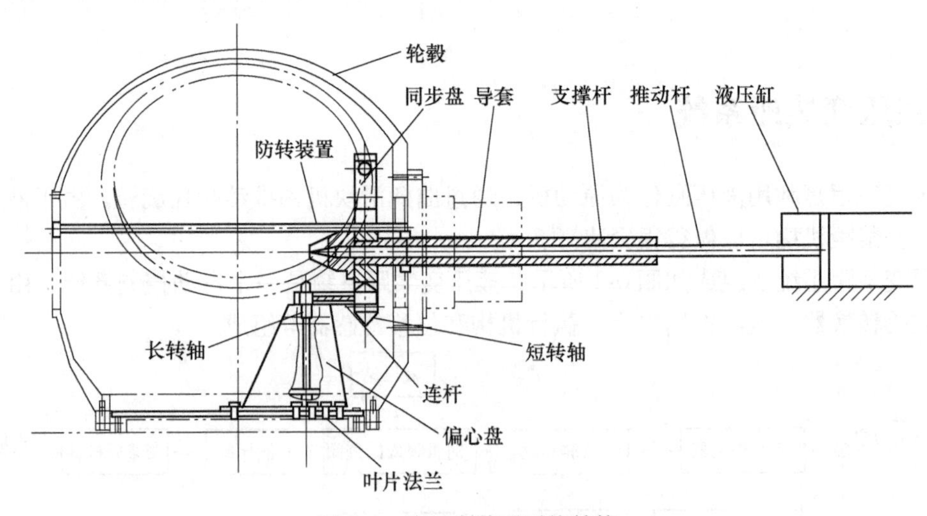

图6-4　液压变桨距系统结构

各部分作用如下：

1）推动杆：传递动力，把机舱内液压缸的推力传递到同步盘上。

2）支撑杆：是推动杆轮毂端径向支撑部件。

3）导套：与支撑杆形成轴向运动副，限制支撑杆的径向运动。

4）同步盘：把推动杆的轴向力进行分解，形成推动三片叶片转动的动力。

5）防转装置：防止同步盘在周向分力作用下转动，使其与轮毂同步转动。

其中同步盘、短转轴、连杆、长转轴和偏心盘组成了曲柄滑块机构，将推动杆的直线运动转变成偏心盘的圆周运动。

3. 工作原理

液压变桨距系统的工作过程如下：控制系统根据当前风速，以一定的算法给出叶片的节距角信号，液压变桨距系统根据控制指令驱动液压缸，液压缸带动推动杆、同步盘运动，同步盘通过短转轴、连杆、长转轴推动偏心盘转动，偏心盘带动叶片进行变桨距。

液压变桨距系统结构简单、操作方便，使风力发电机组提高风能捕获效率，获得最佳能量输出，保障供电质量。

6.3 电动变桨距系统

1. 电动变桨距系统的组成

电动变桨距系统（如图6-5所示）动作速度快而且准确。在正常工作情况下如果风力发电机遭遇强阵风，电动变桨距系统可以迅速地调整叶片工作角度，使风力发电机组工作在额定值范围内。

图6-5 电动变桨距系统

电动变桨距系统可以使3个叶片独立实现变桨距，主要由以下几个部分组成：

（1）电动变桨距伺服系统　电动变桨距伺服系统的伺服电动机和减速机均置于轮毂内，伺服电动机是整个电动变桨距系统的动力源，减速机是调速传动装置，二者都要求有很高的可靠性、稳定性和准确性。

（2）电动变桨距控制系统　电动变桨距控制系统由位于轮毂和机舱连接处的主控柜（内有电动变桨距控制系统的主控制器）和置于轮毂内的轴控制柜组成，主控柜与轴控制柜通过现场总线进行通信，实现控制三个独立变桨距装置的目的。整个系统的通信总线和电缆靠集电环与机舱内的主控制器连接。

（3）蓄电池　电动变桨距系统的3套蓄电池柜（每支叶片1套），由铅酸蓄电池构成UPS（Uninterrupted Power Supply，不间断电源设备）。

（4）位移传感器和接近开关　位移传感器和接近开关是安装在轴承内齿轮部位的检测装置，要求可靠性好、精度高。

2. 电动变桨距伺服系统

图6-6是电动变桨距伺服系统的构成框图，主控制器根据风速、发电机功率和转速等，把命令值发送到电动变桨距控制系统，并且电动变桨距控制系统把实际值和运行状况反馈到主控制器。

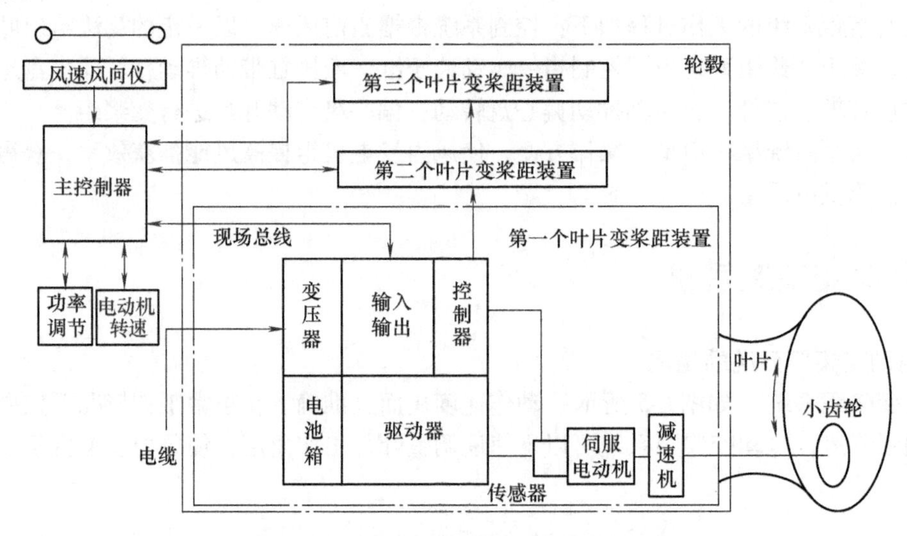

图6-6　电动变桨距伺服系统的构成框图

电动变桨距伺服系统必须满足能够快速响应主控制器的命令，有独立工作的变桨距装置、高性能的同步机制，满足安全可靠等要求。

（1）机械部分　电动变桨距伺服系统的机械部分（如图6-7所示）包括回转支承、减速机和传动等。减速机固定在轮毂上，回转支承的内环安装在叶片上，回转支承的外环固定在轮毂上。当电动变桨距系统通电后，电动机带动减速机的输出轴小齿轮旋转，而小齿轮与回转支承的内环啮合，从而带动回转支承的内环与叶片一起旋转，实现了改变节距角的目的。

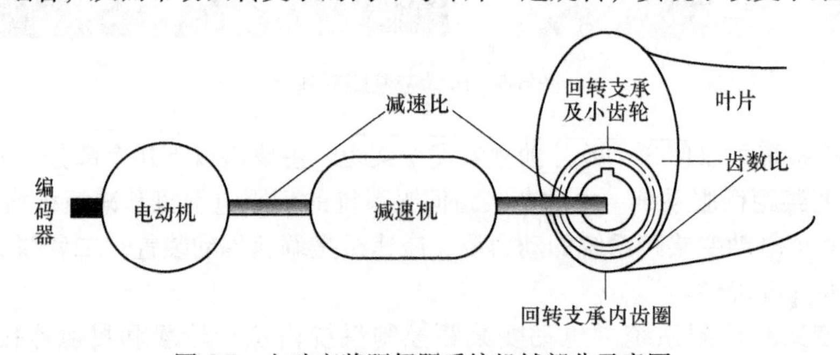

图6-7　电动变桨距伺服系统机械部分示意图

电动变桨距系统可以允许三个叶片独立变桨距，它提供给风力发电机组功率输出和足够的制动能力，可以避免过载对风力发电机组的破坏。与液压驱动相比，结构清晰，避免漏油

等机械故障的发生，控制精度高，响应快。

（2）伺服驱动部分　电动变桨距伺服驱动部分如图6-8所示，图中只画出了一个叶片的电动变桨距伺服驱动部分，其他两个叶片与此相同。每个叶片采用一个带位置反馈的伺服电动机进行单独调节，绝对编码器安装在伺服电动机输出轴上，采集电动机的转动角度。伺服电动机通过主动齿轮与叶片轮毂内齿圈相连，带动叶片进行转动，实现对叶片的节距角的直接控制。在轮毂内齿圈安装了一个非接触式位移传感器，直接检测内齿圈转动的角度，即叶片节距角变化。

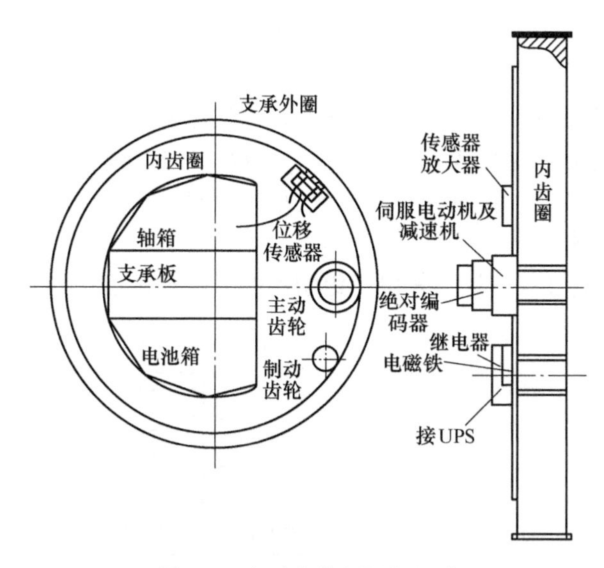

图6-8　电动变桨距伺服驱动

伺服驱动器用于驱动伺服电动机，实现变桨距角度的精确控制。传感器可以是电动机编码器和叶片编码器，电动机编码器测量电动机的转速，叶片编码器测量当前的节距角，与电动机编码器实现冗余控制。

（3）伺服控制系统　伺服控制系统是整个交流伺服系统的核心，电动变桨距伺服系统的控制电路中一共有3个控制环：位置环、速度环和转矩环。一般情况下，位置环采用比例控制规律，速度环采用比例积分控制规律，转矩环采用空间矢量控制。位置控制主要是达到精确的位置控制，速度环主要实现快速跟踪，电流环实现快速动态响应。

电动变桨距伺服控制系统（硬件结构如图6-9所示）中，主控制器给出位置命令值，与位置反馈进行比较，位置调节器的输出就是速度调节器的输入，进行比例积分，速度调节器输出转矩命令值，与反馈值比较后，差值送到转矩调节器中，输出就是转矩电流给定值，并且把电流指令矢量控制在与磁极所产生的磁通相正交的空间位置上，实现电动

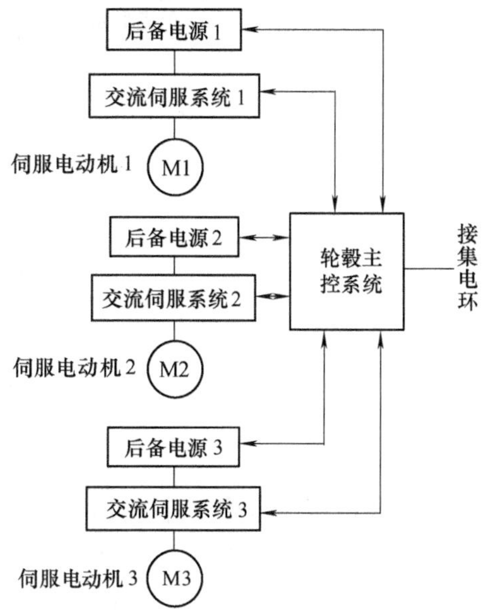

图6-9　电动变桨距伺服控制系统结构

变桨距伺服控制过程。

3. 电动变桨距控制系统

电动变桨距控制系统的工作过程是：发电机的功率信号由高速功率变送器以模拟量的形式（0～10V 对应 0～满功率）输入到微处理器或 PLC，节距角的反馈信号以模拟量的形式（0～10V 对应节距角 0°～90°）输入到微处理器或 PLC 的模拟输入单元，输出信号为 -10～+10V，将信号输出到执行机构来控制进桨或退桨速度。主控制器根据风速、发电机功率和转速等，把命令值发送到电动变桨距控制系统，而电动变桨距控制系统把实际值和运行状况反馈到主控制器。

电动变桨距控制系统的主要功能都是由 PLC 来实现的，当满足风力发电机组起动条件时，PLC 发出指令使叶片节距角从 90°匀速减小；当发电机并网后 PLC 根据反馈的功率进行功率调节，在额定风速之下保持较高的风能吸收系数，在额定风速之上，通过调整节距角使输出功率保持在额定功率上；在有故障停机或急停信号时，PLC 控制执行电动机，使得叶片迅速变到节距角为 90°的位置。

1）起动变桨距控制过程。风力发电机组起动变桨距控制过程如图 6-10 所示。

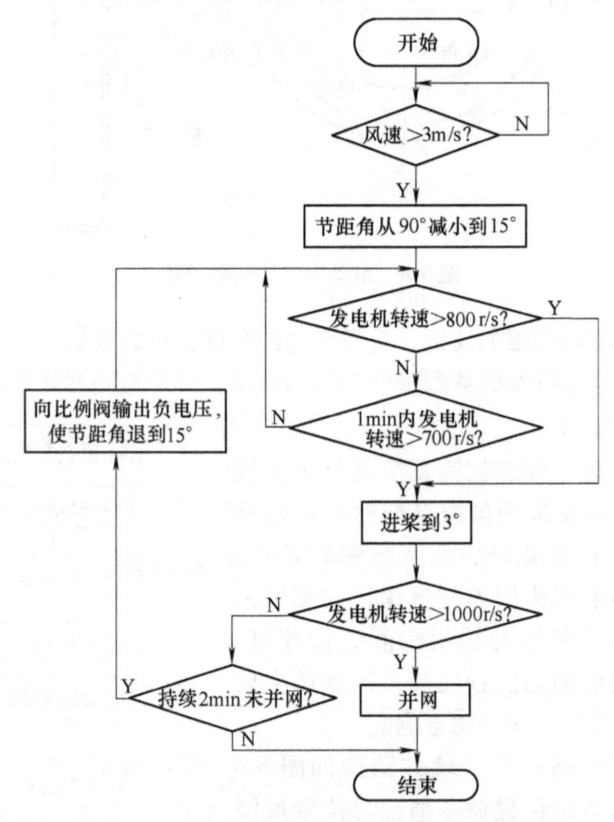

图 6-10　起动变桨距控制程序流程图

当风速高于起动风速时 PLC 根据模拟输出单元的输出反馈信号，使叶片距角调整到 15°。此时若发电机的转速大于 800r/s 或者转速持续 1min 大于 700r/s，则叶片继续进桨到 3°位置。PLC 检测到高速计数单元的转速信号大于 1000r/s 时发出并网指令。若节距角在到达 3°后 2min 未并网则由模拟输出单元向比例阀输出 -4.1V 电压，使节距角退到 15°位置。

2）功率调节变桨距控制过程。在变桨距控制系统中，高风速段的变桨距功率调节是非常重要的部分，若退桨速度过慢则会出现过功率或过电流现象，甚至会烧毁发电机；若桨距调节速度过快，不但会出现过调节现象，使输出功率波动较大，而且会缩短变桨距缸和变桨距轴承的使用寿命。退桨速度较进桨速度大，这样可以防止在大的阵风时出现发电机功率过高现象。

功率调节变桨距控制过程如图6-11所示。

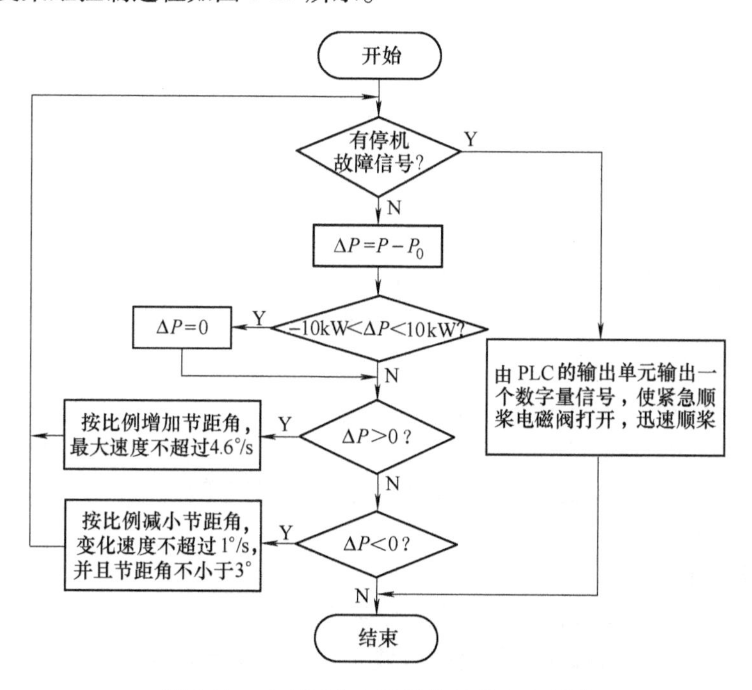

图6-11　功率调节变桨距控制程序流程图

发电机并网后通过调节节距角来调节发电机输出功率：当实际功率大于额定功率时，PLC的模拟输出单元的输出电压信号与功率偏差成比例，并采用LMT指令使输出电压限制在−4.1V（对应变桨距速度4.6°/s）以内。当功率偏差小于零时需要进桨来增大功率，进桨时给比例阀输出的最大电压为1.8V（对应变桨距速度0.9°/s）。为了防止频繁的往复变桨距，功率偏差在±10kW以内时不进行变桨距。

6.4　变桨距系统的维护

变桨距系统进行任何维护和检修，必须首先使风力发电机组停机，机械制动装置动作，高速轴抱闸并将风轮锁锁定。如遇特殊情况，需在风力发电机组处于工作状态或变桨距机构处于转动状态下进行维护和检修时（如检查齿轮啮合、电机噪声、振动等状态），必须确保有人守在紧急开关旁，可随时按下紧急开关，使变桨距系统制动。在轮毂内工作时，因工作区域狭小，要避免损伤其他部件。

1. 变桨距系统整体外观检查与维护

1）检查表面涂层是否有损伤和腐蚀，特别是连接件，例如零件连接处、法兰等是否有腐蚀的痕迹。

2）检查轴承密封圈是否有磨损、裂缝和装配错位。如有以上现象，应更换密封防止渗漏。

3）检查轮毂内是否有雨水或凝结的露水。

4）清理掉脏物和杂物。

5）检查防雷电装置、轮毂内电缆是否完好，并修复损伤电缆。

2. 变桨距轴承的维护

1）润滑变桨距轴承滚道。

2）检查变桨距轴承防腐层，补刷破损的部分。

3）检查变桨距轴承密封。

4）通过对变桨距轴承油脂采样和分析，诊断变桨距轴承的磨损状态。同时，检查设备用油是否足量，是否要添加新油。

5）运行变桨距驱动，检查有无异常噪声。

6）检查螺栓力矩、变桨距驱动与变桨距驱动支架。

3. 变桨距驱动电动机的维护

1）检查变桨距驱动装置表面清洁度。

2）检查变桨距驱动装置表面防腐层。

3）检查变桨距驱动电动机是否过热、是否有异常噪声等。

4）检查变桨距齿轮箱润滑油。

4. 变桨距齿轮的检查与维护

目视检查变桨距大齿圈和驱动小齿轮是否有磨损和褪色，检查是否有疲劳的征兆，例如齿断裂、斑点（焊接）或者擦伤（粗糙的区域，在齿顶或齿根）。

5. 变桨距润滑的维护

油脂包含对人体有害成分，需使用手部皮肤保护措施以防止其中的有害成分损害皮肤和身体。

在运行6个月后，对油脂进行如下检查：观察油液中有无水和乳状物；检查油液黏度，如与原来相比差值超过20%或减少15%，则说明油液失效；检查不溶解物，体积浓度不应超过0.2%，进行抗乳化能力检验以发现油液是否变质；检查添加剂成分是否下降。如有问题则应换油或过滤。换油时由放油孔将油放出，然后再通过注油孔注油。

应保持润滑系统清洁，采取措施防止灰尘、湿气及化学物进入齿轮及润滑系统，在重载、高温及潮湿的情况下应特别加强对油液的检查分析。在减速器的输入轴、输出轴处，分别有润滑孔用于润滑轴承，减速器出厂前已注满润滑脂。在运行每6个月后，应添加新的润滑脂，添加时应将旧的润滑脂全部排出。

本章小结

1. 变桨距控制的工作原理。
2. 变桨距机构的组成：驱动装置、执行装置、控制系统。
3. 变桨距执行装置的类型：平行轴齿轮驱动、垂直轴伞齿轮驱动、机械摇杆驱动。
4. 变桨距驱动装置：液压变桨距机构、电动变桨距机构。

5. 典型变桨距系统：液压变桨距系统、电动变桨距系统。
6. 变桨距伺服控制的三个环节：位置环、速度环、转矩环。
7. 变桨距控制系统的软件设计：起动变桨距控制程序、功率调节变桨距控制程序。

习 题

1. 变桨距执行装置有几种？各有什么特点？
2. 变桨距驱动装置如何分类？各有什么特点？
3. 典型的变桨距系统有几种？
4. 电动变桨距系统的结构及特点是什么？
5. 液压变桨距系统的结构及特点是什么？
6. 变桨距系统整体外观检查与维护有哪些内容？
7. 变桨距驱动电动机有哪些维护内容？

第7章

控制系统

风力发电机组控制系统是机组正常运行的核心，其控制技术是风力发电机组的关键技术之一，与风力发电机组的其他部分关系密切，其精确的控制、完善的功能将直接提升机组的安全与效率。

本章主要介绍风力发电机组控制系统的组成及功能、控制要求、工作原理，典型风力发电机组的控制系统，以及通信和远程监控系统的组成、工作原理等。

7.1 风力发电机组的控制系统

7.1.1 控制系统的基本组成

风力发电机组由多个部分组成，而控制系统贯穿到每个部分，因此控制系统的好坏直接关系到风力发电机组的工作状态、发电量的多少以及设备的安全。

风力发电机组控制系统（如图7-1所示）组成主要包括各种传感器、变桨距系统、运行主控制器、功率输出单元、无功补偿单元、并网控制单元、安全保护单元和监控单元等。主要控制内容有：信号的数据采集、处理，变桨距控制、转速控制、最大功率点跟踪控制、功率因数控制、偏航控制、并网控制、停机制动控制、安全保护系统、就地监控和远程监控。不同类型的风力发电机组控制单元不尽相同。

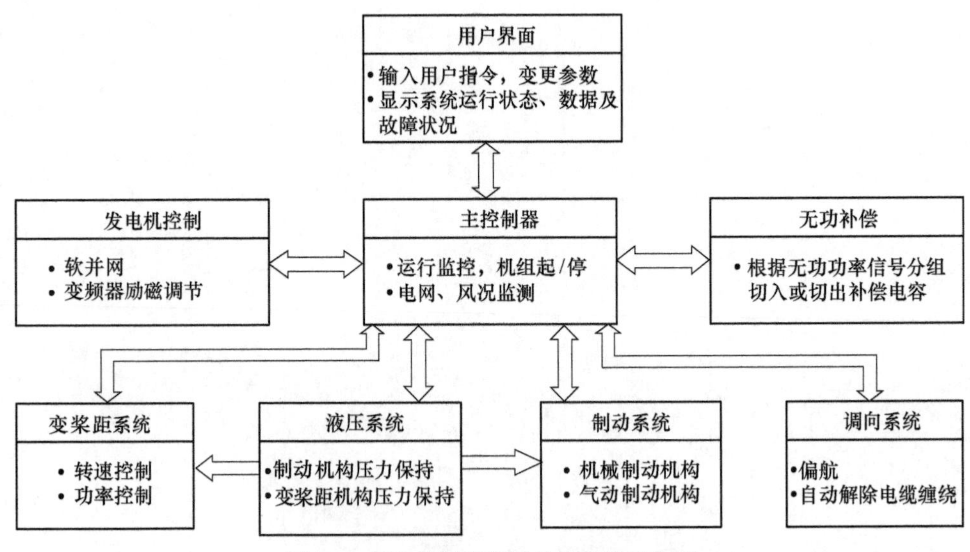

图7-1 DCS控制系统的总体结构示意图

目前大多数风力发电机组的控制系统都采用集散型或称分布式控制系统（DCS），采用

分布式控制的最大优点是许多控制功能模块可以直接布置在控制对象的位置，就地进行采集、控制、处理，避免了各类传感器、信号线与主控制器之间的连接，避免了各类传感器和舱内执行机构与地面主控制器之间大量的通信线路及控制线路。主控制器通过各类安装在现场的模块，对电网、风况及风力发电机组运行参数进行监控，并与其他功能模块保持通信，对各方面的情况做出综合分析后，发出各种控制指令。

7.1.2 控制系统的功能

风力发电机组控制系统的作用是对整个风力发电机组实施正常操作、调节和保护。

① 起动控制。当风速检测系统在一段持续时间内测得风速平均值达到切入风速，并且系统自检无故障时，控制系统发出释放制动器命令，机组由待风状态进入低风速起动。

② 并/脱网控制。当风力发电机组转速达到同步转速时，执行软并网切入（简称“软切入”）操作：软切入时，限制发电机并网电流并监视三相电流的平衡度，如果不平衡度超出限制则需停机。此外，软切入装置还可以使风力发电机在低风速下起动。当风速低于切入风速时，应控制已并网的发电机脱离电网，并在风速低于4m/s时进行机械制动。

③ 偏航与解缆。偏航控制根据风向自动跟风。由于连续跟踪风向可能造成电缆缠绕，因此控制系统还具有解缆功能。

④ 限速及制动。当转速超越上限发生飞车时，发电机自动脱离电网，叶片打开实行软制动，液压制动系统动作，抱闸制动，使叶片停止转动，偏航系统将机舱整体偏转90°侧风，对整个塔架实施保护。

控制系统还具有以下功能：根据风速以及功率自动进行转速和功率控制；根据功率因数自动投入（或切出）相应的补偿电容；机组运行过程中，对电网、风况和机组运行状况进行检测和记录，对出现的异常情况能够自行判断并采取相应的保护措施，并根据记录的数据生成各种图表，以反映风力发电机组的各项性能指标；对在风电场中运行的机组还应具备远程通信功能。控制系统流程如图7-2所示。

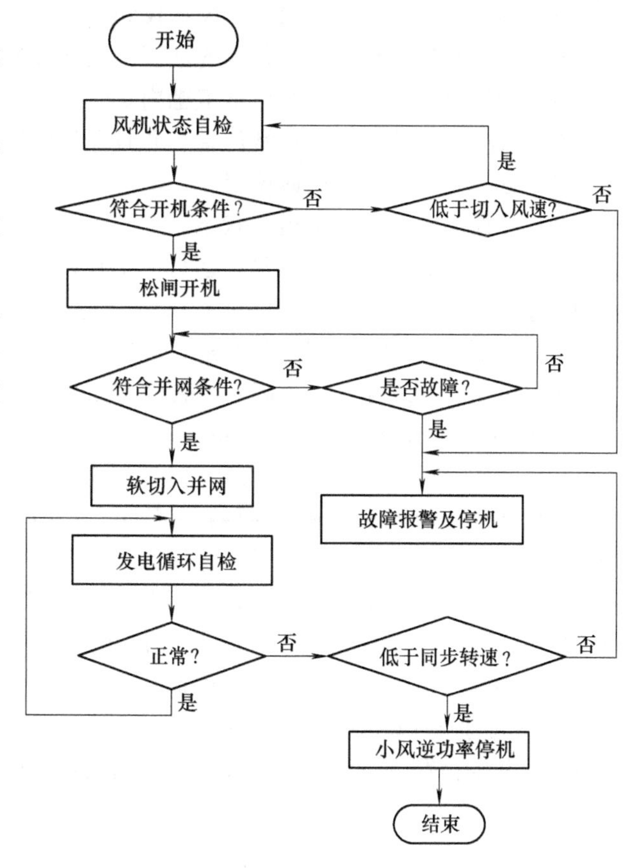

图7-2 控制系统流程图

运行过程中，控制系统需要监测的主要参数包括以下几个方面：

① 电力参数：电网三相电压、发电机输出的三相电流、电网频率及发电机功率因数等。

② 风力参数：风速、风向。

③ 机组状态参数：转速（发电机、风轮）、温度（发电机、控制器、轴承、

增速器油温等)、电缆扭转、机械制动状况、机舱振动、油位（润滑油位、液压系统油位）。

④ 反馈信号：回收叶尖扰流器、松开机械制动/偏航制动器、发电机脱网及脱网后的转速信号。

7.1.3 风力发电机组的控制要求

控制与安全系统是风力发电机组安全运行的指挥中心，控制系统的安全运行保证了机组安全运行，通常风力发电机组运行涉及的内容相当广泛，就运行工况而言，包括起动、停机、功率调节、变速控制和故障处理等方面的内容。

1. 安全运行的基本条件

风力发电机组在起停过程中，机组各部件将受到剧烈的机械应力的变化，而对安全运行而言起决定作用的因素是风速变化引起的转速变化，所以转速的控制是机组安全运行的关键。风力发电机组的运行是一项复杂的操作，涉及的问题很多，风速、转速、温度的变化或振动等都将直接影响机组的安全运行。

（1）控制系统安全运行的必备条件

1）机组的开关出线侧相序必须与并网电网相序一致，电压标称值相等，三相电压平衡。

2）风力发电机组安全链系统硬件运行正常。

3）调向系统处于正常状态，风速仪和风向标处于正常运行的状态。

4）制动和控制系统液压装置的油压、油温和油位在规定范围内。

5）齿轮箱油位和油温在正常范围内。

6）各项保护装置均在正常位置，并且保护值均与批准设定的值相符。

7）各控制电源处于接通位置。

8）监控系统显示正常运行状态。

9）在寒冷和潮湿地区，停止运行一个月以上的机组投入运行前应检查绝缘装置，合格后才允许起动。

（2）工作参数的安全运行范围

1）风速：当风速在 3 ~ 25m/s 的规定工作范围时，只对风力发电机组的发电有影响，当风速变化率较大且风速超过 25m/s 以上时，则会对机组的安全性产生威胁。

2）转速：风力发电机组的风轮转速通常低于 40r/min，发电机的最高转速不超过额定转速的 130%，不同型号的机组数字不同。当机组超速时，对机组的安全性将产生严重威胁。

3）功率：在额定风速以下时，不做功率调节控制；在额定风速以上，应作限制最大功率的控制，通常运行安全最大功率不允许超过设计值的 120%。

4）温度：运行中风机的各部件运转将会引起温升，通常控制器环境温度应为 0 ~ 30℃，齿轮箱油温小于 120℃，发电机温度小于 150℃，传动等环节温度小于 70℃。

5）电压：发电电压允许的波动范围为设计值的 10%，当瞬间值达到额定值的 130% 时，视为系统故障。

6）频率：风力发电机组的发电频率应限制在（50 ± 1）Hz 范围内，否则视为系统故障。

7）压力：各液压站系统的压力由压力开关额定值来确定，通常低于 100MPa。

（3）系统的接地保护安全要求

1）配电设备接地，变压器、开关设备和互感器外壳、配电柜、控制保护盘、金属构架、防雷设施及电缆头等设备必须接地。

2）塔筒与地基应接地，接地体应水平敷设。塔内和地基的角钢基础及支架要用截面25mm×4mm的扁钢相连作接地干线，塔筒和地基各一组，两者焊接相连形成接地网。

3）接地网形式以闭合环形较好，当接地电阻不满足要求时，可以附加架外引式接地体。

4）接地体的外缘应闭合，外缘各角要做成圆弧形，其半径不宜小于均压带间距的一半，埋设深度应不小于0.6m，并敷设水平均压带。

5）变压器中性点的工作接地和保护地线，要分别与人工接地网连接。

6）避雷线宜设单独的接地装置。

7）整个接地网的接地电阻应小于4Ω。

8）电缆线路的接地电缆绝缘损坏时，电缆的外皮、铠甲及接线盒均可带电，要求必须接地。

9）低压电缆除在潮湿的环境须接地外，其他正常环境不必接地。高压电缆任何情况都应接地。

2. 自动运行的控制要求

（1）开机并网控制　当风速10min平均值在系统工作区域内时，机械闸松开，叶尖复位，风力作用于风轮旋转平面上，风力发电机组慢慢起动。当发电机转速大于额定转速的20%持续5min，但未达到额定转速60%时，发电机进入电网软拖动状态。正常情况下，风力发电机组转速连续增高，当转速达到软切入转速时，机组进入软切入状态；当转速升到发电机同步转速时，旁路主接触器动作，机组并入电网运行。

（2）小风和逆功率脱网　小风和逆功率脱网是将风力发电机组停在待风状态，当平均风速小于小风脱网风速达到10min或发电机输出功率负到一定值后，不允许风力发电机组长期在电网运行，必须脱网，处于自由状态，风力发电机组靠自身的摩擦阻力缓慢停机，进入待风状态。当风速再次上升，风力发电机组又可自动旋转起来，达到并网转速，风力发电机组又投入并网运行。

（3）普通故障脱网停机　机组运行时发生参数越限、状态异常等普通故障后，机组进入普通停机程序，投入气动制动，软脱网，待低速轴转速低于一定值后，再抱机械闸。

（4）紧急故障脱网停机　当系统发生紧急故障，如发生飞车、超速、振动及负载丢失等故障时，风力发电机组进入紧急停机程序，机组投入气动制动的同时执行90°偏航控制，机舱旋转偏离主风向，转速达到一定限值后脱网，低速轴转速小于一定值后，抱机械闸。

（5）安全链动作停机　安全链动作停机指电气控制系统软保护控制失败时，为安全起见所采取的硬性停机，叶尖气动制动、机械制动和脱网同时动作，风力发电机组在几秒钟的时间内停下来。

（6）大风脱网控制　当风速平均值大于25m/s达到10min时，风力发电机组可能出现超速和过载现象，为了机组的安全，这时风力发电机组必须进行大风脱网停机。风力发电机组先投入气动制动，同时偏航90°，等功率下降后脱网，20s后或者低速轴转速小于一定值时，抱机械闸，风力发电机组完全停止。

（7）对风控制　风力发电机组在工作风速区时，应根据机舱的控制灵敏度，确定每次偏航的调整角度。用两种方法判定机舱与风向的偏离角度，根据偏离的程度和风向传感器的灵敏度，时刻调整机舱偏左和偏右的角度。

（8）偏转90°对风控制　在大风速或超转速工作时，为了使机组安全停机，必须降低机组的功率，释放风轮的能量。当平均风速大于25m/s达到10min时或转速大于转速超速上限时，机组作偏转90°控制，同时投入气动制动，脱网，转速降下来后，抱机械闸停机。在大风期间实行90°跟风控制，以保证机组大风期间的安全。

（9）功率调节　当风力发电机组在额定风速以上并网运行时，对于失速型风力发电机组，由于叶片的失速特性，发电机的功率不会超过额定功率的115%。一旦发生过载，必须脱网停机；对于变桨距风力发电机组，必须进行变桨距调节，以减小风轮的捕风能力，达到调节功率的目的。

（10）软切入控制　风力发电机组在进入电网运行时，必须进行软切入控制，当机组脱离电网运行时，也必须进行软脱网控制。通常软并网装置主要由大功率晶闸管和有关控制驱动电路组成，通过不断监测机组的三相电流和发电机的运行状态，控制主回路晶闸管的导通角，以控制发电机的端电压，达到限制起动电流的目的。在发电机转速接近同步转速时，旁路接触器动作，将主回路晶闸管断开，软切入过程结束，软并网成功。通常限制软切入电流为额定电流的1.5倍。

7.2　典型风力发电机组的控制系统

并网型风力发电机组从20世纪80年代中期开始逐步实现了商品化、产业化。目前市场份额最大的风电机组主要分两类，一类是定桨距失速调节型，另一类是变桨距调节型。

7.2.1　定桨距风力发电机组的控制系统

定桨距失速调节型的优点是失速调节由叶片本身完成，简单可靠，风速变化引起的输出功率的变化只通过叶片的被动失速调节而控制系统不作任何控制，使控制系统大为简化。但是在输入变化的情况下，风力发电机组只有很小的机会能运行在最佳状态下，因此机组的整体效率较低。

1. 结构特点

定桨距风力发电机组的主要结构特点是：叶片与轮毂的连接是固定的，即当风速变化时，叶片的节距角度不能随之变化。定桨距风力发电机组必须解决的问题：一是运行中的风力发电机组在突然失去电网（突甩负载）的情况下，叶片自身必须具备制动能力，使风力发电机组能够在大风情况下安全停机。二是当风速高于风轮的设计点风速即额定风速时，叶片必须能够自动地将功率限制在额定值附近。

（1）双速发电机　定桨距风力发电机组的叶片节距角和转速都是固定不变的，这一限制使机组的功率曲线上只有一点具有最大功率系数。要在变化的风速下保持最大功率系数，必须保持转速与风速之比不变。额定转速较低的发电机在低风速时具有较高的功率系数；额定转速较高的发电机在高风速时具有较高的功率系数。但额定转速并不是按在额定风速时具有最大的功率系数设定的，由于风力发电机组与一般发电机不一样，它并不是经常运行在额

定风速点上，定桨距风力发电机组早在风速达到额定值以前就已开始失速了，到额定点时的功率系数已相当小（如图7-3所示）。

在整个运行风速范围内（$3\text{m/s} < v < 25\text{m/s}$），由于气流的速度是不断变化的，如果风力发电机组的转速不能随风速的变化而调整，将使风轮在低风速时的效率降低。同时发电机本身也存在低负荷时的效率问题，尽管目前用于风力发电机组的发电机已能在输出功率 $P > 30\%$ 额定功率的范围内，均有高于90%的效率。但当 $P < 25\%$ 额定功率时，效率仍然会急剧下降。

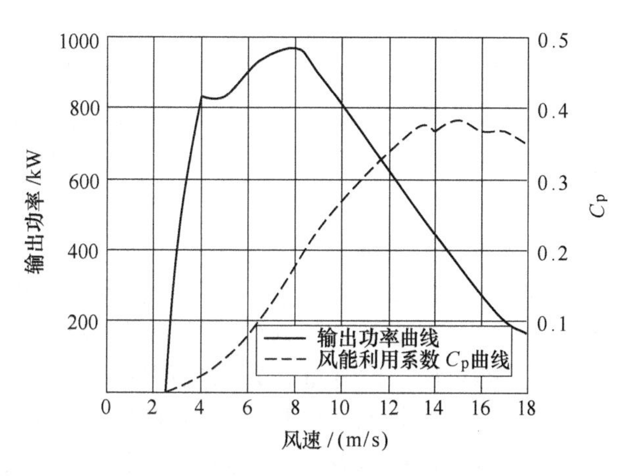

图7-3 定桨距风力发电机组的功率曲线

为了解决上述问题，定桨距风力发电机组普遍采用双速发电机（输出功率曲线如图7-4所示），分别设计成4极和6极。一般6极发电机的额定功率设计成4极发电机的1/4到1/5。例如600kW定桨距风力发电机组一般设计成6极150kW和4极600kW，使定桨距风力发电机组与变桨距风力发电机组在进入额定功率前的功率曲线差异不大。

（2）功率输出　定桨距风力发电机组风轮的功率调节完全依靠叶片的气动特性，因此，风轮吸收的功率随风速不停地变化。除此以外，气压、气温和气流扰动等因素也显著地影响其功率输出。

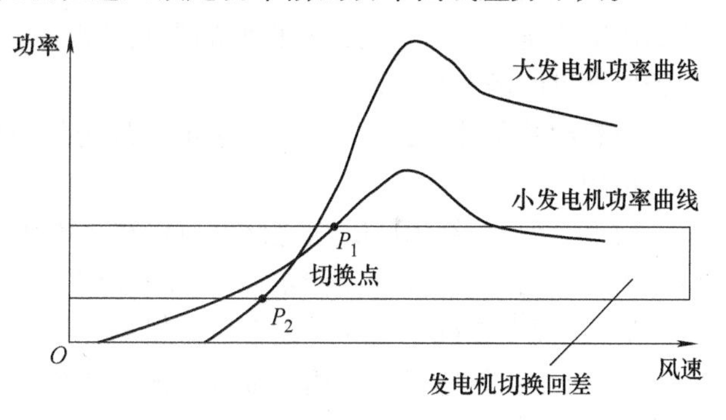

图7-4 双速发电机功率曲线

定桨距风力发电机组的功率曲线是在空气的标准状态（空气密度 $\rho = 1.225\text{kg/m}^3$）下测出的，当气压与气温变化时，$\rho$ 会跟着变化。当气温升高，空气密度就会降低，相应的功率输出就会减少，反之，功率输出就会增大（如图7-5所示）。对于一台额定功率为750kW容量的定桨距风力发电机组，最大的功率输出可能会出现30～50kW的偏差。

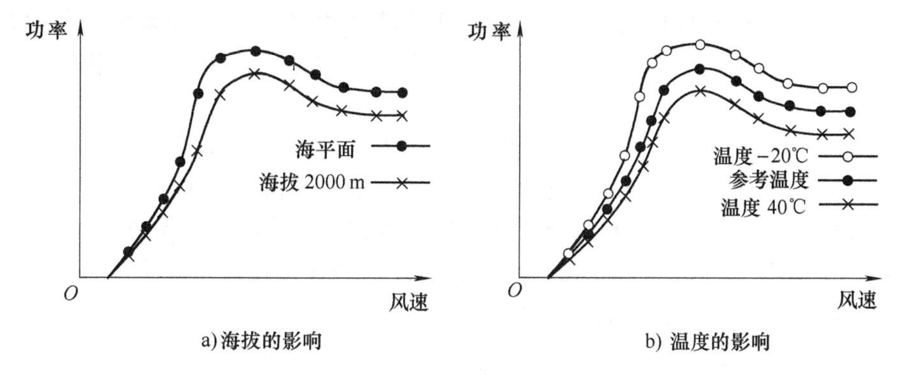

图7-5 空气密度变化对功率输出的影响

改变叶片节距角的设定，也会影响额定功率的输出，如图 7-6 所示的一组 200kW 风力发电机组的功率曲线。根据定桨距风力发电机组的特点，应当尽量提高低风速时的功率系数和考虑高风速时的失速性能。

定桨距风力发电机组在低风速区，不同的节距角所对应的功率曲线几乎是重合的；在高风速区，节距角的变化对其最大输出功率的影响是十分明显的。

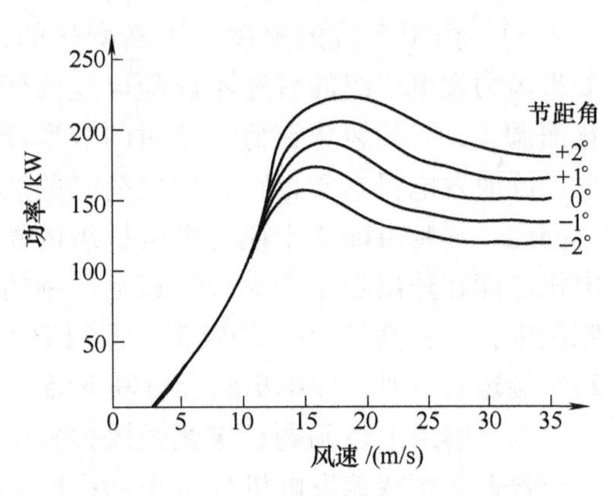

图 7-6　叶片节距角对输出功率的影响

2. 基本运行过程

（1）待机状态　当风速 $v>3\text{m/s}$，但不足以将风力发电机组拖动到切入的转速，或者机组从小功率状态切出，没有重新并入电网时，风力发电机组处于待机状态。控制系统做好切入电网的准备：机械制动已松开；叶尖阻尼板已收回；风轮处于迎风状态；液压系统的压力保持在设定值上；风况、电网和机组的所有状态参数均在控制系统检测之中，一旦风速增大，转速升高，发电机即可并入电网。

（2）自起动　自起动是指风轮在自然风速的作用下，不依靠外力的协助，将发电机拖动到额定转速。目前风轮具有良好的自起动性能，一般在风速 $v>4\text{m/s}$ 的条件下，即可自起动到发电机的额定转速。

自起动的条件：正常起动前 10min，风力发电机组控制系统对电网、风况和机组的状态进行检测。

1）电网：连续 10min 内电网没有出现过电压、欠电压；电网电压 0.1s 内跌落值均小于设定值；电网频率在设定范围之内；没有出现三相不平衡等现象。

2）风况：连续 10min 风速在风力发电机组运行风速的范围内（$3.0\text{m/s}<v<25\text{m/s}$）。

3）机组：发电机、增速器油温、液压系统压力应在设定值范围以内；液压和齿轮润滑油位正常；制动器摩擦片正常；扭缆开关复位；控制系统电源正常；所有故障均已排除；维护开关在运行位置。

上述条件满足时，按控制程序机组开始执行“风轮对风”与“制动解除”指令。

（3）风轮对风　当风速传感器测得 10min 平均风速 $v>3\text{m/s}$ 时，控制器允许风轮对风。当风力发电机组偏离风向确定时，延迟 10s 后执行偏航命令，以避免在风向扰动情况下的频繁起动。释放偏航制动 1s 后，偏航电动机根据指令执行偏航；偏航停止时，偏航制动投入。

（4）制动解除　当自起动的条件满足时，控制叶尖扰流器的电磁阀打开，液压油进入叶片液压缸，叶尖扰流器被收回，与叶片主体合为一体。控制器收到叶尖扰流器已回收的反馈信号后，液压油的另一路进入机械盘式制动器液压缸，松开盘式制动器。

（5）并网与脱网　当 $v>4\text{m/s}$ 时，机组达到设定转速，发电机将自动地连入电网。当风速继续升高到 7～8m/s，发电机将被切换到大发电机运行。如果平均风速处于 8～20m/s，则直接从大发电机并网。

1）大小发电机的软并网程序。

① 发电机转速已达到预置的切入点，该点的设定应低于发电机同步转速。

② 连接在发电机与电网之间的晶闸管被触发导通，导通角随发电机转速与同步转速的接近而增大。

③ 当发电机达到同步转速时，晶闸管导通角完全导通，转速超过同步转速进入发电状态。

④ 进入发电状态后，晶闸管导通角继续完全导通，绝大部分的电流通过旁路接触器输送给电网。

并网过程中，电流一般被限制在大发电机额定电流以下，如超出额定电流持续30s，则可以断定晶闸管故障，需要安全停机。

2）小发电机向大发电机的切换。首先断开小发电机接触器，再断开旁路接触器。此时发电机脱网，风力将带动发电机转速迅速上升，在到达同步转速1500r/min附近时，再次执行大发电机的软并网程序。

3）大发电机向小发电机的切换。当发电机持续10min内功率低于预置值 P_2 时，或10min内平均功率低于预置值 P_2 时，将执行大发电机向小发电机的切换。首先断开大发电机接触器，再断开旁路接触器，转速在脱网后将进一步上升。迅速投入小发电机接触器，由电网负荷将发电机转速拖到小发电机额定转速附近，允许小发电机软并网。

4）电动机起动。电动机起动是指风力发电机组在静止状态时，把发电机用作电动机将机组起动到额定转速并切入电网，因为气动性能良好的叶片在风速 $v>4\text{m/s}$ 的条件下即可使机组顺利地自起动到额定转速。

3. 控制系统的组成及工作过程

（1）控制系统的基本组成　图7-7所示为定桨距双速发电机型风力发电机组控制系统的结构框图与组成图，与变桨距风力发电机组相比，只是发电机软起动控制略有区别。

（2）控制目标　风力发电机组的风轮系统实现了从风能到机械能的能量转换过程，发电机和控制系统则实现了从机械能到电能的能量转换过程，风力发电机组控制系统的控制目标如下：

1）控制系统保证机组安全可靠运行，同时将不断变化的风能转化为频率、电压恒定的交流电送入电网。

2）控制系统对机组的运行参数、状态进行监控显示并进行故障处理，完成机组的最佳运行状态的管理和控制。

3）对于定桨距恒速机组，主要进行软切入、软切出及功率因数补偿控制；对于变桨距风力发电机组，主要进行最佳叶尖速比和额定风速以上的恒功率控制。

4）大于开机风速且转速达到并网转速的条件下，机组能软起动自动并网，保证电流冲击小于额定电流。

（3）控制系统工作过程　定桨距风力发电机组的控制系统工作原理流程如图7-8所示。

首先系统初始化，检查控制程序、微控制器硬件和外设、传感器传来的脉冲及比较所选的操作参数，备份系统工作表，然后正式起动。起动的第一秒内，先检查电网，设置各个计数器、输出机构的初始工作状态及晶闸管的导通角，完成后风电机组开始自动运行。机组自动运行：将风轮的叶尖由90°恢复为0°，风轮开始转动；控制系统监测参数，并按照图7-8的流程判断是否可以并网，判断参数是否超限等。

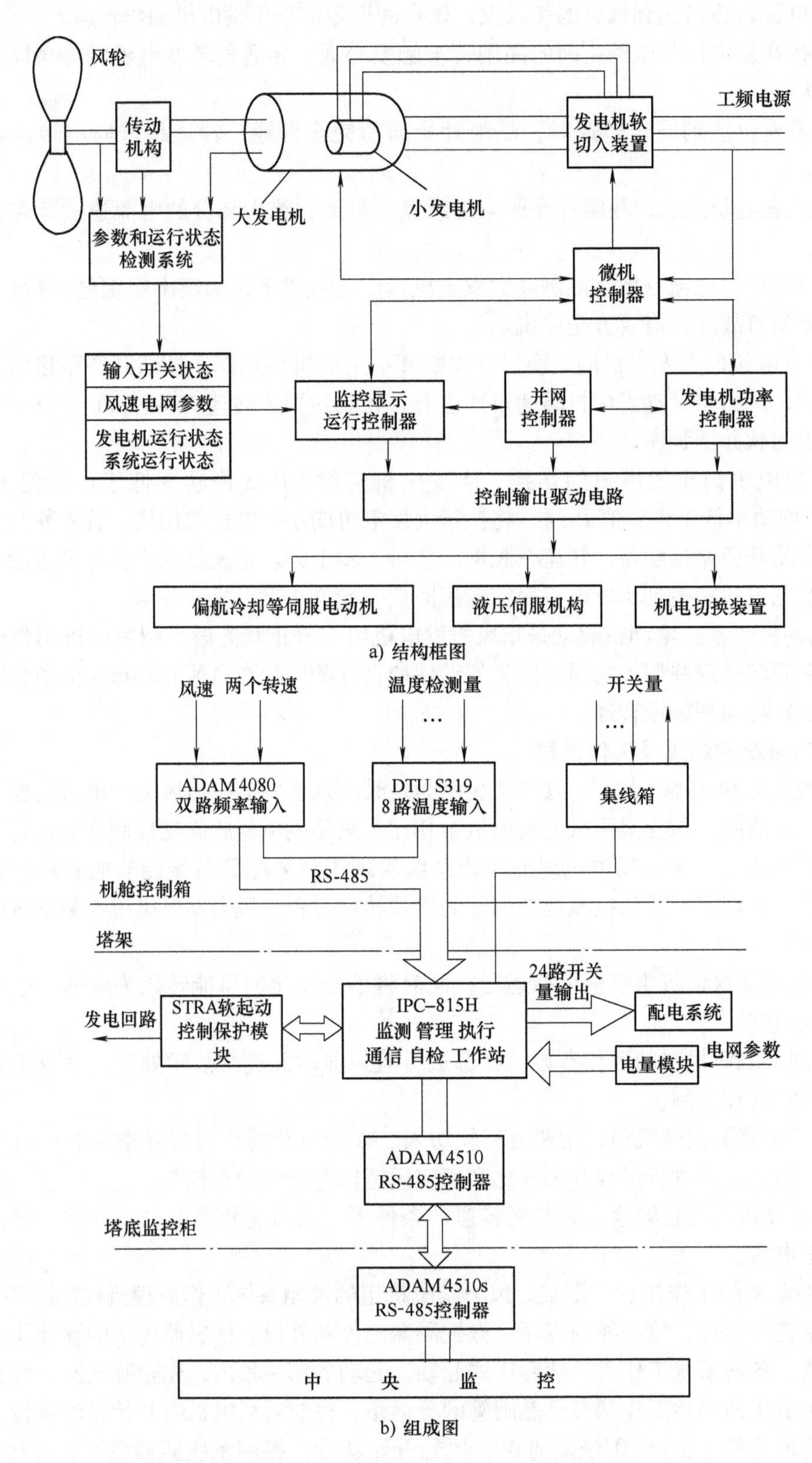

a) 结构框图

b) 组成图

图 7-7　定桨距双速发电机型风力发电机组控制系统

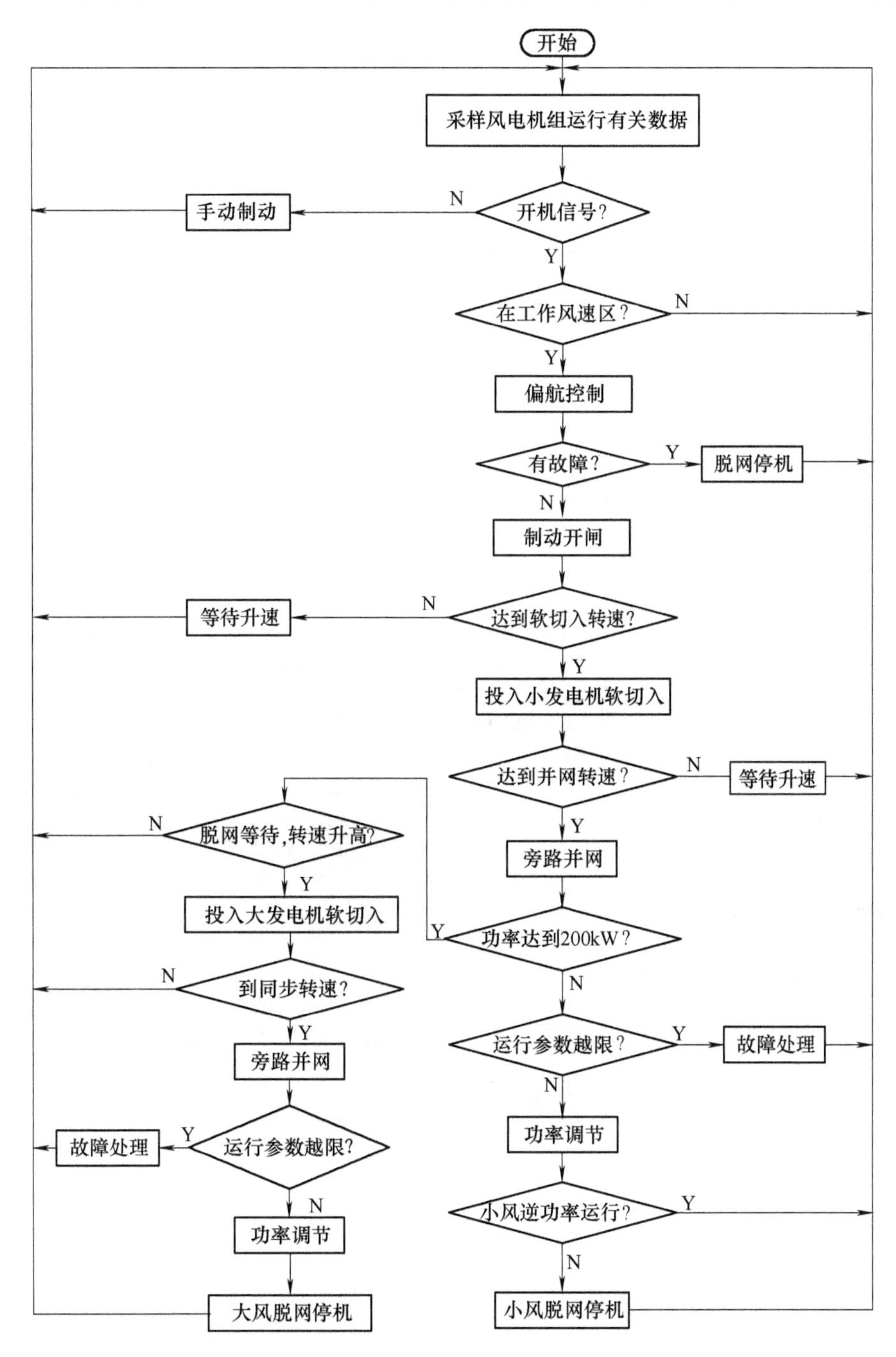

图7-8 定桨距风力发电机组控制系统工作原理流程

4. 典型的定桨距风力发电机组控制系统

图7-9所示为金风S43/600定桨距风力发电机组的控制系统。该控制系统包含正常运行控制、运行状态监测和安全保护三个方面的职能。

（1）主控制柜　主控制柜（如图7-10所示）是风力发电机组的主配电装置，主要完成发电机与电网、各执行机构（如电动机、电磁阀、接触器等）的连接。

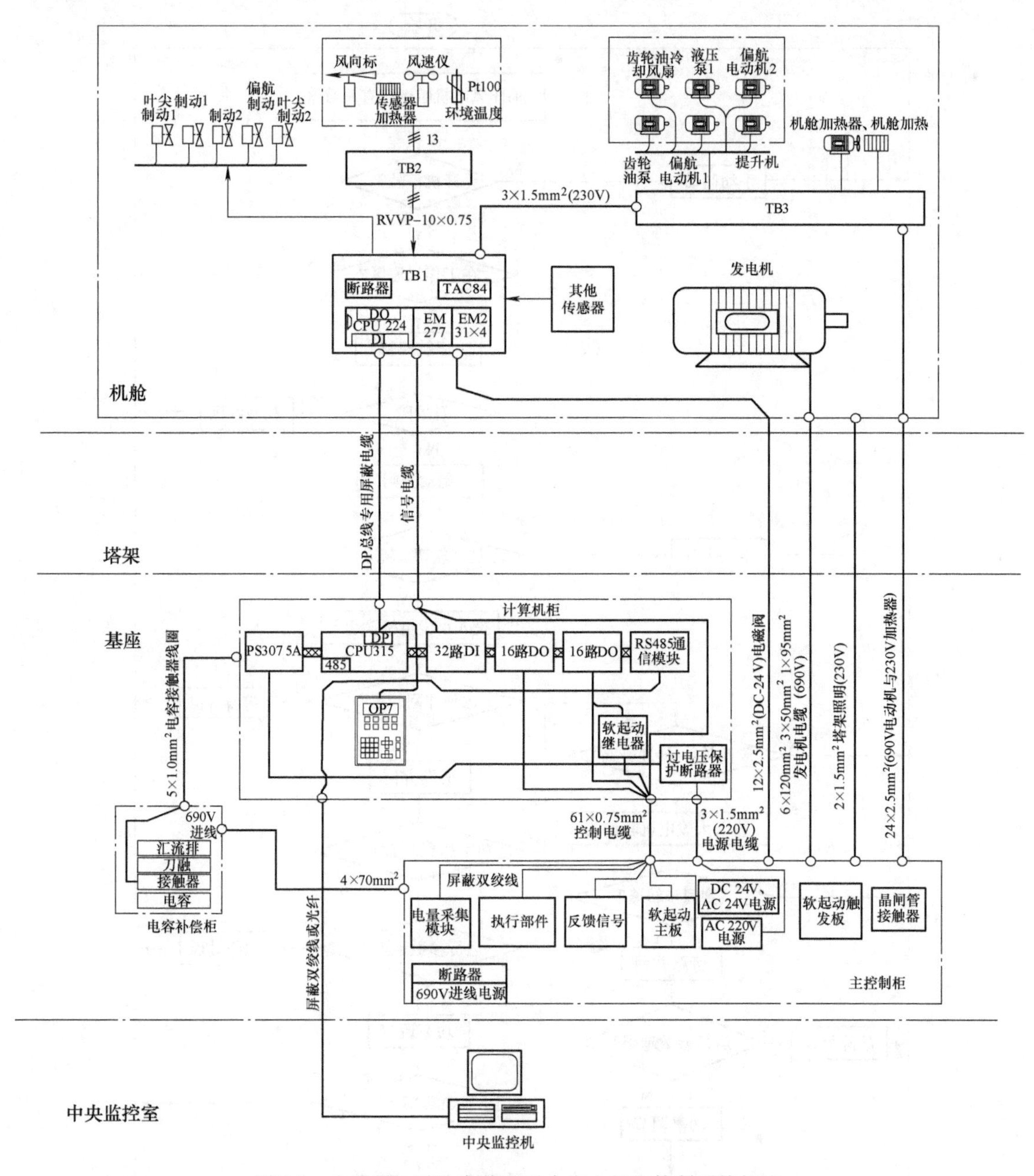

图 7-9　金风 S43/600 定桨距风力发电机组控制系统框图

当主控制器 PLC 发出控制指令时，主控制柜内将发电机、风力发电机组中的各执行机构连接为强电控制回路并提供电源，同时将反馈信号送到主控制器 PLC，对接触器、电动机、供电电源等执行机构运行状态进行监测，适时发出保护指令。此外，主控制柜对意外紧急情况（如超常振动、过度扭缆等）设有安全继电器硬件保护，另外还有防雷击和硬件互锁等安全保护措施。

（2）计算机柜　计算机柜（如图 7-11 所示）主要由主控制器 PLC、中间继电器电路板、软并网控制电路板组成。主控制器 PLC 是风力发电机组电气控制装置的核心，采用模块化

结构，由电源模块、中央处理器（CPU）、开关量输入模块、开关量输出模块及其功能扩展模块、模拟量输入模块及通信处理器组成。

图7-10　主控制柜

图7-11　计算机柜

主控制器PLC主要完成数据的采集、输入和输出信号的处理及逻辑功能判定等功能（如图7-12所示），即：

1）向主控制柜控制的执行机构发出控制指令并适时检测执行机构的反馈信号。

2）与机舱内的TB1控制柜实时传递信息。通过信号的采集、处理和逻辑判断以确保机组的可靠运行。

3）控制电容补偿柜的电容器在发电机并网后进行电容补偿。

主控制器PLC本身满足实时控制及监测要求，记录运行数据与统计数据，通过就地人机交互和与中央监控机进行通信完成监测与控制、运行数据与统计数据的记录、查询。

中间继电器电路板主要对主控制柜的数字量输出信号及其反馈信号进行隔离处理。软并网控制电路板主要控制晶闸管导通角情况来限制发电机起动/并网电流，对发电机的软起动、软并网进行控制。

计算机柜整个系统满足无人值守独立运行、监测及控制要求，运行数据与统计数据可通过就地或中央监控机记录、查询，是风力发电机组控制系统的核心。

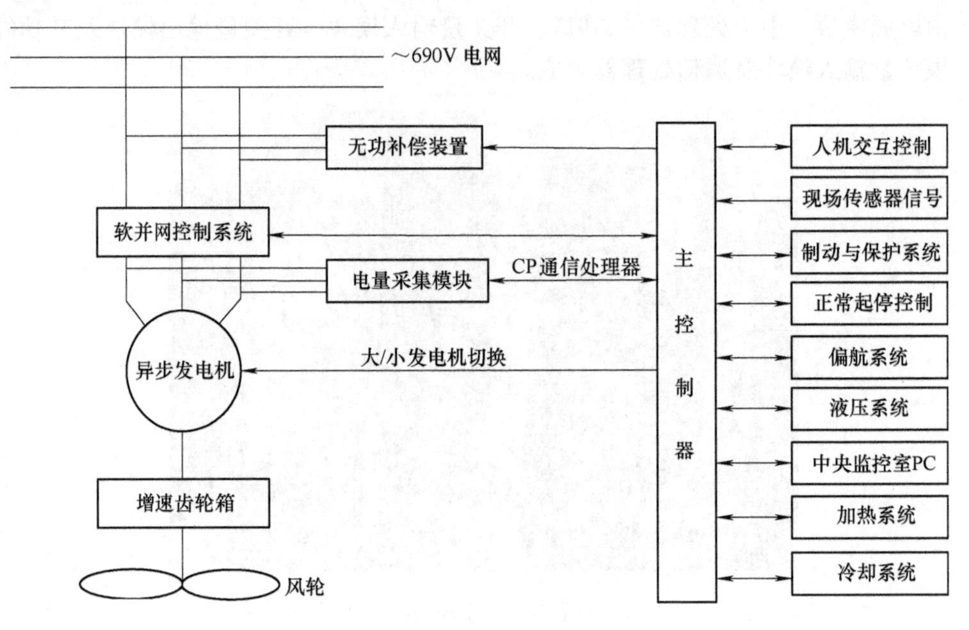

图 7-12　主控制器 PLC 控制功能图

（3）电容补偿柜　由于异步发电机要从电网吸收滞后的无功电流来励磁，使电网的功率因数降低，为保证电网的供电质量和减少线路损耗，在发电机并网后通过并联电容对系统进行无功补偿。

电容补偿柜（如图 7-13 所示）主要由刀开关、熔断器、交流接触器以及无功补偿电容组成。无功补偿电容分四级进行补偿，由 8 个电容器组成（其中 6 个电容器容量为 25kvar、2 个为 12.5kvar），四级容量分别为 87.5kvar、50kvar、25kvar、12.5kvar。并网完成之后，主控制器 PLC 根据发电机所需无功功率控制交流接触器投切电容器进行补偿。

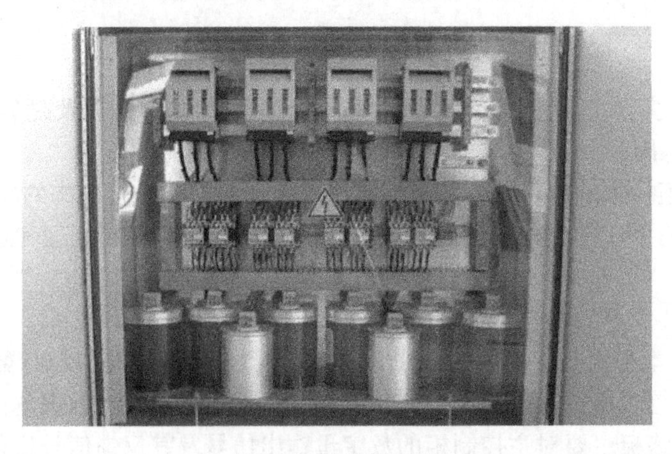

图 7-13　电容补偿柜

（4）顶部控制柜　顶部控制柜（如图 7-14 所示）的主要作用是监测；监测电网的电压、频率，发电机输出电流、功率、功率因数，风速，风向，风轮转速，发电机转速，液压系统状况，偏航系统状况，软起动环节的工作状况，齿轮箱油温，大小发电机绕组温度，发

电机前后轴承温度，控制盘温度，机舱温度，以及环境温度。

图 7-14 顶部控制柜

风电机组用于信号检测的传感器位于机舱内，传感器集中在顶部控制柜，其种类及作用如下：

1）位于液压装置的传感器：液压装置压力低开关、叶尖压力传感器（如：压力开关、风轮过速开关和风轮转速传感器）。

2）位于齿轮箱的传感器：齿轮油压力传感器、齿轮油过滤器、齿轮油位传感器和齿轮箱油温传感器。

3）测量风速、风向的传感器：风速仪、风向标及其加热器。

4）扭缆装置的传感器：测量左偏扭缆信号或右偏扭缆信号的接近开关、扭缆开关。

5）振动检测的传感器：用于检测机舱的振动防护的振动传感器。

6）位于高速轴制动的传感器：测量刹车磨损、高速闸释放1、高速闸释放2。

7）检测发电机的传感器：发电机转速传感器、大/小发电机温度传感器、发电机前/后轴承温度传感器。

8）电量采集：采集三相电压、三相电流、频率、功率因数、有功功率、无功功率。

7.2.2 变桨距风力发电机组的控制系统

随着风力发电机组的单机容量的不断增大，变桨距调速方式和变速恒频不断成熟，变桨距风力发电机组在额定风速下能提高风能捕获效率，获得最佳能量输出，因而占据了风力发电机组的主导地位。

1. 变桨距风力发电机组的特点

变桨距风力发电机组（如图7-15所示）的整个叶片绕叶片中心轴旋转，使叶片节距角在一定范围（一般为0～90°）内变化，以便调节输出功率不超过设计容许值。

（1）节距角的特点　变桨距风力发电机组叶片节距角在控制系统的控制下可随时调整，其特点如下：

1）当风速超过额定风速后，机组可通过调整叶片节距角，保证其转速不变，输出额定功率，大大提高了机组利用率。

2）在机组脱网时，通过调整节距角，可使机组输出功率最小，消除振动损害，提高机组寿命。

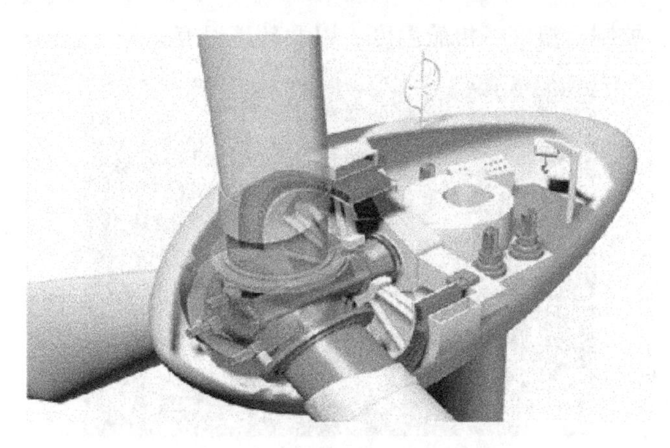

图 7-15　变桨距风力发电机组

3）在进行制动时，由于其可先进行叶片变桨距气动制动，再进行机械制动，这样减小了机械制动力矩，降低了机械制动对机组部件的损害，提高了机组的寿命。

（2）输出功率特性　变桨距风力发电机组与定桨距风力发电机组相比，具有在额定功率点以上输出功率平稳的特点。变桨距风力发电机组的功率调节不完全依靠叶片的气动性能，当功率在额定功率以下时，控制器将叶片节距角置于0°附近不作变化，发电机的功率根据叶片的气动性能随风速的变化而变化。当功率越过额定功率时，变桨距机构开始工作，调整叶片节距角，将发电机的输出功率限制在额定值附近。除了对叶片节距角进行控制以外，还通过控制发电机转子电流来控制发电机转差率，使发电机转速在一定范围内能够快速响应风速的变化，以吸收瞬变的风能，使输出的功率曲线更加平稳。

（3）在额定功率点具有较高的风能利用率　变桨距风力发电机组与定桨距风力发电机组相比，在相同的额定功率点，额定风速比定桨距风力发电机组要低。对于定桨距风力发电机组，一般在低风速段的风能利用率较高；当风速接近额定功率点，风能利用率开始大幅下降。对于变桨距风力发电机组，由于叶片节距角可以控制，无需担心风速超过额定功率点后的功率控制问题，可以使得额定功率点仍然具有较高的风能利用系数。

（4）确保高风速段的额定功率　由于变桨距风力发电机组的叶片节距角是根据发电机输出功率的反馈信号来控制的，气流密度变化、温度变化或海拔变化引起空气密度的变化，变桨距系统都能通过调节节距角，使之获得额定功率输出。这相比于功率输出完全依靠叶片气动性能的定桨距风力发电机组来说，具有明显的优越性。

（5）起动性能和制动性能　变桨距风力发电机组在低风速时，叶片节距角可以调整到合适的角度，使风轮具有最大的起动力矩，从而使变桨距风力发电机组比定桨距风力发电机组更容易起动。在变桨距风力发电机组中一般不再设计电动机起动程序。

当风力发电机组需要脱离电网时，变桨距系统可以先转动叶片使之减小功率，在发电机与电网断开之前，功率减小至0，这意味着当发电机与电网脱开时，没有转矩作用于风力发电机组，避免了在定桨距风力发电机组每次脱网时所要经历的突甩负载的过程。

（6）变桨距系统　变桨距系统能够起到主动调节（保持额定功率）和优化（在小于额定风速时优化功率）的作用。在特殊规定或季节性噪声限制时，它能够确保更好的容量系数（实际发电量/满发时发电量）。同时无论安装地点的空气密度多少，变桨距系统都能使

叶片角度调到最佳值，从而达到额定功率，即变桨距风力发电机组对温度和海拔的变化所引起空气密度的变化并不敏感。变桨距调节过程可以分为三个阶段：

第一阶段为开机阶段，当风电机组达到运行条件时将节距角调到45°，当转速达到一定时，再调节到0°，直到机组达到额定转速并网发电。

第二阶段为节距角保持阶段，即当输出功率小于额定功率时，使节距角保持在0°位置不变。

第三阶段为输出功率保持阶段，当发电机输出功率达到额定后，调节变桨距系统投入运行，当输出功率变化时，及时调节节距角的大小，使发电机的输出功率基本保持不变。

变桨距风力发电机组的主要优点是：叶片受力较小，叶片可以做得比较轻巧。由于节距角可以随风速的大小进行自动调节，又可以在高风速时段保持输出功率平稳，在风速超过切出风速时通过顺桨，防止对风力发电机组的损坏。其缺点是结构比较复杂，故障率相对较高。

2. 运行状态

控制系统根据变桨距系统工作过程可分为三种运行状态，即起动状态（转速控制）、欠功率状态（不控制）和额定功率状态（功率控制）。

（1）起动状态　变桨距风轮的叶片在静止时，节距角为90°，此时气流对叶片不产生转矩。当风速达到起动风速时，叶片向0°方向转动，直到气流对叶片产生一定的攻角，风轮开始起动。在发电机并入电网以前，转速控制器按一定的速度上升斜率给出速度参考值，变桨距系统根据给定的速度参考值，调整节距角，进行速度控制，寻找最佳时机并网。

（2）欠功率状态　欠功率状态是指发电机并入电网后，由于风速低于额定风速，发电机在额定功率以下的低功率状态运行，与转速控制具有相同的道理。这时的变桨距风力发电机组和定桨距风力发电机组相同，其功率输出完全取决于叶片的气动性能。

（3）额定功率状态　当风速达到或超过额定风速后，风力发电机组进入额定功率状态，从转速控制切换至功率控制。功率反馈信号与给定值进行比较，当功率超过额定功率时，叶片节距角就向迎风面积减小的方向转动一个角度，反之则向迎风面积增大的方向转动一个角度。该阶段主要通过变桨距系统改变节距角，降低风能利用率实现。通过改变节距角，能保证机组输出的转速不变，即输出功率恒定。

3. 变桨距控制系统

变桨距调节是沿叶片的纵轴旋转叶片（如图7-16所示），控制风轮的能量吸收，保持一定的输出功率。

在变距力矩的计算中，由离心力引起的变距力矩对叶片影响最大。由图7-16可以看出，在叶片工作过程中P_1点和P_2点与叶片叶轴和风轮旋转轴之间的相互位置关系，以及在叶片绕旋转轴转动的过程中，风轮旋转轴两侧均会产生使叶片节距角朝着工作位置变化（又称为满桨）的离心力。

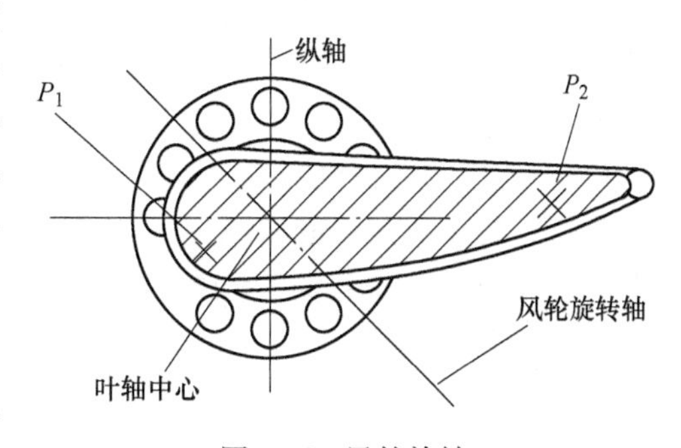

图7-16　风轮旋转

图7-17所示为变桨距风力发电机组的原理图，图7-18所示为机组不同节距角的叶片截面。变桨距控制的优点是机组起动性能好，输出功率稳定，

停机安全等；其缺点是增加了变桨距装置，控制复杂。

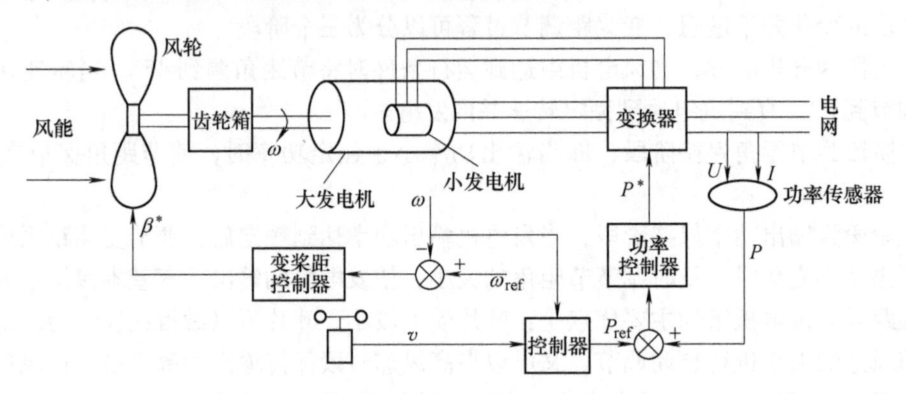

图 7-17　变桨距风力发电机组原理图

风力发电机组的变桨距控制系统，通常采用典型的 PID 转速、功率和节距角三模态控制。速度控制和直接节距角控制常用于风力发电机组的起动、停止和紧急事故处理。因而，变桨距风力发电机组的起动风速较定桨距风力发电机组低，但对功率的贡献没有意义；停机时对传动机械的冲击应力相对缓和。

4. 功率控制

功率调节速度取决于机组节距角调节机构的灵敏度，节距角调节机构对风速的反应有一定的时延，在阵风出现时节距角调节机构来不及动作而造成机组的瞬时过载，不利于机组的运行。

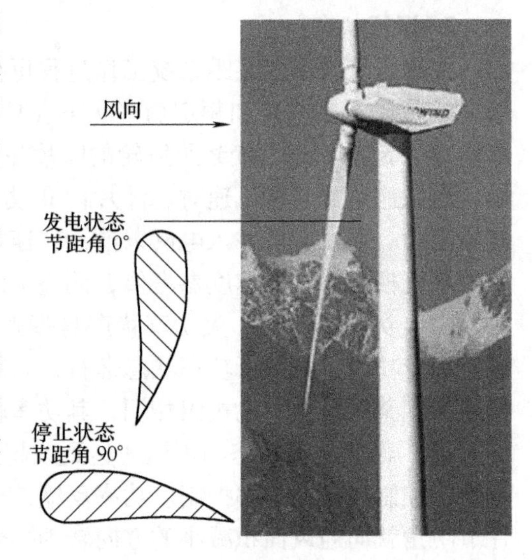

图 7-18　不同节距角的叶片截面

为了减小变桨距调节方式对电网的不良影响，采用功率辅助调节方式——RCC（Rotor Current Control）方式来配合变桨距机构，共同完成发电机输出功率的调节。RCC 控制单元应用于风速变化较快的情况，当风速突然发生变化时，RCC 控制单元调节发电机的滑差，使发电机的转速可在一定范围内变化，同时保持转子电流不变，吸收由于瞬变风速引起的功率波动，从而保持发电机的输出功率不变。

（1）功率控制系统　功率控制系统如图 7-19 所示，由两个控制环节组成。外环通过测量转速产生功率参考曲线。内环是一个功率伺服环，通过转子电流控制器（RCC）对发电机转差率进行控制，使发电机功率跟踪功率给定值。若功率低于额定功率值，控制环将通过改变转差率，进而改变叶片节距角，使风轮获得最大功率。

（2）转子电流控制器原理　转子电流控制器由快速数字式 PID 控制器和一个等效变阻器构成（如图 7-20 所示），该控制器根据给定的电流值，通过改变转子电路的电阻来改变发电机的转差率。在额定功率时，发电机的转差率能够从 1% 到 10%（1515r/min 到1650r/min）变化，相应的转子平均电阻从 0 到 100% 变化。当功率变化即转子电流变化时，PID 调节器迅速调整转子电阻，使转子电流跟踪给定值，如果从主控制器传出的电流给定值是恒定的，

它将保持转子电流恒定，从而使功率输出保持不变。

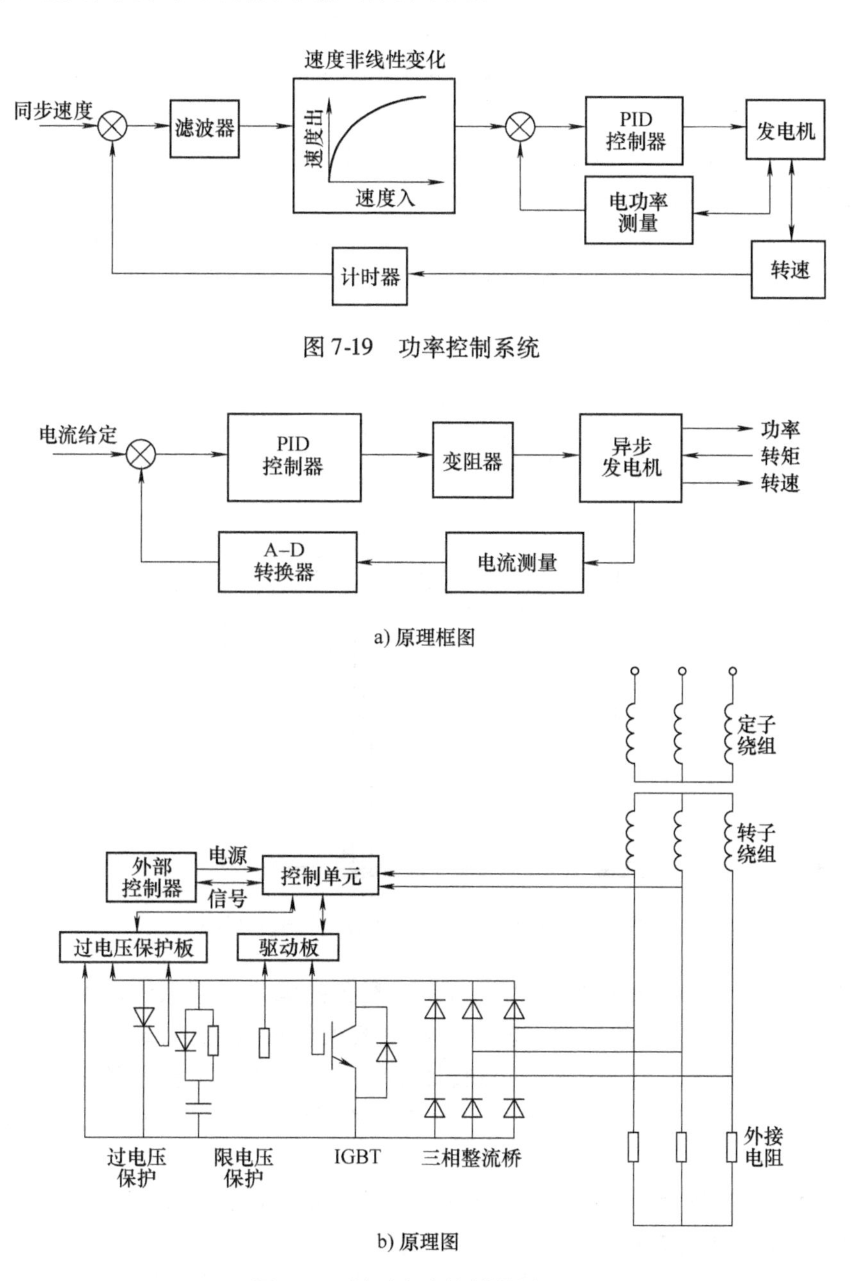

图 7-19　功率控制系统

a) 原理框图

b) 原理图

图 7-20　转子电流控制器原理图

从电磁转矩的关系式来说明转子电阻与发电机转差率的关系。发电机的电磁转矩为

$$T_e = \frac{m_1 p U_1^2 R_2'/s}{\omega_1 [(R_1 + R_2'/s)^2 + (X_1 + X_2')^2]} \tag{7-1}$$

式中，p 是发电机极对数；m_1 是发电机定子相数；ω_1 是定子角频率，即电网角频率；U_1 是定子额定相电压；s 是转差率；R_1 是定子绕组的电阻；X_1 是定子绕组的漏抗；R_2'是折算到定子侧的转子每相电阻；X_2'是折算到定子侧的转子每相漏抗。

式（7-1）中只要R_2'/s不变，电磁转矩T_e就可以不变，发电机的功率可保持不变。当风速变大时，风轮及发电机上的转速上升，即发电机的转差率s增大，改变发电机的转子电阻即可保持输出功率不变。RCC控制单元有效地减少了变桨距机构的动作频率及动作幅度，使得发电机的输出功率保持平衡，实现了变桨距风力发电机组在额定风速以上的额定功率输出，有效地减少了风力发电机组因风速的变化而造成的对电网的不良影响。

5. 典型变桨距风力发电机组控制系统

（1）变桨距风力发电机组结构　金风77/1500风力发电机组（如图7-21所示）采用水平轴、三叶片、上风向、变桨距调节、直接驱动、永磁同步发电机并网的总体设计方案。轮毂高度：65m或85m；风轮直径：77m；额定功率：1500kW。

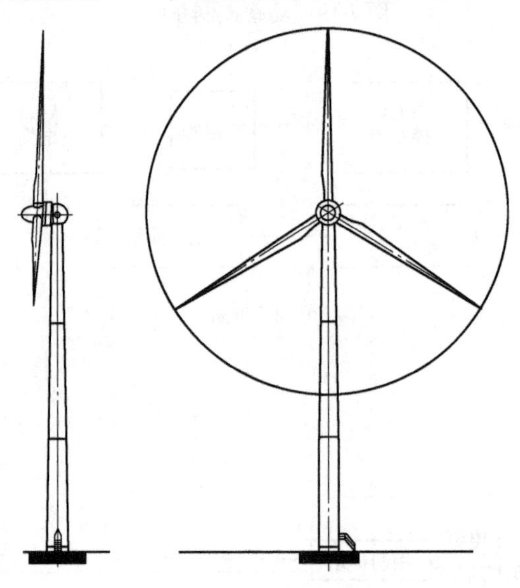

图7-21　金风77/1500风力发电机组外形图

（2）控制系统　金风77/1500风力发电机组配备的电气控制系统以可编程序控制器为核心，控制电路由PLC中心控制器及其功能扩展模块组成（图7-22所示为控制系统原理图），主要实现风力发电机组正常运行控制、机组的安全保护、故障检测及处理、运行参数的设定、数据记录显示以及人工操作，配备有多种通信接口，能够实现就地通信和远程通信。

1）低压电器柜：风力发电机组的主配电系统，连接发电机与电网，为风机中的各执行机构提供电源，同时也是各执行机构的强电控制回路。

2）电容柜：为了提高变流器整流效率，在发电机与整流器之间设计有电容补偿回路，提高发电机的功率因数。为了保证电网的供电质量，在逆变器与电网之间设计有电容滤波回路。

3）控制柜：控制柜是机组可靠运行的核心，主要完成数据采集及输入、输出信号处理；逻辑功能判定；对外围执行机构发出控制指令；与机舱控制柜、变桨柜通信，接收机舱和轮毂内变桨系统信号；与中央监控机通信、传递信息。

4）变流柜：变流系统主电路（如图7-23所示）采用交-直-交结构，将发电机输出的非工频交流电通过变流柜变换成工频交流电并入电网。

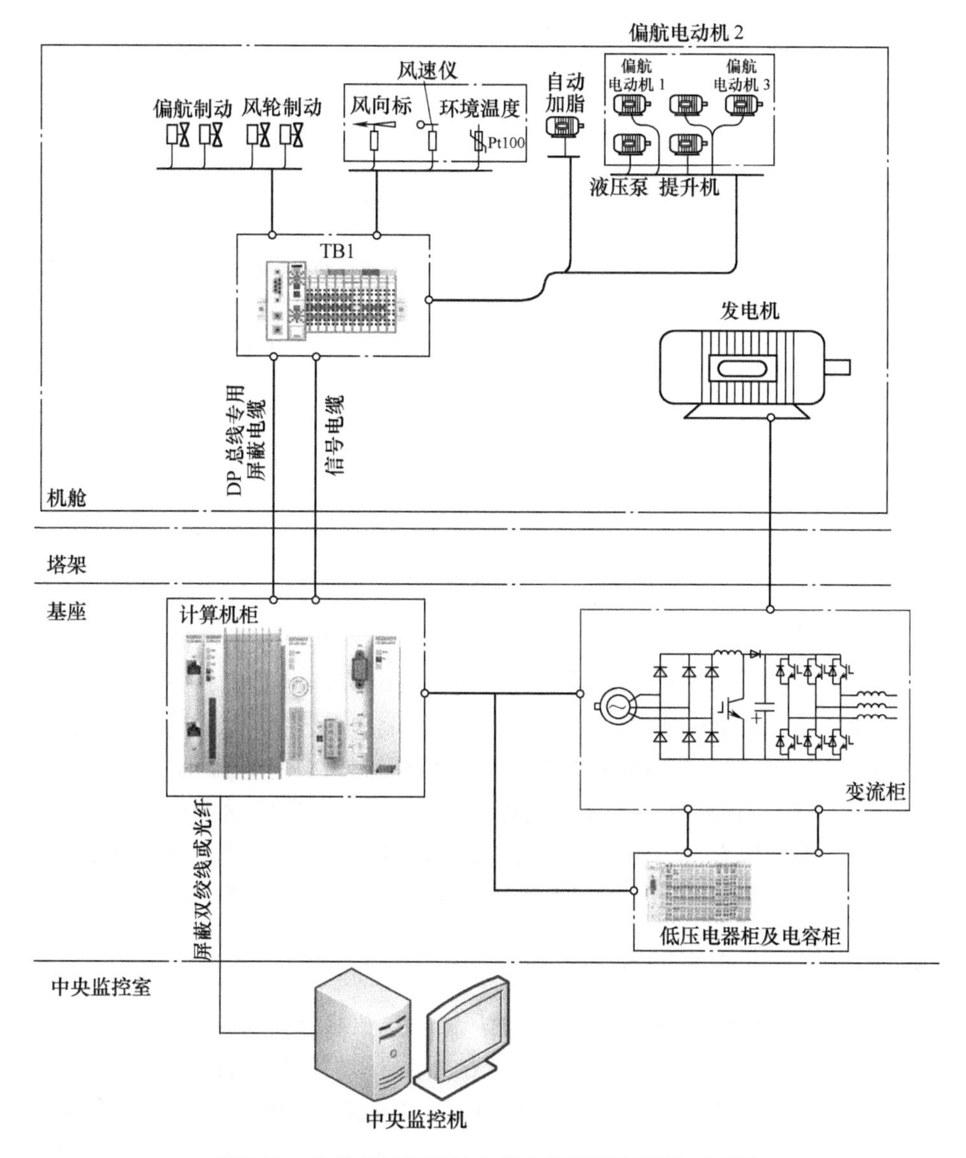

图 7-22 金风 77/1500 风力发电机组控制系统原理图

变流装置通过六相不可控整流，有效减少或抑制了发电机侧的谐波转矩脉动，同时对发电机绕组电压变化率几乎没有影响。从图 7-23 可看出，变流装置主回路采用多重化并联技术，提高了系统容量，减少了输出电流谐波。中间斩波升压是三重斩波升压，起到了稳压和升压作用，适应风机的最大风能捕获策略，即把变动的发电机输出电压，与整流回路一起最终稳定在电压设定值附近，使电压稳定在逆变环节所需的直流电压上。逆变部分采用两重逆变策略，通过采用先进的 PWM 脉宽调制技术，有效减少了输出谐波，提高了系统容量。

5）机舱控制柜：采集机舱内的各个传感器、限位开关的信号；采集并处理风轮转速、发电机转速、风速、温度和振动等信号。

6）变桨柜：实现风力发电机组的变桨距控制，在额定功率以上通过控制叶片节距角使输出功率保持在额定状态。在停机时，调整叶片角度，使风力发电机组处于安全转速下。

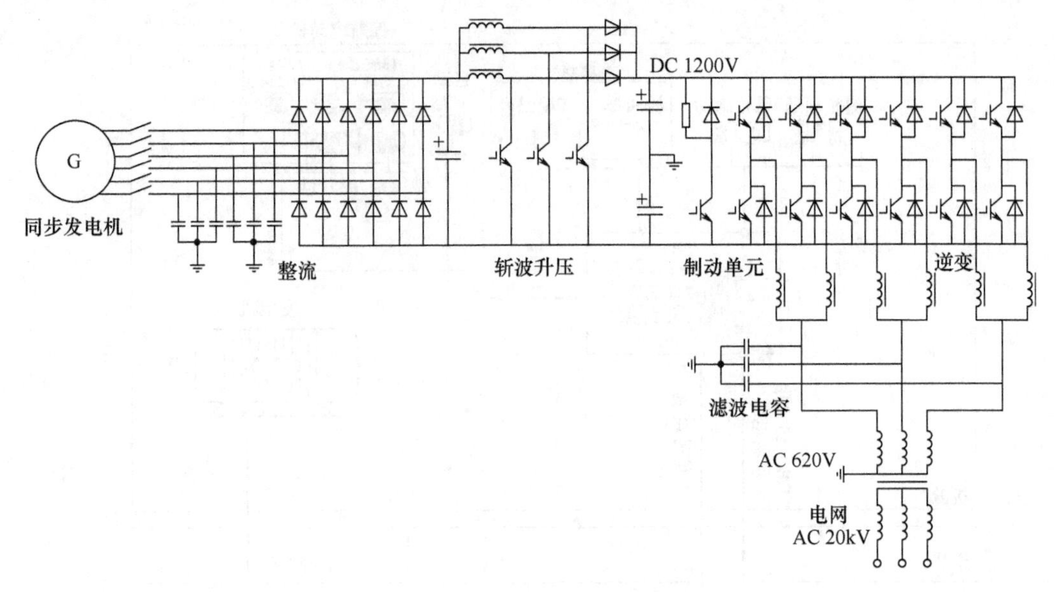

图 7-23　变流系统主电路图

7）监测系统：主要监测电网的电压、频率，发电机输出电流、功率、功率因数，风速，风向，风轮转速，发电机转速，液压系统状况，偏航系统状况，风力发电机组关键设备的温度及户外温度等，控制器根据传感器提供的信号控制风力发电机组的可靠运行。

8）安全保护系统：计算机系统（控制器），独立于控制器的紧急停机链和个体硬件保护措施。微机保护涉及风力发电机组整机及零部件的各个方面，紧急停机链保护用于整机严重故障及人为需要时，个体硬件保护则主要用于发电机和各电气负载的保护。

7.2.3　变速风力发电机组的控制系统

近几年，随着电力电子技术的发展，变速风力发电机组已逐渐成为大型风力发电机组的主流机型。与恒速风力发电机组相比，变速风力发电机组的优越性在于：低风速时它能够根据风速变化，在运行中保持最佳叶尖速比以获得最大风能；高风速时利用风轮转速的变化，储存或释放部分能量，提高传动系统的柔性，使功率输出更加平稳（其功率曲线如图 7-24 所示）。因而在更大容量上，变速风力发电机组有可能取代恒速风力发电机组而成为风力发电的主力机型。

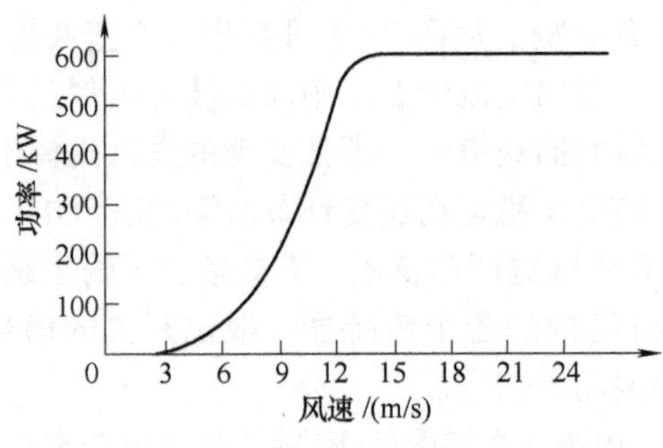

图 7-24　功率曲线

1. 基本特性

风力发电机组的特性通常由一簇风能利用率 C_p 的曲线来表示，如图 7-25 所示。

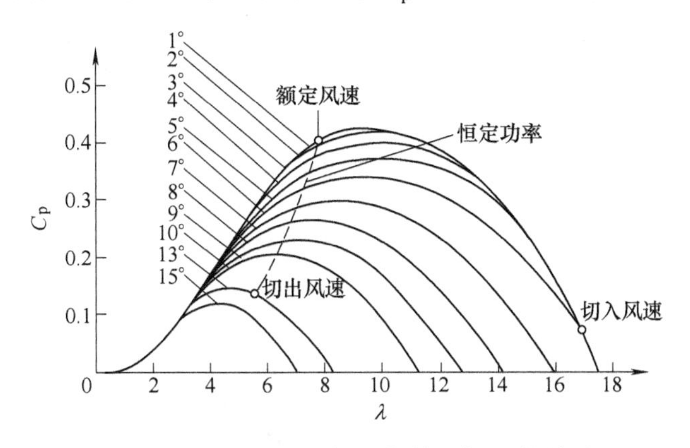

图 7-25 叶尖速比 λ 与风能利用率 C_p 的关系

从图 7-25 可以看到 $C_p(\lambda)$ 曲线对叶片节距角的变化规律；当叶片节距角逐渐增大时 $C_p(\lambda)$ 曲线将显著地缩小。如果保持节距角不变，用一条曲线就能描述出 C_p 作为 λ 的函数的性能和表示从风能中获取的最大功率。图 7-26 是一条典型的 $C_p(\lambda)$ 曲线。

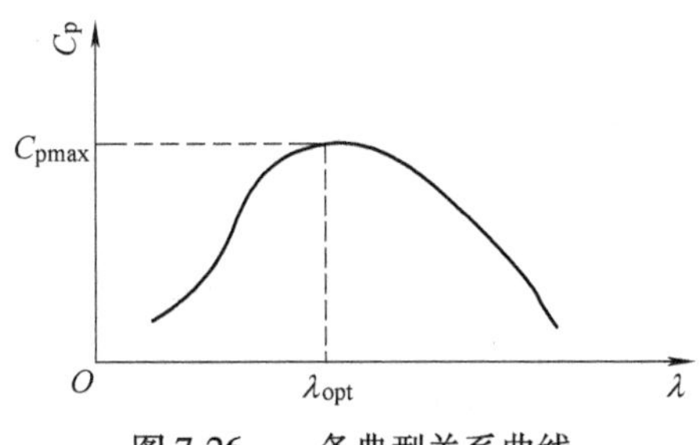

图 7-26 一条典型关系曲线

对于恒速风力发电机组，发电机转速保持在同步转速以上很小的范围内，但风速的变化范围可以很宽。按式（7-2）叶尖速比可以在很宽范围内变化，因此很少运行在 C_{pmax} 点。

$$\lambda = \frac{2\pi Rn}{v} = \frac{\omega R}{v} \tag{7-2}$$

式中，n 是风轮的转速，单位为 r/s；ω 是风轮的角频率，单位为 rad/s；R 是风轮半径，单位为 m。

风力发电机组从风中捕获的机械功率为

$$P_m = \frac{1}{2}\rho S v^3 C_p \tag{7-3}$$

其中：ρ 是空气密度，单位为 kg/m^3；v 是上游风速，单位为 m/s；S 是风轮的扫掠面积，单位为 m^2。

由式（7-3）可见，在风速给定的情况下，风轮获得的功率将取决于风能利用系数。如果在任何风速下，机组都能在 C_{pmax} 点运行，便可增加其输出功率。根据图 7-26，在任何风速下，只要使得风轮的叶尖速比 $\lambda = \lambda_{opt}$，就可维持机组在 C_{pmax} 下运行。因此，风速变化时，只要调节风轮转速，使其叶尖速度与风速之比保持不变，就可获得最佳的风能利用系数，这就是变速风力发电机组进行转速控制的基本特性。

2. 运行过程

在变速风力发电机组中，发电机通过电子功率器件与电网相连，故转子可工作在任意转速下。变速变桨距风力发电机组的运行过程根据不同的风况可分三个不同阶段：

1）起动阶段：发电机转速从静止上升到切入速度。对于目前大多数风力发电机组来说，只要作用在风轮上的风速达到起动风速，机组的起动便可实现。在切入速度以下，发电机并没有工作，机组在风力作用下作机械转动，并不涉及发电机变速的控制。

2）切入电网阶段：风力发电机组在额定风速以下的区域，切入电网运行，风力发电机组开始获得能量并转换成电能。

这一阶段风力发电机组叶片所捕捉的风能还未达到额定值，即风电系统工作在部分负荷的状态，所以不需对节距角进行调节，只需将其置于最佳位置上即可。此时控制系统的作用是使机组运行在最大风能利用率 C_{pmax} 处，切入电网阶段充分体现了变速风电系统较之恒速风电系统高效率的优点（如图 7-27 所示）。

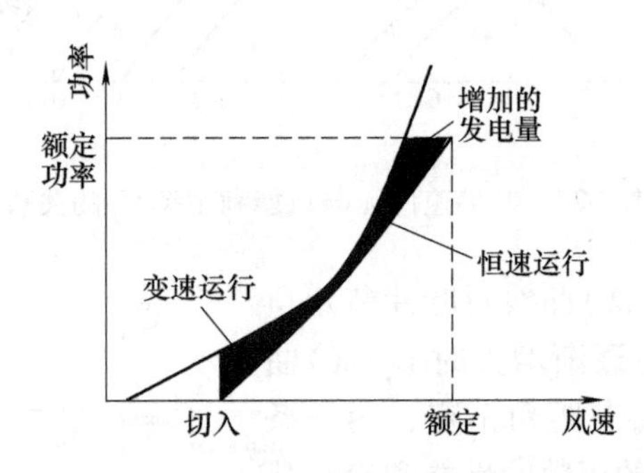

图 7-27　额定风速下变速风电系统与恒速风电系统发电量的比较

3）功率恒定阶段。根据风速的变化，风轮可在限定的任何转速下运行，以便最大限度地获取能量，由于输出功率是风速三次方的函数，所以输出功率也是无限的。但实际上，风力发电机组受到两个基本限制：①功率限制，所有电路及电力电子器件受功率限制；②转速限制，所有旋转部件的机械强度受转速限制。

功率恒定阶段的恒功率控制主要是通过变桨距系统改变节距角，降低风能利用率实现的。通过改变节距角，能保证机组输出的转速不变，即输出功率恒定。

3. 控制系统

（1）控制系统构成　变速变桨距风力发电机组系统构成如图 7-28 所示，其控制系统主要由三部分组成：主控制器、变桨距调节器和功率控制器（转矩控制器）。

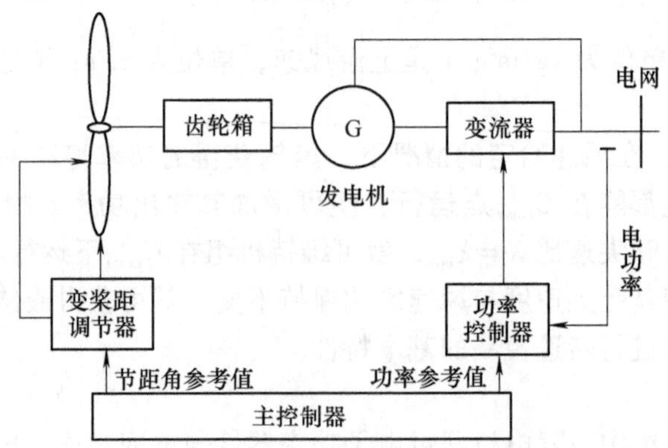

图 7-28　变速变桨距风力发电机组控制系统构成

1）主控制器主要完成机组运行逻辑控制，如偏航、对风、解缆等，并在桨距调节器和功率控制器之间进行协调控制。

2）变桨距调节器主要完成叶片节距角调节，控制叶片节距角，在额定风速之下，提高风能捕获效率；在额定风速之上，限制功率输出。

3）功率控制器主要完成变速恒频控制，保证上网电能质量，与电网同压、同频、同相输出；在额定风速之下，在最大升力节距角位置，调节发电机、风轮转速，保持最佳叶尖速比运行，达到最大风能捕获效率；在额定风速之上，配合变桨距机构，最大恒功率输出。小范围内的功率波动由功率控制器驱动变流器抑制，大范围内的超功率由变桨距系统控制。

（2）并网系统　变速风力发电机组的基本构成如图7-29所示。

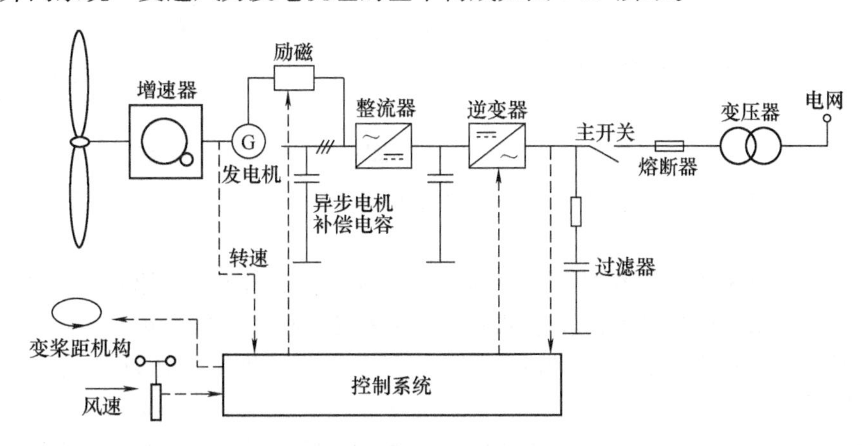

图7-29　变速风力发电机组的基本结构

为了达到变速控制的要求，变速风力发电机组通常包含变速发电机（双馈异步发电机）、整流器、逆变器和变桨距机构。在低于额定风速时，通过整流器及逆变器来控制双馈异步发电机的电磁转矩，实现对风力发电机组的转速控制；在高于额定风速时，考虑传动系统对变化负荷的承受能力，一般采用节距角调节的方法将多余的能量除去。这时，机组有两个控制环同时工作，内部的发电机转速（电磁转矩）控制环和外部叶片节距控制环。

双馈异步发电机在结构上与绕线转子异步电动机相似，即定子、转子均为三相对称，转子绕组电流由集电环引入，其电气原理如图7-30所示，发电机的定子通过接触器投入电网，转子通过四象限交-直-交变换器与电网连接。其实质是通过调节转子电流的频率、相位及功率来调节定子侧输出功率使之与风轮输出功率相匹配，使风力发电机组运行在最大功率点附近。

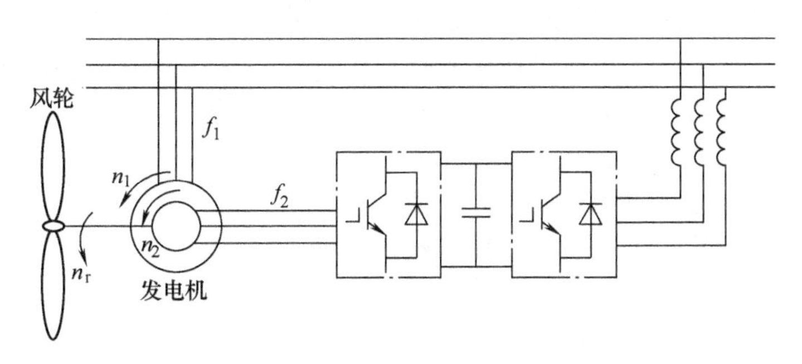

图7-30　双馈异步发电机电气原理

交-直-交变换器可明显改善双馈异步发电机输出电能质量。各部分作用如下：

1）直流母线侧电容对能量的双向流动起缓冲作用，使网侧和转子侧变换器控制相互独立。

2）网侧（靠近电网处）PWM 变换器的作用是保持直流母线电压的稳定和控制输入功率因数。

3）转子侧（靠近发电机转子处）PWM 变换器采用定子磁链定向矢量控制，可实现基于风力发电机组最大风能追踪的发电机有功与无功的解耦控制。

变速风力发电系统的优点是非常突出的：①风力发电机组可以最大限度地捕获风能，因而发电量较恒速恒频风力发电机组大；②具有较宽的转速运行范围，以适应因风速变化引起的风力机转速的变化；③采用一定的控制策略可以灵活调节系统的有功、无功功率；④可抑制谐波，减少损耗，提高效率。缺点是由于增加了交-直-交变换装置，大大增加了设备费用。

（3）控制过程　根据变速风力发电机组在不同区域的运行，将基本控制方式确定为：低于额定风速时跟踪 C_{pmax} 曲线，以获得最大能量；高于额定风速时跟踪 P_{max} 曲线，并保持输出稳定。

变速风力发电机组的运行根据不同的风况可分为三个不同阶段，第一阶段为起动阶段，不涉及变速控制。第二阶段是风力发电机组运行在额定风速以下的区域，这一阶段决定了变速风力发电机组的运行方式，将该阶段分成两个运行区域：即变速运行区域（C_p 恒定区）和恒速运行区域（转速恒定区）。

1）C_p 恒定区。在 C_p 恒定区，风力发电机组受到给定的功率-转速曲线控制。最佳功率 P_{opt} 的给定参考值随转速变化，由转速反馈算出。P_{opt} 以计算值为依据，连续控制发电机输出功率，使其跟踪 P_{opt} 曲线变化。

2）转速恒定区。如果保持 C_{pmax}（或最佳叶尖速比 λ_{opt}）恒定，即使没有达到额定功率，发电机最终也将达到其转速极限。此后机组进入转速恒定区。在这个区域，随着风速增大，发电机转速保持恒定，功率在达到极值之前一直增大。控制系统按转速控制方式工作（图 7-31 所示为发电机在转速恒定区的控制图）。

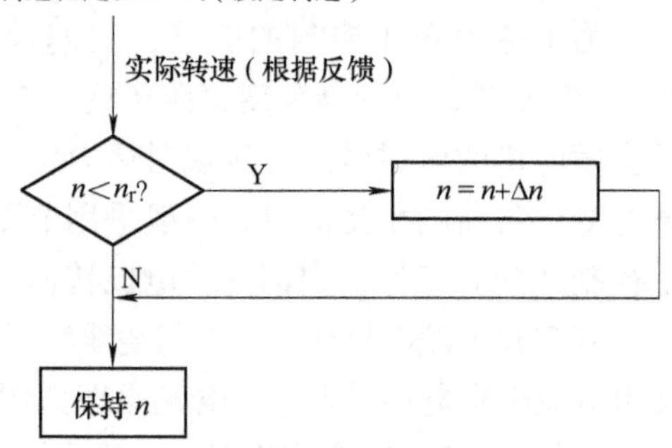

图 7-31　发电机在转速恒定区的控制图

第三阶段的功率恒定区是变速风力发电机组在更高的风速下，转子速度和输出功率维持在限定值以下，在此阶段随着风速增大，发电机转速降低，使 C_p 值迅速降低，从而保持功率不变。

如图 7-32 所示，在此阶段以恒定速度降低转速，限制动能向电能的能量转换。在高于额定风速的条件下，加入变桨距调节，提高传动系统的柔性及输出的稳定性。在低于额定风速的条件下，改变叶片节距角会迅速降低功率系数 C_p 值，

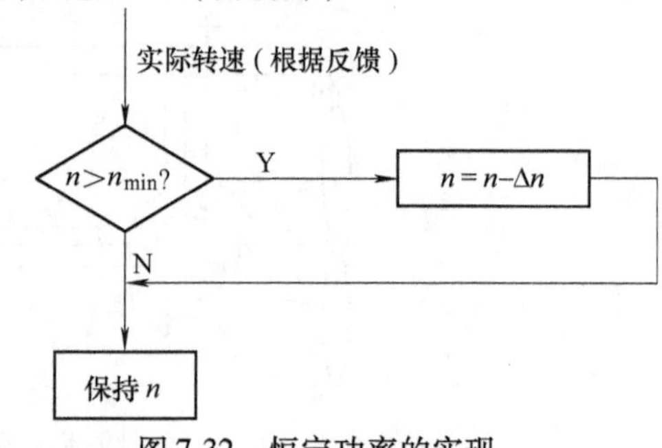

图 7-32　恒定功率的实现

与控制目标相违背，因此在低于额定风速的条件下加入变桨距调节不合适。

7.3 风电场的监控和通信系统

目前风电场所采用的风电机组以大型并网型机组为主，机组的控制系统用来采集自然参数、机组自身数据及状态，通过计算、分析、判断，进而控制机组的起动、停机、调向和制动等一系列控制和保护动作，能使单台风力发电机组实现全部自动控制，无需人为干预。为了实现上述功能，下位机控制系统应能将机组的数据、状态和故障情况等上报给中央控制室的上位机，同时上位机应能向下位机传达控制指令，由下位机的控制系统执行相应的动作，从而实现远程监控功能。

根据风电场运行的实际情况，上、下位机通信有如下特点：

① 一台上位机能监控多台风电机组的运行，属于一对多通信方式。

② 下位机应能独立运行，并能对上位机通信。

③ 上、下位机之间的安装距离较远，超过500m；下位机之间的安装距离也较远，超过100m。

④ 上、下位机之间的通信软件必须协调一致。

为了适应远距离通信的需要，目前国内风电场引进的监控系统主要采用如下两种通信方式：

1）异步串行通信。采用RS-422或RS-485通信接口，由于所用传输线较少，所以成本较低，很适合风电场监控系统采用。同时此通信方式的通信协议比较简单，所以成为较远距离通信的首选方式。

2）调制解调器（MODEM）方式通信。这种通信方式是将数字信号调制成一种模拟信号，通过介质传输到远方，在远方再用解调器将信号恢复，取出信息进行处理，此种传输方式的传输距离不受限制，可以将某地的信息与世界各地交换，且抗干扰能力较强，可靠性高，虽相对来说成本较高，但在风电机组通信中也有较多的应用。

① 上位机通信。在工业现场控制应用中，通常采用工控PC作为上位计算机，通过串行口与下位机通信，构成集散式监控系统。

② 下位机通信。对于每台风力发电机组来说，即使没有上位机的参与，也能安全正确地工作。所以相对于整个监控系统来说，下位机控制系统是一个子系统，具有在各种异常工况下单独处理风电机组故障，保证风电机组安全稳定运行的能力。

7.3.1 风电场的监控系统

风电场监控系统分中央监控系统和远程监控系统（如图7-33所示），系统主要由监控计算机、数据传输介质、信号转换模块、监控软件等组成。

1. 中央监控系统

中央监控系统一般运行在位于中央控制室的一台通用PC或工控机上，通过与分散在风电场上的每台风电机组就地控制系统进行通信，实现对全场风电机组的集群监控。中央监控系统一般采用双闭环的网络结构，每个闭环网络支持20台到50台的风电机组。可根据现场安装环境，配置多个闭环网络。每个闭环网络也需要配置一台工业交换机，其型号和每台风电机组配置的工业交换机相同。中央监控系统的功能是对风力发电机进行实时监测、远程控制、故障报警、数据记录、数据报表、曲线生成等。

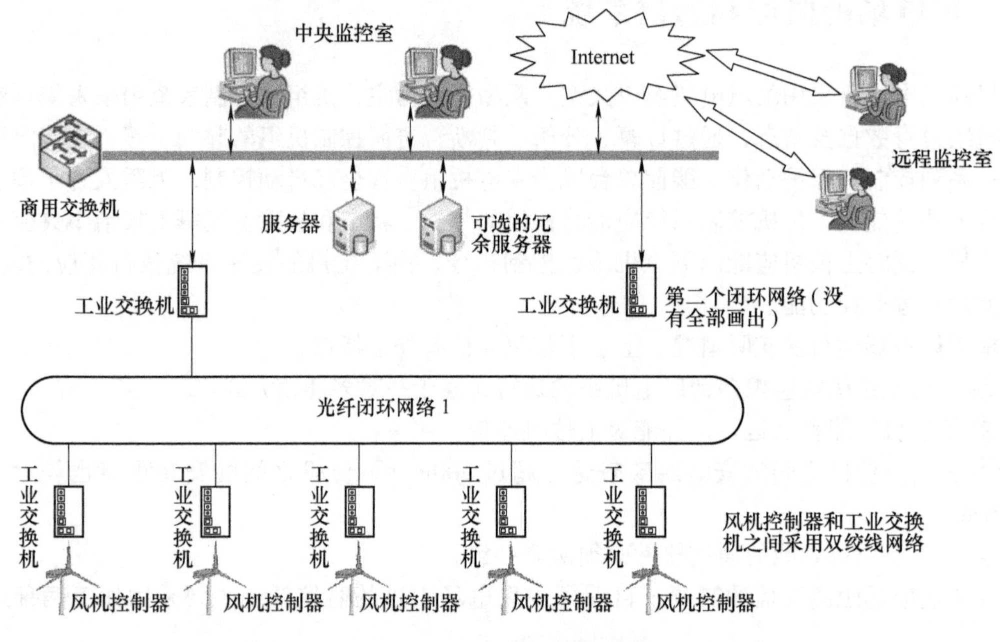

图 7-33　风电场的监控系统

（1）监控软件　对于风电场监控系统，首先要显示风电场整体及机组安装的具体位置，而后要了解各台机组之间的连接关系及每台风电机组的运行情况。因此，风电场的监控软件应具有如下功能：

1）友好的控制界面。应当使操作简单，尽可能为风电场的管理提供方便。

2）能够将各台机组的运行数据调入上位机，在显示器上显示出来。

3）显示各风电机组的运行状态，如开机、停车、调向、手/自动控制以及大/小发电机工作等情况。

4）能够及时显示各机组运行过程中发生的故障。

5）能够对风电机组实现集中控制。

6）具有运行数据的打印和故障自动记录的功能，以便随时查看风电场运行状况的历史记录情况。

7）具有机组运行数据自动存储与维护，自动生成报表，支持数据查询，数据导出等功能。

8）具有在线修改参数，远程维护功能。

（2）通信方式

1）4～20mA 电流环。以电流环方式通信的连接如图 7-34 所示，发送与接收信号各走一条回路，稳定性强，但接线复杂，不利于维护。此方式适用于各种风机场所，整套通信费用适中，但后期维护或更换元件有所不便。

2）RS-485。数据信号采用差分传输方式，也称作平衡传输，使用一对双绞线，一线定义为 A，另一线定义为 B，GND 为 C。RS-485 通信方式的连接示意图如图 7-35a 所示。

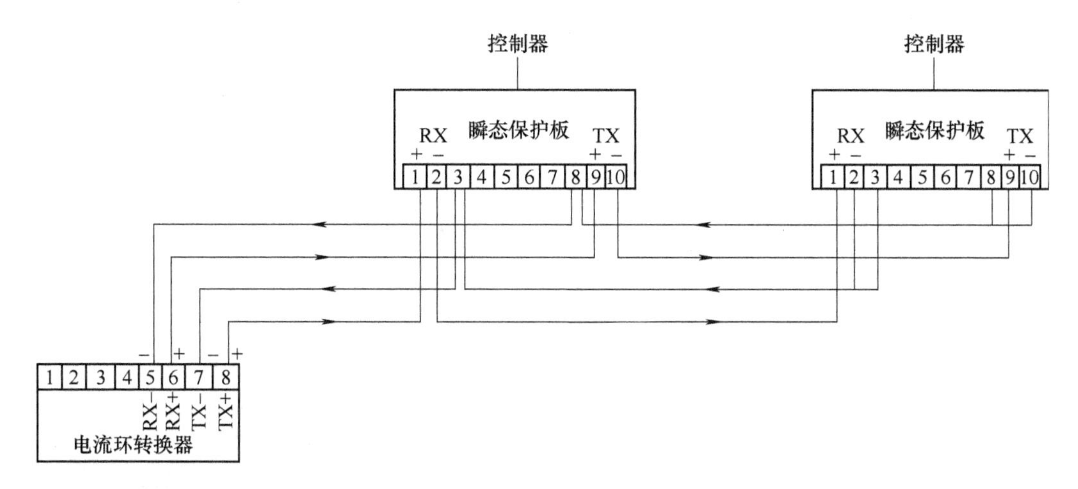

图 7-34 电流环方式通信的连接示意图

3）光纤。点对点传输距离由光纤类型而定，多模光纤为 3km，单模光纤为 25km。光纤传输在抗干扰性上有着明显的优势，且传输距离远，适用于电磁环境复杂、雷击多、风力发电机组分布远的风电场所，整套通信费用较高，光纤通信的连接示意图如图 7-35b 所示。

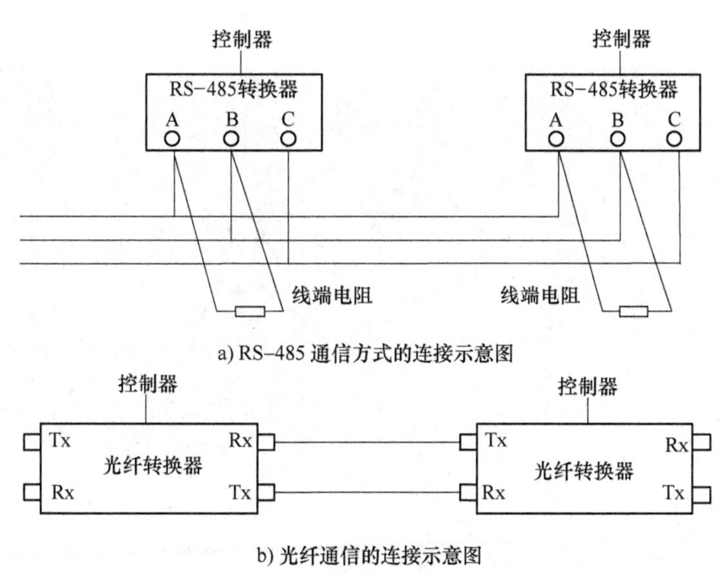

a) RS−485 通信方式的连接示意图

b) 光纤通信的连接示意图

图 7-35 RS-485 通信方式与光纤通信方式

2. 远程监控系统

（1）风电场远程监控系统　风电场远程监控系统主要对分布在不同地区风电场的风力发电机组及场内变电站的设备运行情况及生产运行数据进行实时采集和监控，使监控中心能够及时准确地了解各风电场的生产运行状况。远程监控系统主要包括风力发电机组监控系统、场内变电站监控系统和风电场视频/安防系统。

1）风电机组监控系统。风电机组监控系统用于控制机组运行、故障处理及机组的起、停等操作，监视机组运行情况，集中接收各风力发电机组的运行数据（如图 7-36 所示）。

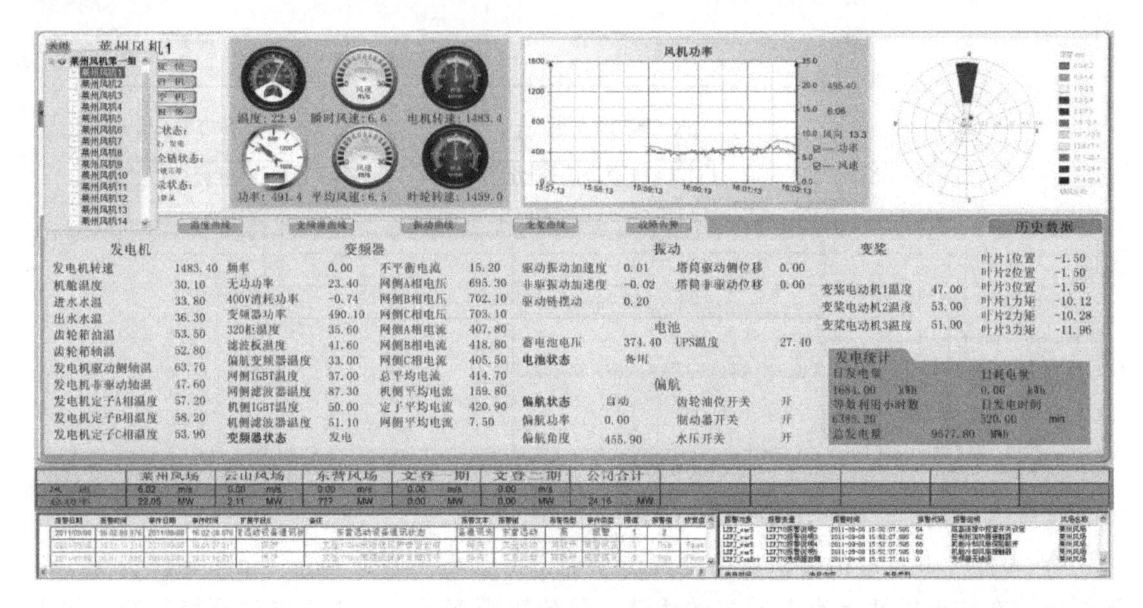

图 7-36　风电机组监控系统

2）场内变电站监控系统。场内变电站远程监控系统（如图 7-37 所示）完成从升压站安全监测、远程监视调度控制到单个点和多个点的操作处理。

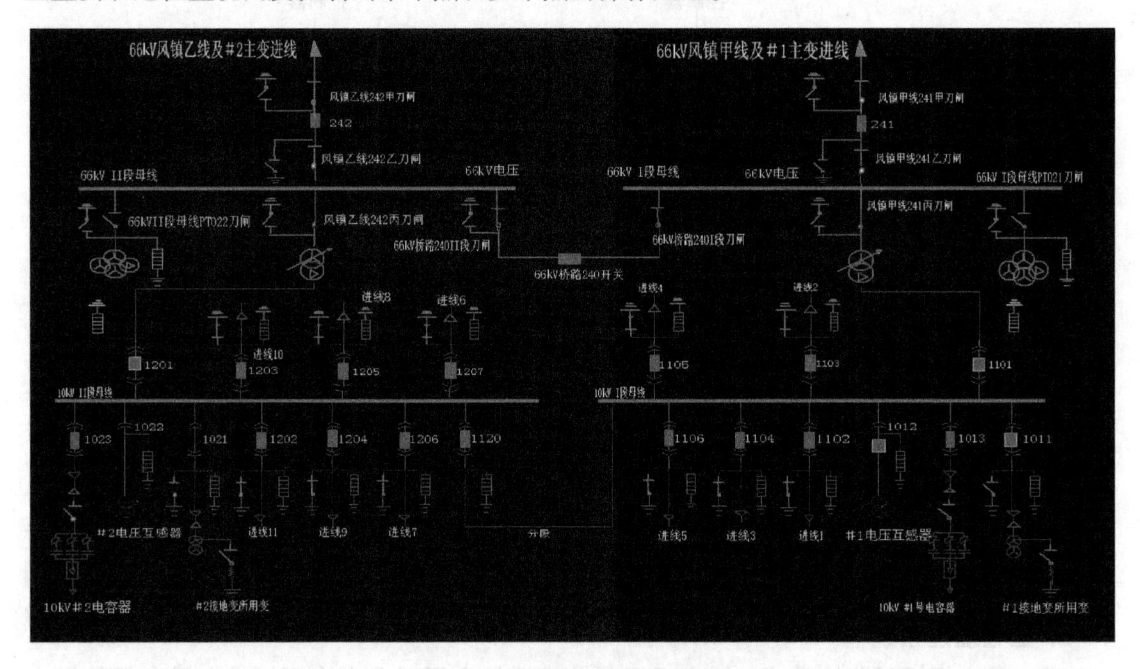

图 7-37　变电站远程监控系统

3）风电场视频/安防系统。风电场视频/安防系统（如图 7-38 所示）结合远程和本地人员操作经验的优势，避免误操作；通过图像监控、灯光联动、环境监测监视现场设备的运行状况，起到预警和保护作用。

（2）通信方式

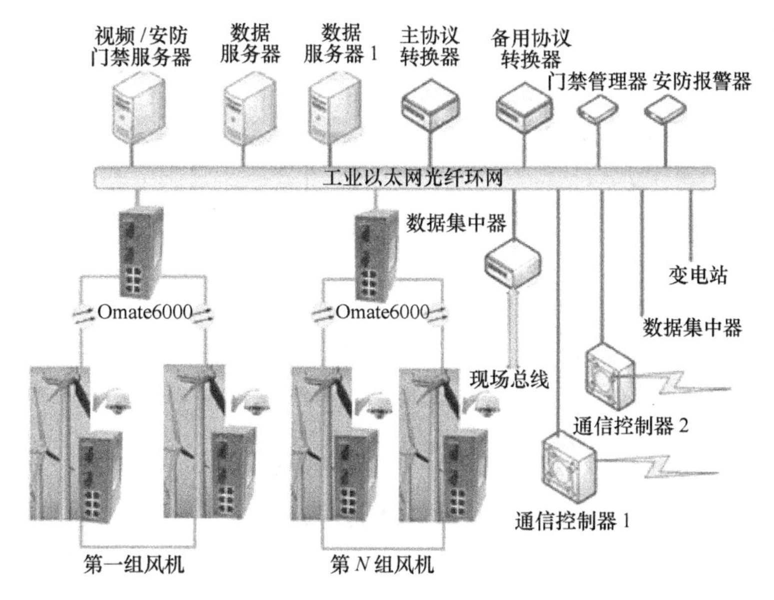

图7-38 图像监控/安防系统

1）通过电信网络实现点对点的拨号连接。该连接方式是利用现有的电话网络，在中央与远程监控计算机上各安装一套调制解调器设备，通过拨叫对方的电话号码建立连接（如图7-39所示）。这种连接方式的数据安全性高，但由于风电场分布在全国各地，连接属于长途电话，费用较高。

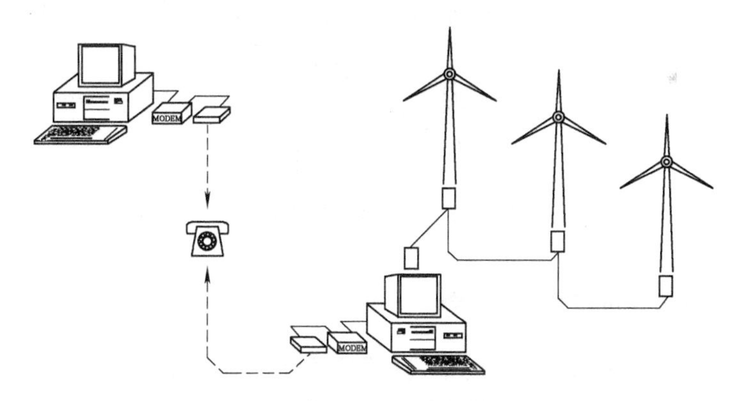

图7-39 电信网络点对点的拨号连接

2）通过Internet利用VPN（虚拟专用网）方式实现连接。该连接方式是利用现有的电信电话网络，在中央与远程监控计算机上各安装一套ADSL或调制解调器设备，两端同时连接到Internet上，通过Internet建立的VPN网络连接（如图7-40所示）。这种连接方式的数据安全性比前一种方式较低，但由于数据是通过Internet传输的，费用较低。

此方案在有条件的电场采用这种连接方式，在数据安全性方面，因VPN技术对所有的数据流量均经过加密和压缩后才在网络中传输，为用户信息提供了的安全性保证。

3）通过GPRS（General Packet Radio Service，通用分组无线服务）无线网络实现连接。该连接方式是利用现有的移动无线通信网络，在中央与远程监控计算机上各安装一套GPRS设备，两端设备通过无线通信网络拨叫对方建立连接（如图 7-41 所示）。这种连接方式必须是在无线通信网络能够覆盖的范围内才能实现，数据传输率较低，费用是根据数据量进行计算的。

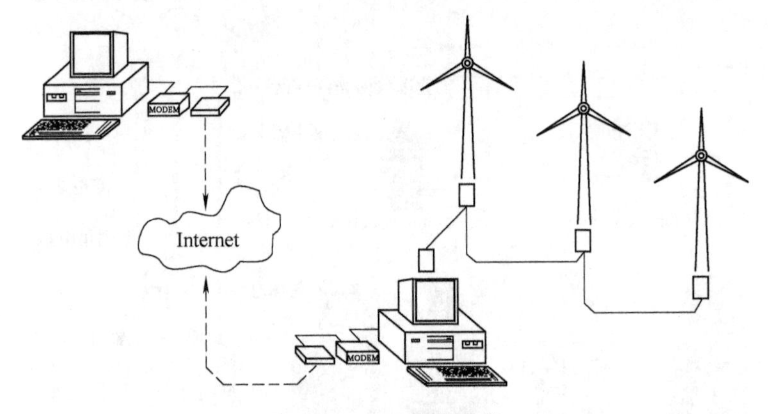

图 7-40　VPN 网络连接

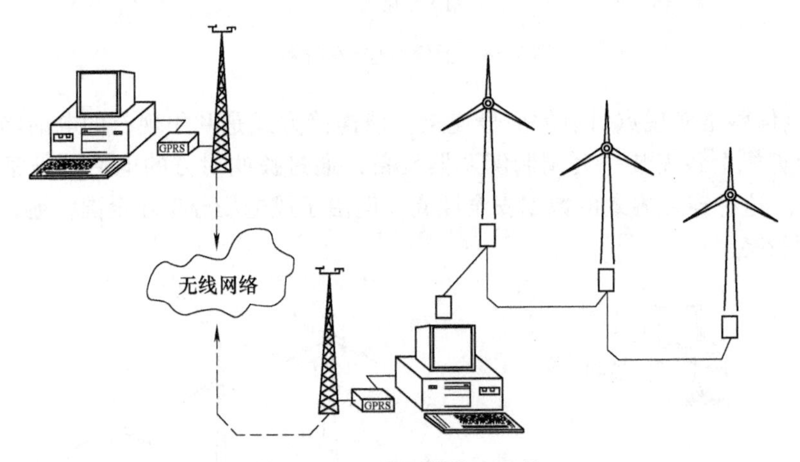

图 7-41　无线网络实现连接

7.3.2　典型风电场的通信网络结构

1. 600kW 和 750kW 风力发电机组的通信网络结构

图 7-42 所示为某风电场的 600kW 和 750kW 风力发电机组通信网络结构。

（1）中央监控系统串行口的扩展　600kW 和 750kW 风力发电机组的中央监控系统采用的是串行通信方式，然而一般的计算机或工业控制只有 1 或 2 个串行口。当一台监控机与几十台风力发电机组通过 1 个串行口通信时，通信速度非常慢，需使用串口扩展卡对计算机的串行口进行扩展（如图 7-43 所示）。

1）中央监控系统发送命令工作过程。

① 在正常情况下，对一台风机每五秒钟发送一次要风机数据命令。

② 每 5min 发送一次要风机故障命令。

③ 当用户打开风机参数窗口，并选择风机后，系统则会发送一条要风机参数命令，然后继续要风机数据命令。

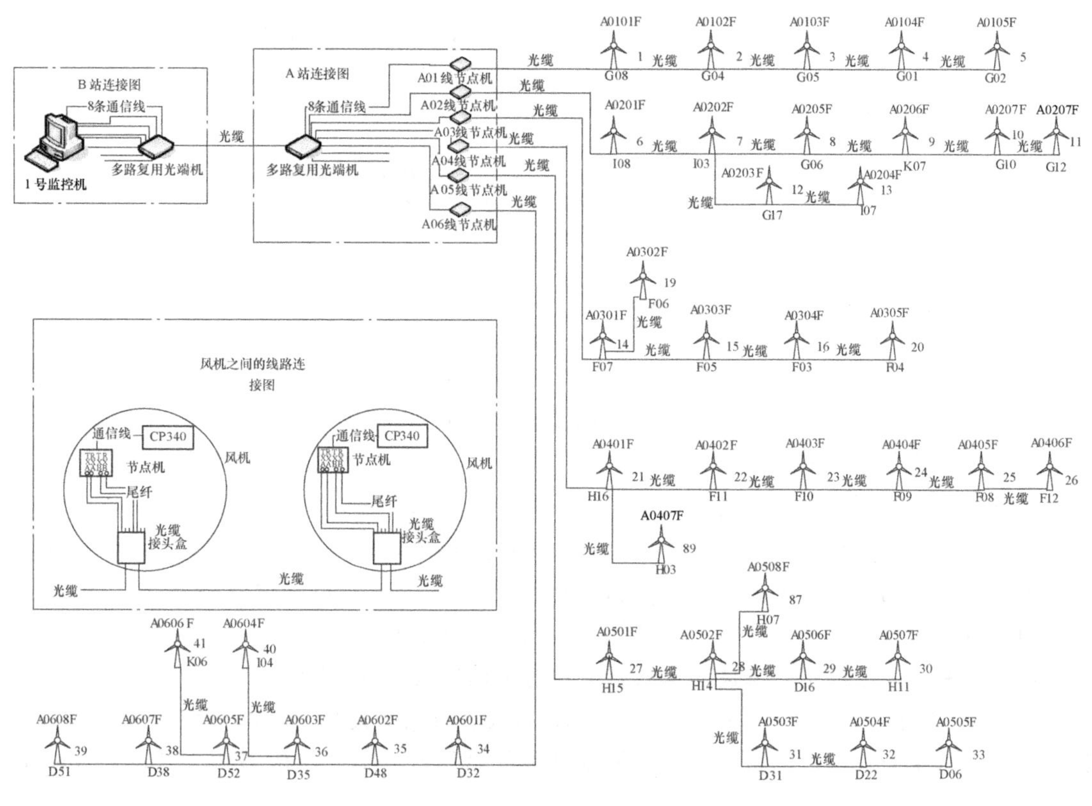

图 7-42 通信网络结构

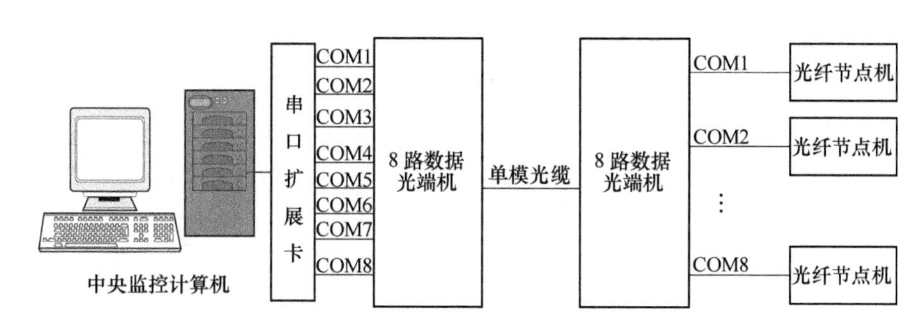

图 7-43 计算机串行口扩展

④ 当用户打开开关量窗口，并选择风机后，系统则会不断发送要风机开关量命令，当关闭该窗口后，系统则恢复要风机数据命令。

⑤ 当用户对风机进行控制时，按下“起动”、“停止”、“复位”按钮之一后，系统将发送一条与之相对应的风机控制命令，然后恢复要风机数据命令。

⑥ 当同一条线路上的风机数量超过 1 台时，中央监控系统采用轮询方式向各个风机要数据。

2）光电转换器（节点机）。光电转换器（如图 7-44 所示）是进行电信号与光信号转换的设备。光电模块包括光接口部分、9 针串口接头部分、24V 电源插座部分。

图 7-44　光电转换器及接口

光电转换器状态灯包括 POWER、ALARM-A（A 端光口警告指示）、ALARM-B（B 端光口警告指示）、DATA-TX（串口数据发送状态指示）、DATA-RX（串口数据接收状态指示）。由于风力发电机组与中控室（中央监控室的简称）之间、机组间的环境条件复杂，因此，使用光电转换器实现风力发电机组与中控室、机组间的光纤通信。

（2）SCADA 系统的网络结构　SCADA（Supervisory Control And Data Acquisition）系统，即监视控制与数据采集系统，是以计算机为基础的 DCS 与电力自动化监控系统。将其应用在风力发电机组远程监控系统中，对现场的运行设备进行监视和控制，如图 7-45 所示，以实现数据采集、设备控制、测量、参数调节及各类信号报警等功能。

SCADA 系统包含两个层次的含义：一是分布式的数据采集系统，即智能数据采集系统，也就是通常所说的下位机；另一个是数据处理和显示系统，即上位机 HMI（Human Machine Interface）系统。

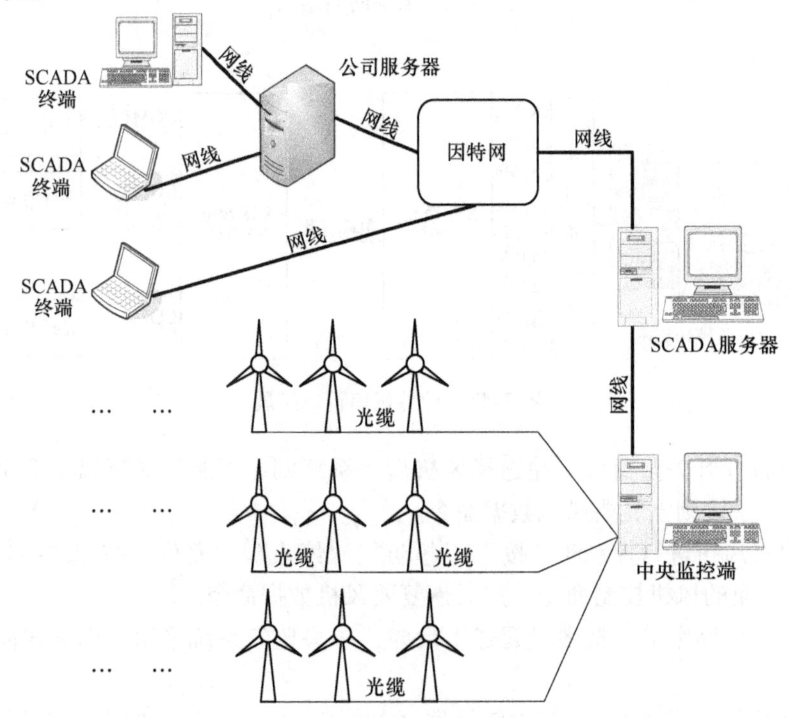

图 7-45　SCADA 系统应用于风电场

SCADA 系统目标是搭建一个风电场各项监控、监测数据的信息共享、交换和传输平台；同时，该系统为风电场提供远程分布终端综合监测系统、风电场多协议中央监控系统、状态监测系统、故障诊断系统及缺陷跟踪系统。

1）中央监控系统：如图 7-46 所示。

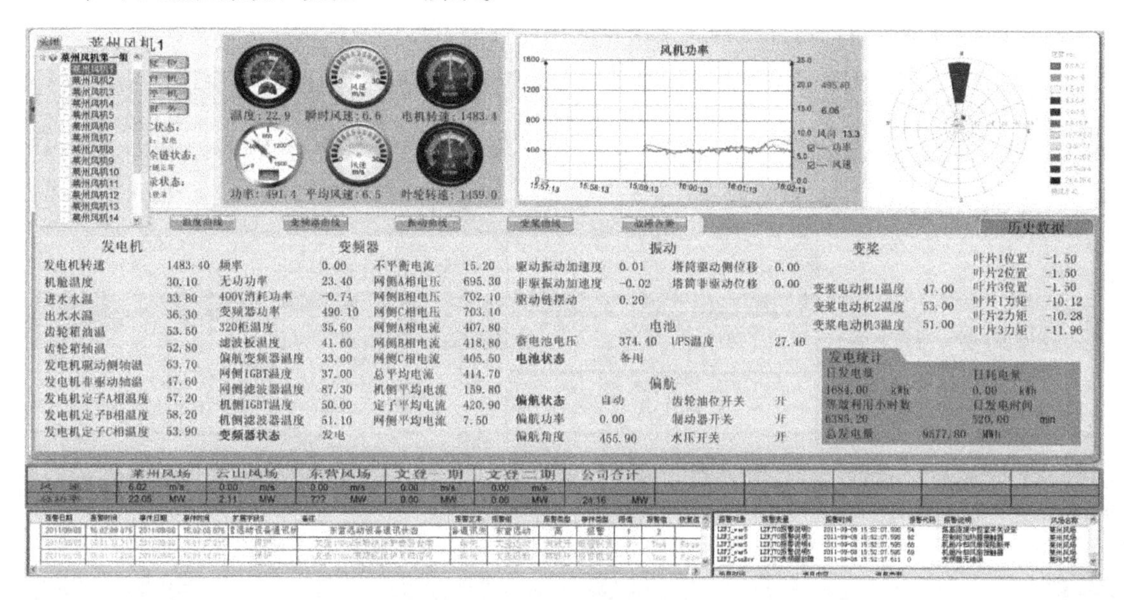

图 7-46　中央监控系统

2）日报表：图 7-47 所示的日报表中用户可通过选择不同的风力发电机组、开始及结束时间生成多台机组的日报表统计，并可将数据导出到 EXCEL 中从而实现报表打印的功能。

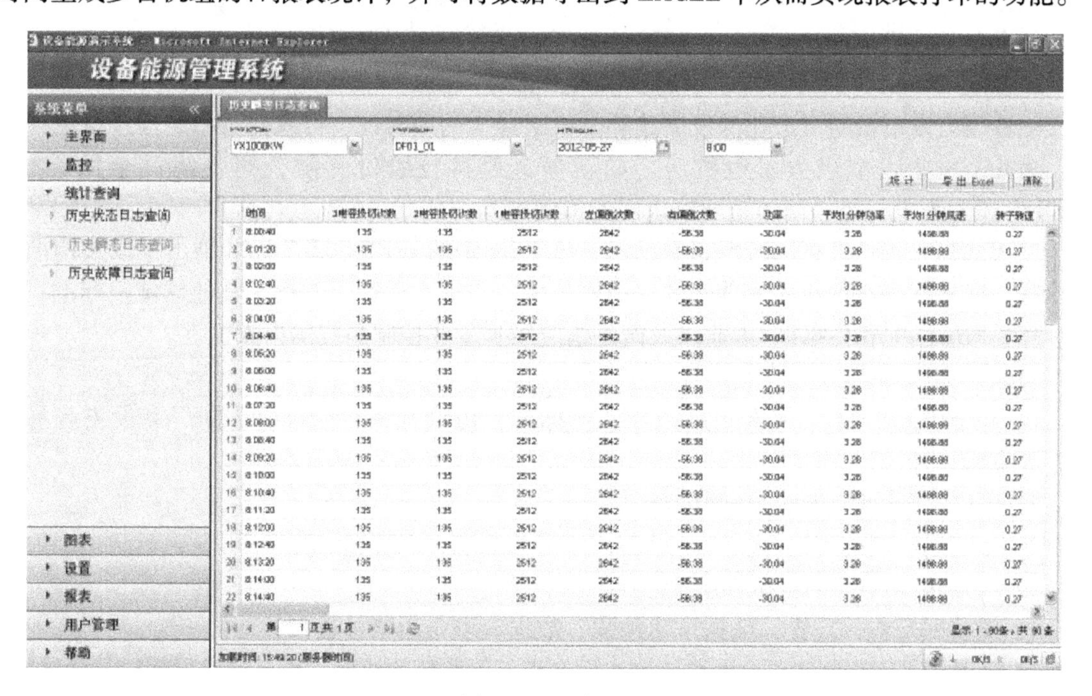

图 7-47　日报表

3）B/S 版监控系统：B/S 版监控系统（风机监控、状态监测、载荷检测、功率检测、电网监测、气象数据及分析图表）采用 B/S 结构（如图 7-48 所示），即 Browser/Server 结构。这种结构主要是利用 www 浏览器技术，结合多种 Script 语言（ASP、JSP 等）和 ActiveX、Flash 技术。用户界面完全通过 www 浏览器实现，只要能上网就随时可以查阅风力发电机组实时的数据资料。这种结构成为当今应用软件的首选体系结构。

图 7-48　B/S 版监控系统

特点：系统维护容易、系统扩展简单方便、可进行权限管理。

2. 典型 1500kW 风力发电机组的通信网络结构

随着风力发电机组大型化的发展趋势，机组通信的即时性、可靠性、稳定性显得更为重要。为此，一些大型风力发电机组，如新疆金风科技股份有限公司（简称金风科技）1500kW 风力发电机组采用了工业以太网的组网模式。

以太网是一种计算机局域网组网技术，IEEE 制定的 IEEE 802.3 标准给出了以太网的技术标准，以太网是当前应用最普遍的局域网技术。它很大程度上取代了其他局域网标准，如令牌环、FDDI 和 ARCNET。工业以太网是指应用到工业控制系统的以太网。

（1）以太网的优点

1）基于 TCP/IP 的以太网采用国际主流标准，协议开放、完善，不同厂商设备容易互联，具有操作性。

2）可以实现远程访问、远程诊断。

3）可以用不同的传输介质灵活组合，如同轴电缆、双绞线、光纤等。

4）网络速度快，可达千兆甚至更多。

5）支持冗余连接配置，数据可达性强，数据有多条通路可达目的地。

6）容量几乎无限制，不会因系统增大而出现不可预料的故障，具有成熟可靠的安全体系。

7）可降低投资成本。

（2）1500kW 风力发电机组监控系统　金风科技 77/1500kW 风机监控系统的主要功能是获取风力发电机组运行统计数据，即时获取机组运行状态，并进行简单控制。由于机组控制主要是通过就地 PLC 完成，中央监控系统对就地信息获取的即时性要求并不高，但需要获取准确的机组运行状态与数据。考虑机组中控与各机组间实际地理位置情况、机组通信成本，以及现场对通信端口需求情况（一般只需要 3 个网口），设计采用自愈环网结构。

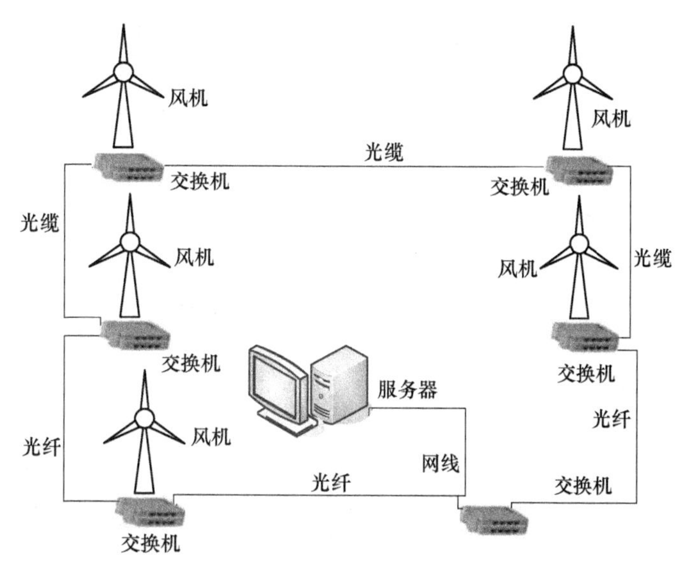

图 7-49　单环路结构

1）单环路结构。单环路结构（如图 7-49 所示）应用于风机较少的项目（10 台以下）。当此环路上的某一个节点发生故障时，不会影响其他节点的正常通信。

2）中心交换机（集线器）连接各环网结构。通过中央交换机连接各环网结构使服务器端增强了可扩展性，将其他外围集线服务器或终端接入风机通信网，利于后期新增风机功能。其网络结构如图 7-50 所示。

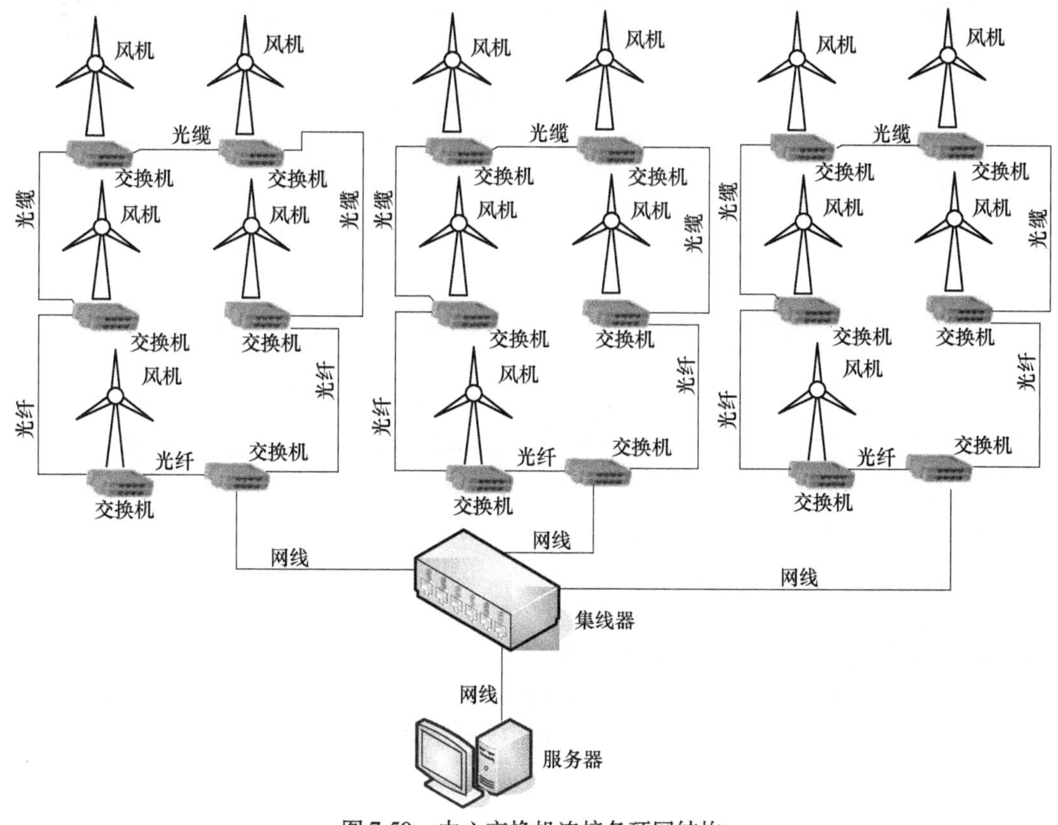

图 7-50　中心交换机连接各环网结构

3）多环相切结构。多环相切结构（如图7-51所示）是指集线服务器已接入一机组环网，其他机组环网通过交换机切入此机组环网。这种网络结构各机组环网接入同一环网，对此环网的带宽占用较多，对机组通信速度有影响，但适合风电场机组极为复杂的线路。

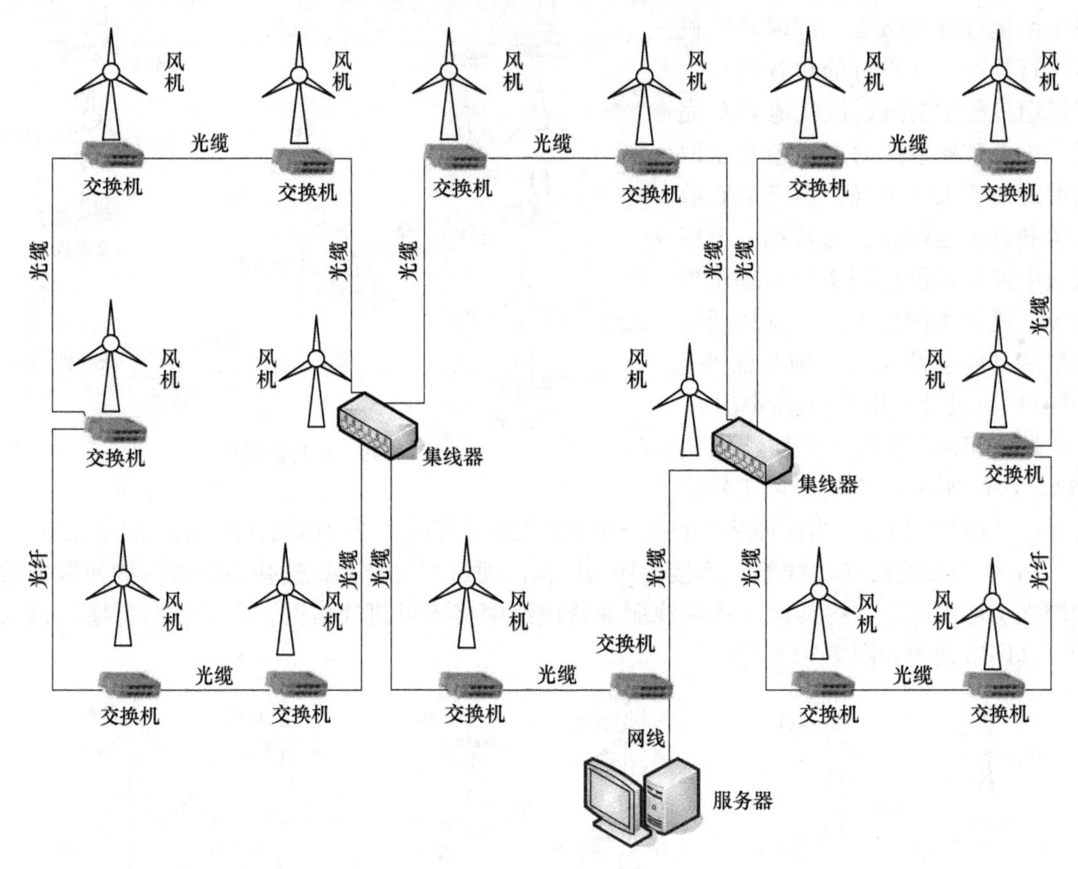

图7-51　多环相切结构

7.4　控制系统的维护

为保证风力发电机组的可靠运行，提高设备可利用率，在日常的运行维护工作中，当天气情况变化异常时，若机组发生非正常运行，应在中央监控室加强对机组运行情况的监控。

1. 电气部分

1）传感器功能测试与检测回路的检查。

2）电缆接线端子的检查与紧固。

3）主回路绝缘测试。

4）电缆外观与发电机引出线接线柱检查。

5）主要电气组件外观检查（如空气断路器、接触器、继电器、熔断器、补偿电容器、过电压保护装置、避雷装置、晶闸管组件、控制变压器等）。

6）模块式插件的检查与紧固。

7）显示器及控制按键开关功能检查。

8）电气传动桨距调节系统的回路检查（驱动电动机、储能电容、变流装置、集电环等部件的检查、测试和定期更换）。

9）控制柜柜体密封情况检查。

10）机组加热装置工作情况检查。

11）机组防雷系统检查。

12）接地装置检查。

2. 变流器的检查与维护

变流器是利用电力半导体器件的通断作用将工频电源变换为另一频率的电能控制装置。变流器分为控制电路、整流电路、直流电路、逆变电路。

在风机没有故障，进行例行维护时，对变流器灌装的参数不进行修改，只对硬件部分进行维护。变流器模块使用了几个胶片电容器。胶片电容器的寿命与传动单元的工作时间、负载情况和周围环境温度等有关。通过降低周围环境温度可以延长胶片电容器的使用寿命。胶片电容器的故障通常伴随着传动单元的损坏、输入功率电缆熔断器熔断或故障跳闸。

3. 通信系统的日常巡视与维护

通信系统的日常巡视及记录内容应包括：

1）机房防火、防盗、防尘、防漏水以及机房温度环境等方面有无异常。

2）电源（包括蓄电池）的电压和电流值是否正常，空调的工作状态有无异常，缆线有无异常。

3）设备（包括调度录音设备）的工作状态、面板告警状态，历史告警情况记录有无异常。

4）巡视中若发现异常或故障，应及时向本级主管单位汇报，按检修规定进行处理，并记录现象、处理结果及遗留问题等。

5）巡视电路及光缆线路的运行状况是否良好；缺陷或隐患应能及时消除。

通信系统的维护内容主要包括：

1）蓄电池的定期维护：每月对单节蓄电池进行端电压的测试工作，高频开关电源柜定期除尘、实验。

2）对通信系统传输设备定期除尘，检查。每月进行各项参数测试。

3）每季度定期对交换设备进行除尘、测试。

4）通信设备检修和维护宜与相应的一次设备及保护装置的检修和维护同步进行。

5）每年雷雨季节前应对通信接地设施进行检查，对接地电阻进行测试。

本章小结

1. 风力发电机组控制系统功能：起动控制、并/脱网控制、偏航与解缆、限速及制动。

2. 定桨距风力发电机组基本运行过程：待机状态、自起动、风轮对风、制动解除、并网与脱网。

3. 变桨距调节方法的三个阶段：开机阶段、节距角保持阶段、输出功率保持阶段。

4. 变桨距风力发电机组的三种运行状态：起动状态（转速控制）、欠功率状态（不控制）和额定功率状态（功率控制）。

5. 变速变桨距风力发电机组的运行状态根据不同的风况可分三个不同阶段：起动阶段、

切入电网阶段、功率恒定阶段。

6. 风电场监控系统分为：中央监控系统和远程监控系统；系统组成：监控计算机、数据传输介质、信号转换模块、监控软件等。

7. 风电场远程监控系统：风力发电机组监控系统、场内变电站监控系统、风电场视频/安防系统。

习题

1. 控制系统安全运行有哪些必备条件？
2. 控制系统有哪些接地保护安全要求？
3. 定桨距风力发电机组为什么采用双速发电机？
4. 大小发电机的软并网程序是什么？
5. 变桨距风力发电机组叶片节距角在控制系统的控制下有什么特点？
6. 变速风力发电系统有哪些优点？
7. 风电场运行的上、下位机通信有哪些特点？
8. 风电场监控系统有哪些通信方式？

第8章 安全保护系统

安全生产是我国风电场管理的一项基本原则，风电场主要由风力发电机组组成，所以风力发电机组的运行安全对于风电场至关重要。根据风力发电机组系统发电、输电、运行等不同环节的特点，从设备安装到运行的全部过程中，应切实把好安全质量关，不断寻找提高风力发电机组安全可靠性的途径和方法。

本章主要介绍风力发电机组安全保护系统的组成及各组成部分的保护原理。

8.1 安全保护系统简介

风力发电机组的安全保护系统（如图8-1所示）分三层结构：计算机系统（控制器）、独立于控制器的紧急停机安全链和个体硬件保护措施。

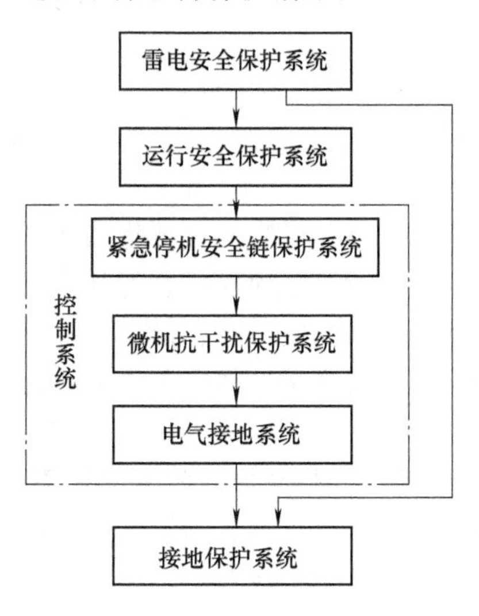

图8-1　安全保护系统

微机抗干扰保护涉及风力发电机组整机及零部件的各个方面；紧急停机安全链保护用于整机严重故障及人为需要时；个体硬件保护则主要用于发电机和各电气负载的保护。

8.2 雷电安全保护

多数风力发电机组都安装在山谷的风口处、山顶上、空旷的草地、海边海岛等，易受雷击，因此需要考虑防雷问题。雷击安全保护的原理是使机组所有部件保持电位平衡，并提供便捷的接地通道以释放雷电，避免高能雷电的积累。

我国一些风电场统计数据表明，风电场因雷击而损坏的主要部件是控制系统和通信系统。风电场雷击事故中的40%～50%涉及风电机组控制系统的损坏，15%～25%涉及通信系统，15%～20%涉及风力发电机组叶片，5%涉及发电机。

8.2.1 机舱的雷电安全保护

机舱主机架除了与叶片相连，还连接机舱顶上避雷针（如图8-2所示）。避雷针（如图8-3所示）可保护风速仪和风向标免受雷击，在遭受雷击的情况下将雷电流通过接地电缆传到机舱平台，避免雷电流沿传动系统传导。主机架再连接到塔架和基础的接地网。钢结构的机舱底座为舱内机械提供了基本的接地保护。若没有直接与机舱底座连接的部件，可与接地电缆相连。

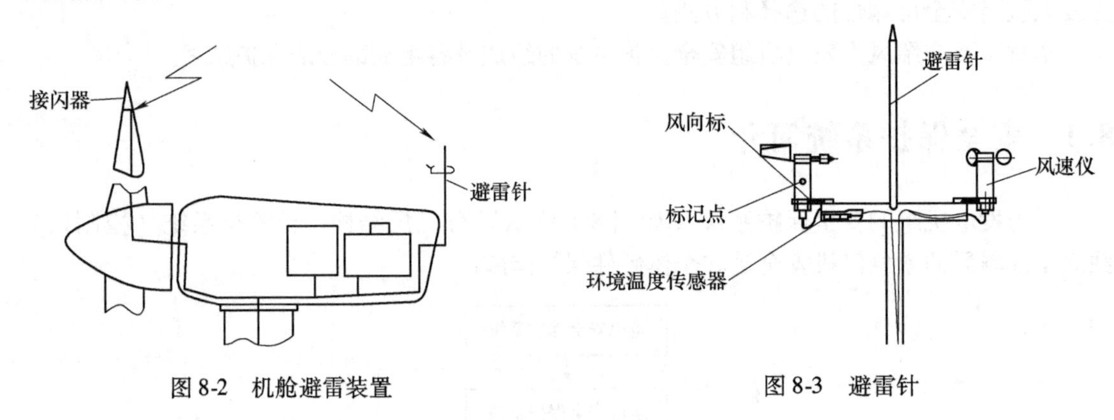

图8-2　机舱避雷装置　　　图8-3　避雷针

1. 避雷针

避雷针主要由接闪器、引下线、接地装置和支持物四部分组成。

（1）接闪器　接闪器使整个地面电场发生畸变，但其顶端附近存在范围很小的电场不均匀现象，对于雷云向地面发展的先驱放电几乎没有影响。因此，避雷针接闪器的端部尖不尖、分叉不分叉对其保护效能几乎没有影响。接闪器为了防腐蚀一般应热镀锌或涂漆，还应有足够的热稳定性。

（2）引下线　引下线是连接接闪器和接地体的金属导体，以使雷电流泄入大地。引下线为满足机械强度、耐腐蚀和热稳定性的要求，一般采用镀锌圆钢或扁钢，也可采用镀锌钢绞线。引下线的尺寸要求分别是：圆钢直径≥8mm；扁钢厚度≥4mm，截面积≥48mm^2；钢绞线截面积≥25mm^2。

引下线、接闪器和接地装置应确保连接牢固可靠，以减小连接处的电阻。连接的方法一般采用焊接，圆钢引下线与接闪器、接地装置的焊接长度为圆钢直径的6倍，扁钢引下线与接闪器、接地装置的焊接长度应为扁钢宽度的2倍。

引下线经最短途径接地，弯曲处的角度应大于90°。引下线距离支持物表面间隙为15mm。引下线每隔1.5～2m距离设支持卡与支持物固定。采用多根引下线时，为了便于测量其接地电阻和检查引下线、接地线的连接情况，宜在各引下线距地面1.8m处设置断接卡。

（3）接地装置　接地装置通常是接地体和接地线的总称。因为已经把引下线单独作为防雷装置的一个组成部分，所以，防雷接地装置主要是针对接地体而言。接地装置是防雷装置的重要组成部分，用以向大地泄放雷电流，限制防雷装置的对地电压不致过高。

接地体为满足机械强度、耐腐蚀性、热稳定性和接地电阻的要求，选材、布置、埋入深度及土壤性质等都需合理选择。接地体太短了增加接地电阻，太长了施工困难，增加钢材的消耗量。接地体的表面积和截面积过小，通过雷电流时，将使周围过热或本身温度过高，土壤电阻变大。

（4）支持物　避雷针的接闪器固定在支持物的顶部，通过支持物将接闪器伸向一定高度的空间，从而构成避雷针的保护范围。避雷针按支持物的不同分为独立避雷针和附设避雷针。

独立避雷针是离开建筑物一定距离单独装设，通常采用水泥杆、木杆、钢塔架、多节不等直径的钢管或圆钢焊接的钢柱作为支持物。非金属支持物通过引下线将接闪器的雷电流引入接地体；金属支持物通过本身的导电性能与接闪器和接地体构成通路，不需设引下线，但金属构件均连成电气通路。

附设避雷针是以建筑物和构筑物本身作为避雷针的支持物，将接闪器和引下线直接装设在建筑物上。

2. 内部防雷（过电压）保护系统

（1）等电位汇接　风速仪和风向标与避雷针一起接地等电位；机舱的所有组件如主轴承、发电机、齿轮箱和液压站等接地连接到机舱主框作为等电位；地面开关盘框由一个封闭金属盒连接到地等电位。接地网如图8-4所示。

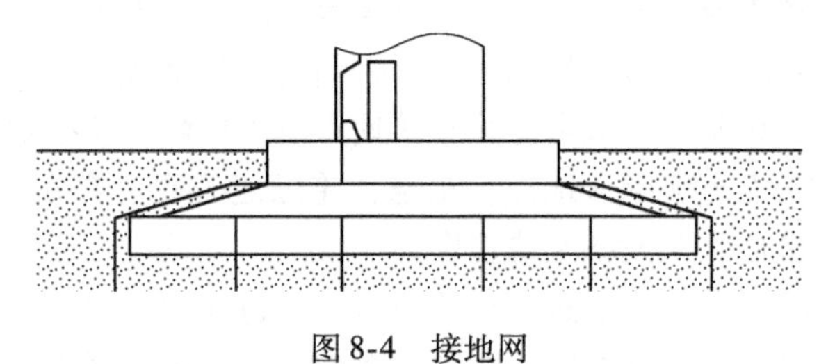

图8-4　接地网

（2）隔离　在机舱上的处理器和地面控制器通信采用光纤电缆连接；对于处理器和传感器，采用分开供电的直流电源。

（3）过电压保护设备　在发电机、开关盘、控制器模块、信号电缆终端等处，采用避雷器或压敏块电阻作过电压保护。

8.2.2　叶片的雷电安全保护

叶片的雷电安全保护是通过采用内置式的雷电接闪器和敷设在叶片内腔连接到叶片根部的导引线，并借助于叶尖气动制动机构作为传导系统来实现的（如图8-5所示）。防雷装置可承受1600kV的雷击电压和200kA的电流。该装置简单精巧，寿命与叶片一样。

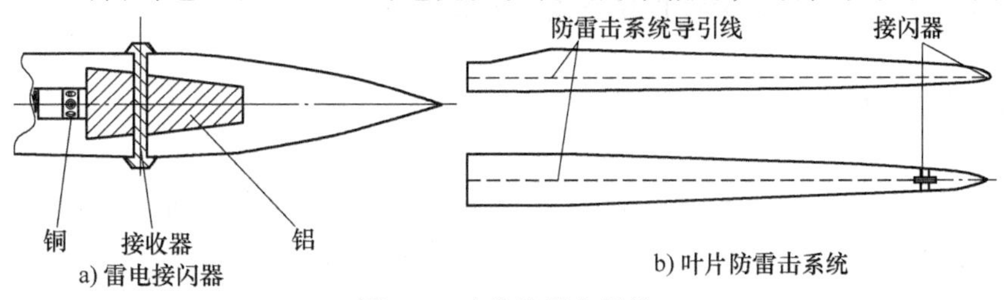

图8-5　叶片的雷击保护

防雷装置从风轮到机舱底座，是通过电刷和集电环来连接的（如图8-6所示）。雷击时，连接主轴与轴承座的电刷可将瞬态电流不经过轴承而安全地转移到机舱底座，机舱底座通过电缆与塔架连接，塔架与地面控制柜通过电缆与埋入基础内的接地系统相连。

图8-6 防雷电刷

叶片防雷装置的主要目标是避免雷电直击叶片本体而导致叶片本身发热膨胀、迸裂。

8.2.3 控制系统的雷电安全保护

雷击是自然界中对风力发电机组安全运行危害最大的一种灾害。雷电释放的巨大能量会造成风力发电机组叶片损坏、发电机绝缘击穿、控制元器件烧毁等。

当雷电击中电网中的设备后，大电流将经接地点泄入地网，使接地点电位大大升高，若控制设备接地点靠近雷击大电流的入地点，则电位将随之升高，会在回路中形成共模干扰，引起过电压，严重时会造成相关设备绝缘击穿。

控制部件大部分是弱电器件，耐过电压能力低，易造成部件损坏。防雷保护采用过电压保护器，当有雷电高压进入控制回路时，过电压保护器中的压敏器件对地击穿，熔断控制回路供电线路中的快速熔断器，断开与主回路的连接，保护控制部分的电子器件免受高压损坏。

风电机组的防雷是一个综合性的防雷工程，防雷设计的到位与否直接关系到机组在雷雨天气时能否正常工作，能否确保风机内的各种设备不受损害等。

1）风力发电机组的外部直击雷保护，重点是放在改进叶片的防雷系统上。

2）机组的外部雷击路线是：雷击（叶片上）接闪器→（叶片内腔）导引线→叶片根部→机舱主机架→专设（塔架）引下线→接地网引入大地。

3）地域不同的雷电活动有所差别，我国北方和南方的雷电活动强度也不一样。

4）风场微观选点中，必须充分考虑地质好的风机基础和低电阻率接地网点之间的矛盾；而风机设备耐雷性能的设计和要求现场电阻值的高低也有矛盾。

8.3 运行安全保护

（1）大风安全保护　一般风速达到25m/s（10min）即为停机风速，机组必须按照程序安全停机。由于此时风的能量很大，系统必须采取保护措施，在停机前，对于失速型风力发电机组，风轮叶片自动降低风能的捕获，风力发电机组的功率输出仍然保持在额定功率左

右；而对于变桨距风力发电机组，必须调节叶片节距角，实现功率输出的调节，限制最大功率的输出，保证发电机运行安全。

（2）参数越限保护　风力发电机组运行中有许多参数需要监控，不同机组运行的现场，规定越限参数值不同。对于温度参数，由计算机采样值和实际工况计算确定上下限。对于压力参数，采用压力继电器根据工况要求确定和调整越限设定值。继电器输入触点开关信号给计算机系统，控制系统自动辨别处理。对于电压和电流参数，由电量传感器转换送入控制系统，根据工况要求和安全技术要求确定电流、电压的越限设定值。各种采集、监控的数据达到设定值时，控制系统根据设定好的程序进行自动处理。

（3）过电压过电流保护　过电压保护指对电气装置元件遭到的瞬间高压冲击所进行的保护，通常对控制系统交流电源进行隔离稳压保护，同时装置加高压瞬态吸收元件，提高控制系统的耐高压能力。当装置元件遭到瞬间高压冲击和过电流时，通常采用隔离、限压、高压瞬态吸收元件、过电流保护器等进行保护。

（4）振动保护　机组应设有三级振动频率保护：振动球开关、振动频率上限1、振动频率极限2。当开关动作时，控制系统将分级进行处理。

（5）开机关机保护　开机保护：设计机组开机正常顺序控制，对于定桨距失速异步风力发电机组，采取软切控制，限制并网时对电网的电冲击；对于同步风力发电机组，采取同步、同相、同压并网控制，限制并网时的电流冲击。关机保护：风力发电机组在小风、大风及故障时需要安全停机，停机的顺序为先空气气动制动，然后软切除脱网停机。软脱网的顺序控制与软并网的控制基本一致。

8.4　控制系统保护

8.4.1　紧急停机安全链保护

紧急停机安全链是独立于计算机系统的硬件保护措施，也是计算机系统的最后一级保护措施，即使控制系统发生异常，也不会影响安全链的正常动作，紧急停机后安全链只能手动复位。

紧急停机安全链的原理是将可能对风力发电机组造成致命伤害的超常故障串联成一个回路：紧急停机按钮（控制柜）、主断路器、计算机输出的看门狗、风轮过速开关、紧急停机按钮（机舱）、凸轮计数器及振动开关。一旦其中一个动作，安全链将引起紧急制动过程，执行机构的电源AC 230V、DC 24V失电，使控制回路中的接触器、继电器、电磁阀等失电，机组瞬间脱网，控制系统在3s左右将机组平稳停机，从而最大限度地保证机组的安全。

8.4.2　微机抗干扰保护

风电场的干扰源主要有：工业干扰，如高压交流电场、静电场、电弧、晶闸管变流设备等；自然界干扰，如雷电冲击、各种静电放电、磁爆等；高频干扰，如微波通信、无线电信号、雷达等。这些干扰通过直接辐射或某些电气回路传导进入的方式进入控制系统，干扰控制系统工作的稳定性。

从干扰的种类来看，可分为交变脉冲干扰和单脉冲干扰两种，它们均以电或磁的形式干扰控制系统。

1. 微机抗干扰保护系统组成

为了使微机控制系统或控制装置既不因外界电磁干扰的影响而误动作或丧失功能，也不向外界发送过大的噪声干扰，以免影响其他系统或装置正常工作，所以设计抗干扰时主要遵循下列原则：

1）抑制噪声源，直接消除干扰产生的原因。

2）切断电磁干扰的传递途径，或提高传递途径对电磁干扰的衰减作用，以消除噪声源和受扰设备之间的噪声耦合。

3）加强受扰设备抵抗电磁干扰的能力，降低其噪声灵敏度。

微机抗干扰保护系统组成框图如图 8-7 所示。

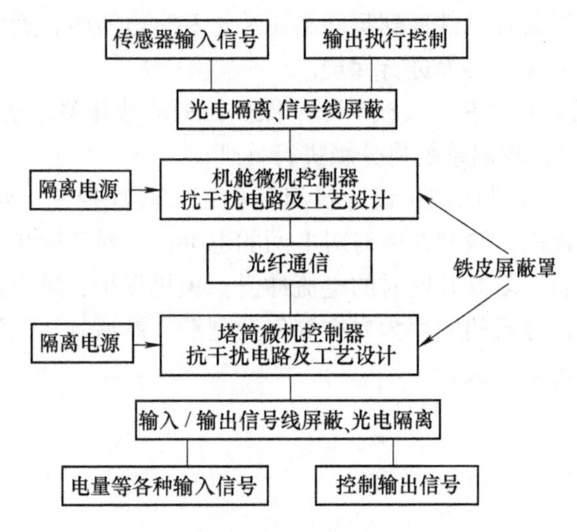

图 8-7　微机抗干扰系统组成框图

2. 系统的抗干扰措施

在机箱、控制柜的结构方面：对于上位机来说，要求机箱能有效地防止来自空间辐射的电磁干扰，而且尽可能将所有的电路、电子器件均安装于机箱内。还应防止由电源进入的干扰，所以应加入电源滤波环节，同时要求机箱和机房内有良好的接地装置。

（1）微机控制器部分　微机控制器需要注意总线的驱动能力、总线的终端负载，防止总线竞争。在有干扰时，应采取措施，保证微机正常工作。微机控制器部分应当与外设分开放置，使微机控制器与其他功率电路隔开。

微机控制器中存储器部分是其重要组成部分，而存储器电路往往是一个极易产生干扰的部件。当存储器部分采用芯片数较多时，工作电流大，在读写瞬间会产生较大的脉冲电流，并在引线电感上感应出幅度较大的干扰电压。

（2）数字电路　系统中的数字电路都有一定的抗干扰门限，防止其干扰影响其他电路或者使自身对干扰更加敏感。在数字集成电路芯片的使用中，应注意到它们的驱动能力及不用输入端的处理。抗干扰措施有采用滤波电容、引线尽可能短、平行走向的引线不要太长，以减小冲击电流的影响。

（3）模拟电路　对用于小信号放大的模拟电路，要注意到干扰及噪声的影响。在选择

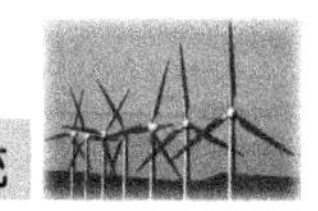

集成电路时，应选择低噪声元器件；选用低波纹、低噪声的电源；在使用基准电压的地方，要选用低噪声的基准电压。

在使用模拟电路时，要特别注意消除放大器的自激。减少电源引线电阻及内阻，加强电源的滤波措施，可以减少由电源引起的自激。

3. 克服信号传输过程中的干扰

（1）信号传输电路　信号传输电路要求有较好的信号传输功能，衰减较小，且不受外界电磁场的干扰，应使用屏蔽电缆。

（2）通信方式　一般说来，风电场中上、下位机之间的距离不会超过几千米，经常采用串行异步通信方式，其接口形式采用RS-422接口电路，采用平衡驱动、差分接收的方法，从根本上消除信号地线，对共模干扰有较好的抑制作用。同时，RS-422串行通信接口电路的发送和接收是分开的，组成双工网络适合于风电场监控系统。

（3）传输线的长度　一般来说，传输线长度越长，越容易受到干扰。干扰还与传输线的种类、结构、电路等有关，但无论什么样的情况，传输线都有最大长度的限制。

4. 电源电路的抗干扰措施

在风力发电机组控制系统中，许多干扰是由电源供电线路产生或由它所引入的，它是系统的主要干扰源。若电源电路的抗干扰措施完善了，电子线路的抗干扰问题就解决了一大半。

（1）电源变压器的一次侧屏蔽　电源变压器的一次与二次绕组之间存在着分布电容，由于电容的存在，变压器一次侧电网中的干扰可以通过这种电容的耦合而出现在变压器的二次侧。

为了减小变压器一次侧与二次侧间的分布电容，可以在它们之间加静电屏蔽。在一次与二次绕组之间加屏蔽，并将屏蔽层接地，就可以大大减小一次与二次绕组间的分布电容。

（2）利用一次平衡式绕制电源变压器　将一次绕组分作两部分同时绕制，再将它们串联在一起，这样可以抑制共模干扰。

（3）采用防雷电变压器　防雷电变压器除了能够抑制因雷击或雷电感应所产生的浪涌电压外，对抑制电网中的其他干扰也具有良好的性能。

（4）减少电源变压器的泄漏磁通　因为电源变压器的泄漏磁通是一种干扰，需要尽可能地减少泄漏发生。通常采用并联平衡绕制法、采用泄漏小的铁心、在变压器铁心上加短路环、改变变压器的安装位置等措施来抑制磁通的泄漏。

（5）采用噪声隔离变压器　噪声隔离变压器的铁心材料与一般变压器不同，其磁导率在高频时会急剧下降。同时，这种变压器在其绕组和变压器外部采用了多层电磁屏蔽措施，使它在抗共模及差模干扰性能上更加优越。

（6）采用电源滤波器　这是目前风力发电机组控制系统的电源系统中广泛采用的一种抗干扰措施。选择不同的电源滤波器的电感和电容参数，可滤除不同频段上的干扰。当选择的参数大时，可以滤除频率低的干扰；反之，可以滤除频率高的干扰。前者体积、重量都较大；后者则较小。

电源滤波器还可以用来滤除直流电源中的噪声干扰。在开关电源的直流输出端串上电源滤波器，可以有效地滤除直流电源中的噪声干扰。

（7）采用性能好的稳压电源　对于电源电路的抗干扰问题，可以采取的一些电源抗干扰措施视电网干扰的实际情况，可以全用，也可以只用其中某一些措施。三相变压可消除零线的干扰；电源滤波器可以采用高、低频滤波器串联使用；在直流稳压的变压器中，以及在前面三相变压器中均可采用防雷、消除浪涌电压的措施。并且，稳压源中，可以加大滤波电容，串接电源滤波器，消除电源电路元器件产生的干扰。

8.4.3 电网掉电保护

风力发电机组离开电网的支持是无法工作的，一旦有突发故障而停电时，控制器的计算机由于失电会立即终止运行，并失去对风力发电机组的控制，叶尖气动制动和机械制动的电磁阀会立即打开，液压系统会失去压力，制动系统动作，执行紧急停机。紧急停机意味着在极短的时间内，风力发电机组的制动系统将风力发电机组风轮转数由运行时的额定转速变为零。

大型的机组在极短的时间内完成制动过程，将会对机组的制动系统、齿轮箱、主轴和叶片以及塔架产生强烈的冲击。电网故障无需紧急停机，突然停电往往出现在天气恶劣、风力较强时，紧急停机将会对风力发电机组的寿命造成一定影响。另外机组的主控制计算机突然失电就无法将机组停机前的各项状态参数及时存储下来，不利于迅速对机组发生的故障做出判断和处理。

由于电网原因引起的停机，控制系统在电网恢复后10min自动恢复运行。也可在控制系统电源中加设UPS（Uninterruptible Power System，不间断电源设备）作为后备电源，当电网突然停电时，UPS自动投入为控制系统提供电力，使机组完成正常停机。

8.5 接地保护

接地的主要作用一方面是保证电气设备安全运行，另一方面是防止设备绝缘被破坏时可能带电，危及人身安全。同时使保护装置迅速切断故障回路，防止故障扩大。

8.5.1 接地

1. 接地体

电气设备的任何部分与土壤间作良好的电气连接称为接地，与土壤直接接触的金属体称为接地体，连接于接地体与电气设备之间的金属导线称为接地线，接地线与接地体合称为接地装置。为了保证电气设备的安全运行，必须将电气控制系统一点进行接地（如把变压器的中心点接地，称为工作接地）。

2. 保护接地

为了防止由于绝缘损坏而造成触电危险，把电气设备不带电的金属外壳用导线和接地装置相连接，如将控制板、电动机外壳接地，称为保护接地。

3. 接地的作用

1）保护接地的作用：电气设备的绝缘一旦击穿，其外壳对地电压限制在安全电压以内，防止人身触电事故。

2）保护接零的作用：电气设备的绝缘一旦击穿，会形成阻抗很小的短路回路，产生很大的短路电流，促使熔体在允许时间内切断故障电路，以免发生触电伤亡事故。

3）工作接地的作用：降低人体的接触电压，迅速切断故障设备，降低电气设备和电力线路设计的绝缘水平。

4. 重复接地

在风电场中性点接地系统中，中性点直接接地的低压线路，塔筒处（中性点）零线应重复接地。无专用零线或用金属外皮作零线的低压电缆应重复接地，电缆和架空线在引入建筑物的接地处，如离接地点超过50m，应将零线接地；采用金属管配线时，应将金属管与零线连接后再重复接地；采用塑料管配线时，在管外应敷设截面积不小于$10mm^2$的钢线，与零线连接后再重复接地；电源（变压器）额定电压在100kV以下的，每一重复接地电阻不超过30Ω，至少要有3处进行重复接地。

8.5.2　机组的接地保护

接地保护是非常重要的环节，良好的接地将确保控制系统免受不必要的损害。整个控制系统的接地需注意以下几点，以达到安全保护的目的。

1）接地体分为人工接地体和自然接地体，充分利用与大地有可靠连接的自然接地体为塔筒和地基。为了可靠接地，可将人工接地体与塔筒和地基相连组成接地网，这样可以较好防雷电和大电流、大电压的冲击，同时必须安装接地保护装置。

2）人工接地体不应埋设在垃圾、炉渣和强烈腐蚀性土壤处，埋设时接地体深度应不小于0.6m，垂直接地体长度应不小于2.5m，埋入后周围要用新土敦实。

3）接地体连接应采用搭接焊，扁钢与扁钢的搭接长度为扁钢长度的2倍，并由三个邻边施焊；圆钢与圆钢的搭接长度为圆钢直径的6倍，并由两面施焊；圆钢与扁钢的搭接长度为圆钢直径的6倍，并由两面施焊。接地体与接地线连接，应采用可拆卸的螺栓连接，以便测试电阻。

4）当地下较深处的土壤电阻率较低时，可采用深井或深管式接地体，或在接地坑内填入化学降阻剂。

风力发电机组可靠运行，需要在风力发电机组控制系统的保护功能设计上加以重视，只有在确保机组安全运行的前提下，才可以讨论机组的最优化设计、提高可利用率等。

8.6　过速保护

风力发电机组通过三种不同的方法防止机组系统过速，三种方法相互独立并且都能使机组动作确保机组的安全运行，其中一种方法由电气控制系统执行，其余两种由液压系统执行。

1. 转速过速保护

当转速传感器检测到发电机或风轮转速越过额定转速的110%时，控制器将给出正常停机指令，同时报告“风轮过速”或“发电机过速”故障。在机组上采用了振动保护传感器，检测任何在风轮旋转面上的低频振动频率，可以准确地指示风轮过速情况，可以用作转速传感器的自我校验。

2. 风轮过速保护

（1）通过突开阀执行风轮过速保护　机组上有一个完全独立于控制系统的、通过液压系统引起叶尖扰流器动作的紧急停机系统。在控制叶尖扰流器的液压缸与油箱之间，并联了一个受压力控制可突然开启的突开阀（突开阀在压力失去后也不能自动关闭）。

当风轮过速时，液压缸压力迅速上升，受压力控制的突开阀打开，压力油被泄掉，叶尖扰流器迅速打开，使机组在控制系统或检测系统或电磁阀失效的情况下停机。

目前有两种突开阀，一种为一次性突开阀，一旦动作后自身便破坏，不可再使用；另一种突开阀复位后可重新使用。

（2）通过监控叶尖压力执行风轮过速保护　由于离心力的作用，随着风轮转速的升高，叶尖压力也升高。在运行过程中，当风轮转速达到一定程度时，叶尖油路压力达到压力开关的整定值，压力开关动作，风机执行紧急制动，同时报告“风轮过速”故障。

3. 通过防爆膜执行过速保护

防爆膜是根据破裂压力而选定型号的金属膜，是一道机械保护，动作于风轮过速而上述两种方法均未执行动作的情况下，是最后一道过速保护。当风轮转速过高，而电气控制系统未检测出风轮过速或发电机过速，同时叶尖压力达到压力开关的整定值而压力开关未动作，风轮转速持续升高，当离心力作用使叶尖压力达到防爆膜破裂压力时，防爆膜被冲破，叶尖油路压力释放，叶尖甩出，风机执行正常停机，同时报告“叶尖压力低”故障。防爆膜破裂后可观察到与防爆膜相连的回油软管中有油迹。

本章小结

1. 安全保护系统结构

安全保护系统分三层结构：计算机系统（控制器）、独立于控制器的紧急停机安全链和个体硬件保护措施。

2. 雷电安全保护

主要是对机舱、叶片和控制系统进行雷电保护。

3. 运行安全保护

包括大风安全保护、参数越限保护、过电压过电流保护、振动保护和开机关机保护。

4. 控制系统保护

包括紧急停机安全链保护、微机抗干扰保护和电网掉电保护。

5. 接地保护

接地的主要作用一方面是保证电气设备安全运行，另一方面是防止设备绝缘被破坏时可能带电，危及人身安全。同时使保护装置迅速切断故障回路，防止故障扩大。

6. 超速保护

包括转速超速保护、风轮过速保护和通过防爆膜执行过速保护。

习　题

1. 安全保护系统有哪些具体保护内容？
2. 避雷针由哪些部分组成？
3. 抗干扰保护系统由哪些内容组成？
4. 风电场控制系统主要有哪些干扰源？
5. 接地的作用是什么？接地有哪些种类？
6. 风轮过速保护有哪些方法？

第9章

支撑系统

风力发电机组的支撑系统使风电机组能够巍然挺立，也是保证风电机组能最大限度地收集风能，将其安全、可靠地转换成电能的基础。

本章主要介绍风力发电机组的塔架及基础的类型、结构组成、施工过程以及目前风力发电机组使用的塔架和基础。

9.1 塔架

塔架是风力发电机组的主要承载部件之一，它支撑着整个机舱的重量。其重要性随着风力发电机组的容量增加、高度增加而越来越明显。在风力发电机组中塔架的重量占风力发电机组总重的1/2左右，其成本占风力发电机组制造成本的50%左右，由此可见塔架在风力发电机组设计与制造中的重要性。近年来风力发电机组容量已达到2~3MW，风轮直径达80~100m，塔架高度达100m。

9.1.1 塔架的结构与类型

图9-1所示为塔架结构目前常见的三种形式。

a) 钢结构筒形塔架

b) 钢筋混凝土塔架

c) 桁架式塔架

图9-1 塔架的结构形式

1. 圆筒形塔架

圆筒形塔架在当前风力发电机组中大量采用，其优点是美观大方，上下塔架安全可靠，按结构材料可分为钢结构筒形塔架和钢筋混凝土塔架。

（1）钢结构筒形塔架 钢结构筒形塔架（如图9-1a所示）的制造工艺简单，安全防护性能较好。其缺点为：叶片在旋转时，会产生周期性的激振频率，塔架本身存在固有频率；存在运输问题；加工工艺要求较高。

（2）钢筋混凝土塔架　钢筋混凝土塔架在早期风力发电机组中被大量应用，如我国福建平潭55kW风力发电机组（1980年）、丹麦Tvid 2MW风力发电机组（1980年），后来由于风力发电机组大批量生产的需要而被钢结构筒形塔架所取代。

钢筋混凝土塔架（如图9-1b所示）结构简单，不存在固有频率，无需防腐，但施工较困难，当达到风力发电机组使用寿命后，较难清运。

2. 桁架式塔架

桁架式塔架（如图9-1c所示）在早期风力发电机组中大量使用，其主要优点为制造简单、塔架节省材料、成本低、运输方便，与钢结构筒形塔架相比，其固有频率较低。但其主要缺点为不美观，通向塔顶的上下梯子不好安排，上下时安全性差，维护量加大，每个螺栓都需要定期检查，防腐要求较高。

按照塔架刚度分类，塔架可分为：

（1）刚性塔架　重量大、刚度大，固有频率高于叶片通过频率。优点是有效避免共振，缺点是用材料多，造价高。

（2）柔性塔架　固有频率低于叶片通过频率，分为固有频率介于叶片通过频率和风轮旋转频率之间的柔性塔架和固有频率低于风轮旋转频率的超柔性塔架两种情况。由于塔架轻，成本低，要避免产生共振。

塔架的好坏直接关系到风力发电机组的运行稳定性、可靠性和使用寿命。

9.1.2　塔架的参数

塔架的主要功能是支撑风力发电机组，承受风轮的作用力和风作用在塔架上的力，还必须具有足够的疲劳强度，能承受风轮引起的振动载荷，包括起动和停机的周期性影响、突风变化、塔影效应等。塔架的刚度要适度，其自振频率（弯曲及扭转）要避开运行频率（风轮旋转频率的3倍）的整数倍。塔架自振频率高于运行频率的塔称之为刚塔，低于运行频率的塔称之为柔塔。

由于受到地表粗糙度、大气热稳定性以及风力发电机组安装地点地形等因素的影响，风速随高度的增加而变化，通常可以简单地用下述的经验公式表示：

$$v = v_0 \left(\frac{H}{H_0}\right)^n \tag{9-1}$$

一般H_0的值为10m，这里H和H_0不是距土地表面的高度，而是距零风速平面的高度；v是高度H处的风速；v_0是高度H_0处的风速。其中幂指数n取决于地表粗糙度、大气热稳定性等因素，是一个大约为0.1～0.4的系数。

由于能够获得的风能与v^3成正比，所以距地面H处对H_0处风能之比为

$$\frac{E}{E_0} = \left(\frac{H}{H_0}\right)^{3n} \tag{9-2}$$

因此，塔架越高，风力发电机组可能获得的风能就越高。但塔架越高，受湍流的影响相对就小，其成本也会随之上升。塔架高度增加的另一个不利之处是增加了吊装的难度和成本。

载荷计算是塔架设计的主要依据。根据载荷大小和结构尺寸确定作用在结构上的设计应力或变形，将它们与所选结构材料的许用值进行比较，确定机组各承载单元满足极限载荷和疲劳载荷的要求，以保证塔架在各种状态下都处于安全水平，不会出现过载现象。

1. 按照载荷源分类

（1）空气动力载荷　取决于转子旋转平面处的平均风速和湍流状态、叶片转速、空气密度、风电机组部件的气动结构及其相互作用等因素。

（2）重力和惯性载荷　由重力、振动、旋转以及地震等引起的静态和动态载荷。

（3）操作载荷　在风电机组运行和控制过程中产生的载荷，如发电机负荷控制、偏航、变桨距以及机械制动过程产生的载荷。

（4）其他载荷　如尾迹载荷、冲击载荷和覆冰载荷等。

2. 根据时变特征不同分类

（1）静态载荷　指不随时间变化的载荷，如平均风引起的气动载荷、叶片内离心力、作用在塔架上的机组重量等。

（2）动态载荷　指随时间变化的载荷，包括循环载荷、冲击载荷和随机载荷。

9.1.3　塔架的制造工艺

1. 材料的选择

考虑到塔架的结构为焊接结构，因此要选择焊接性能好的低碳钢板材，如低合金结构钢和低碳合金钢，还要考虑塔架的自重，优先选择强度高的低合金结构钢 Q345。

随着温度的降低，钢材冲击韧性也会降低，因此对于运行于寒冷地区的风力发电机组的结构件，一定要保证材料的低温冲击性能。

2. 塔架生产的工艺流程

塔架生产中包括塔筒、连接法兰、平台、内部爬梯、外部旋梯及电缆固定支架等部分，其中体积大而且笨重的塔筒是生产中的重点和难点。

（1）塔筒生产的工艺流程　钢板喷丸→火焰或等离子切割钢板→坡口加工→筒体卷制（如图 9-2 所示）→内纵缝的焊接→外纵缝焊接，矫圆→法兰组对→法兰焊接→筒体组对→内环缝焊接→外环缝焊接→焊缝探伤→门框及内部小件焊接→喷砂处理→喷锌处理→喷漆处理→小件组装→检验→成品储放。

图 9-2　筒体卷制

（2）塔架生产的工艺装备　小批量生产所用的工艺装备较少。而对于大批量生产的塔架制造企业，如果没有专用工艺装备支撑组成流水生产线，是不可能稳定、高质量、高效率地进行塔架生产的。塔架流水生产线的工艺装备有：钢板预处理使用的钢板抛丸清理机、下料切割使用的数控火焰（等离子）钢板切割机、单节筒体纵缝焊接使用的内纵缝焊接机和外纵缝焊接机、法兰组对使用的法兰组对平台、法兰焊接使用的法兰焊接机、筒体组对使用的组对滚轮架和鳄鱼嘴组对中心、塔筒环缝焊接使用的立柱式和龙门式焊接操作机、喷砂处理使用的喷砂专用滚轮架及喷漆处理使用的喷漆专用滚轮架等设备。

9.1.4 塔架的防腐

(1) 防腐的重要性　塔架是整个机组的支撑和载体，又完全暴露在外界，恶劣的自然条件和气候对塔架的防腐提出了严峻的考验，尤其是沿海湿热、含盐分的气候条件及西北地区干燥、有沙尘暴并且温差较大的气候条件。

(2) 塔架的防腐方式　塔架防腐通常表面采用热镀锌、喷锌或喷漆处理，再分三层喷漆防腐，其寿命不低于15年。塔架涂料配套组合分为底漆、面漆和中间漆，在配套组合中不同的漆其功能不同。

1) 底漆：底漆普遍使用环氧富锌底漆，该漆对工艺要求不像无机富锌底漆那么高，易于操作和控制。

2) 中间漆：采用聚酰胺环氧漆，该层漆强度高，抗冲击，耐磨损。

3) 面漆：采用聚氨酯面漆，该层漆可防紫外线。

针对沿海和西北地区的不同气候条件，涂料配套组合主要差别在于中间漆的不同。

9.2 基础

风力发电机组的基础用于安装、支撑风力发电机组以及平衡风力发电机组在运行过程中所产生的各种载荷，以保证机组安全、稳定地运行。

1. 基础分类

风力发电机组基础均为现浇钢筋混凝土独立基础。

根据风电场场址工程地质条件和地基承载力以及基础荷载、尺寸大小不同，从结构形式看，常用的可分为块状基础和框架式基础两种。

(1) 块状基础　块状基础即实体重力式基础，应用广泛。按其结构剖面又可分为“凹”形（如图9-3a所示）和“凸”形（如图9-3b所示）两种，且整个基础为方形实体钢筋混凝土。“凸”形与“凹”形相比，均属实体基础，区别在于扩展的底座盘上回填土也成了基础重力的一部分，这样可节省材料降低费用。

(2) 框架式基础　框架式基础实为桩基群与平面板梁的组合体，从单个桩基持力特性看，又分为摩擦桩基础和端承桩基础两种：桩上的荷载由桩侧摩擦力和桩端阻力共同承受的为摩擦桩基础；桩上荷载主要由桩端阻力承受的则为端承桩基础。

根据基础与塔架（机身）连接方式不同，基础又可分为地脚螺栓式和法兰式筒式两种类型基础。地脚螺栓式塔架用螺母与尼龙弹垫平垫固定在地脚螺栓上，法兰式筒式塔架法兰与基础段法兰用螺栓对接。

(1) 地脚螺栓式基础　地脚螺栓式基础采用整体式设计，地脚螺栓预埋在基础混凝土中，基础对地脚螺栓的加工要求较高，同时在安装时需要非常专业的人员现场安装指导，调平基础的平面度及平行度。基础的造价较低，但不具有维护性，当地脚螺栓出现质量问题时，基础整个稳定性也下降，导致整个机组的稳定性下降。

(2) 法兰式筒式基础　法兰式筒式基础（又称为基础环式基础）在施工当中通过对基础段法兰位置的调节及定位，能有效地保证施工后与塔架连接的同轴度和平面度，从而很好地控制了因机组的整体倾斜而导致的受力不均匀。

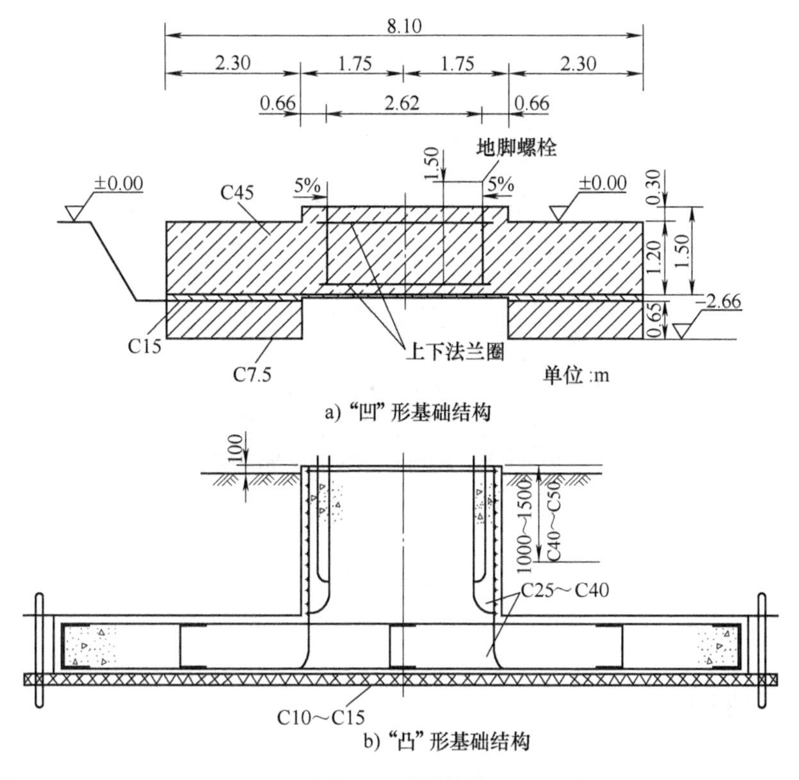

图 9-3 基础结构

2. 海上机组的基础

（1）重力基础 重力基础（如图 9-4 所示）最常见的形式是钢筋混凝土重力沉箱。通常在海上场址附近的码头用钢筋混凝土建造沉箱基础，然后将其漂到安装位置，并用沙砾、混凝土、岩石或铁矿石等装满以获得必要的重量，最后使用特殊驳船将其沉入海底。

（2）单桩基础 单桩基础（如图 9-5 所示）结构简单，易于安装，是目前最常用海上机组的基础形式。单桩基础由焊接钢管组成。单桩基础由液压锤撞击入海床。单桩基础的长度与土壤强度有关。

图 9-4 重力基础

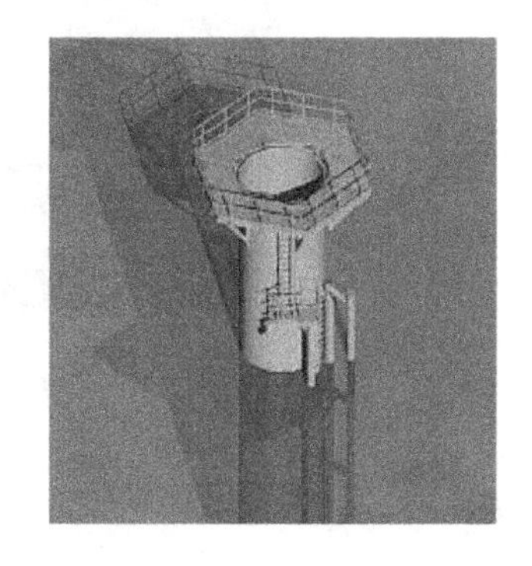

图 9-5 单桩基础

（3）多脚架基础 多脚架基础（如图 9-6 所示）由圆柱钢管构成。每个脚的底部分别通过各自的钢柱基础被固定在海床上，其中心轴提供了塔筒的基本支撑，同时增强了周围结构的刚度和强度。

图 9-6　多脚架基础

（4）浮动平台基础　美国等国家正在研究浮动平台基础，可适用于 50m 以上的水深，但目前还处于试验阶段。

9.3　机舱与机舱座

机舱与机舱座（如图 9-7 所示）是位于风力发电机组最上方的装置，支撑所有塔架以上高度的零部件，并对机舱座上安装的所有设备进行安全防护，用以保护齿轮箱、传动轴系和发电机控制柜等主要设备及附属部件，免受风沙、雨雪、冰雹以及烟雾等恶劣环境的直接侵害。

图 9-7　机舱与机舱座

9.3.1　机舱

机舱的结构由机舱的设计要求、风力发电机组零部件的装配关系和机舱的制作材料所决定。但不管使用哪种材料制作，以下几部分是必不可少的，即机舱座、舱壁、舱盖和舱门等。考虑到工艺的相似性，一般风轮的导流罩、叶片防尘圈等一些配套件也由机舱制造厂

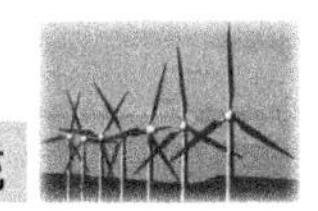

生产。

1. 机舱的要求

1）机舱应为美观、轻巧、对风阻力小的流线型体。

2）机舱应满足强度和刚度要求，应保证在极限风速下不会被破坏。

3）机舱应选用成本低、重量轻、强度高、耐腐蚀能力强且加工性能好的材料制作。

4）机舱应考虑风力发电机组的通风散热问题，维修用零部件的出入问题，机舱顶部风速、风向检测仪器的维修问题。

2. 机舱的结构

支撑系统的罩体包括轮毂罩和机舱罩，轮毂罩（如图9-8所示）的尺寸为长7.6m，最大直径约为4m，像一个房子一样将齿轮箱、发电机等机舱部件密封起来。

轮毂罩是由3片轮毂罩体、1个导流罩、3片分隔壁通过螺栓连接组合而成的壳体。轮毂罩体的凸出部分（也就是叶片一侧）用螺栓连接防雨罩用于防雨；导流罩跟其自身内部的倒锥座是一体的，导流罩不仅跟轮毂罩体用螺栓连接，而且倒锥座还通过螺栓跟轮毂前端相连接。3片分隔壁每块上面都有一个椭圆孔，供工作人员出入轮毂使用。如果工作人员想进入轮毂内部，则先从分隔壁椭圆孔钻入，爬到前面倒锥座的孔处，进入时一定要小心。

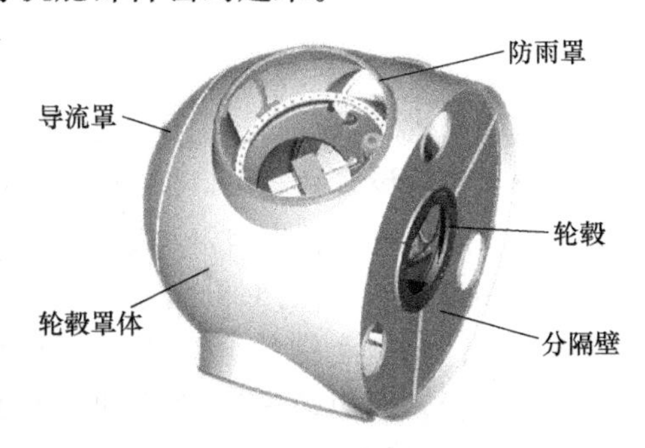

图9-8 轮毂罩结构

机舱罩是由左下部机舱罩、右下部机舱罩、左部机舱罩、右部机舱罩、上部机舱罩、上背板和下背板七大主要部分通过螺栓连接组合而成的壳体（如图9-9所示）。

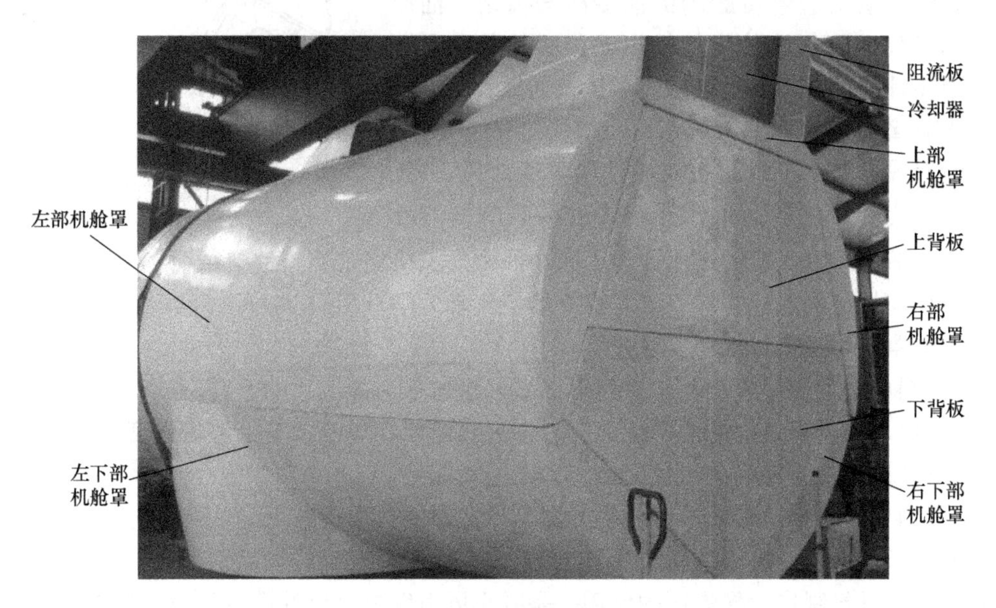

图9-9 机舱罩结构

除了上下背板外的其余五部分的内侧都有肋板，用以增加强度，左下部机舱罩（如图9-10a所示）和右下部机舱罩（如图9-10b所示）纵向还有底板，人可以在底板上面对机

组进行拆装、维修等活动。

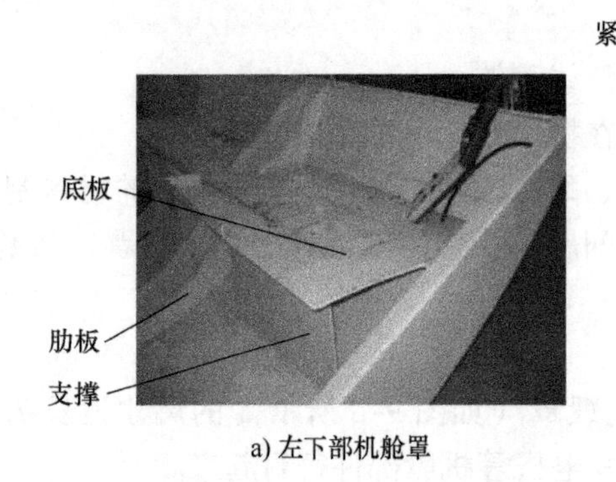

a) 左下部机舱罩

紧急出口框架　紧急出口盖　合页

b) 右下部机舱罩

图 9-10　机舱罩内部结构

右下部机舱罩在底板上还设有一个紧急出口盖，用两片合页跟底板连接，在紧急出口盖的下方，专门设置紧急出口框架，用锁扣跟机舱罩连接在一起，当发生紧急情况时，工作人员可以快速打开紧急出口盖和紧急出口框架并借助主机架里的逃生装置从塔架外部逃脱。

图 9-11 所示的上部机舱罩结构较为复杂，前部设置避雷针，用三个螺栓紧固于上部机舱罩上。后部设置有阻流板，用以放置水冷冷却器及其吊挂。阻流板在底部用螺栓固定到上部机舱罩上，阻流板附近设置有顶端后盖，工作人员可以打开它探出身体维修冷却器及风速风向仪等。通风管是用来保持机舱内外气流畅通的，通风管对应着机舱内的油冷冷却风扇，油冷冷却风扇工作时将气流从机舱抽出吹往机舱外。顶端前盖在避雷针附近，是用来维修避雷针及通风管的。

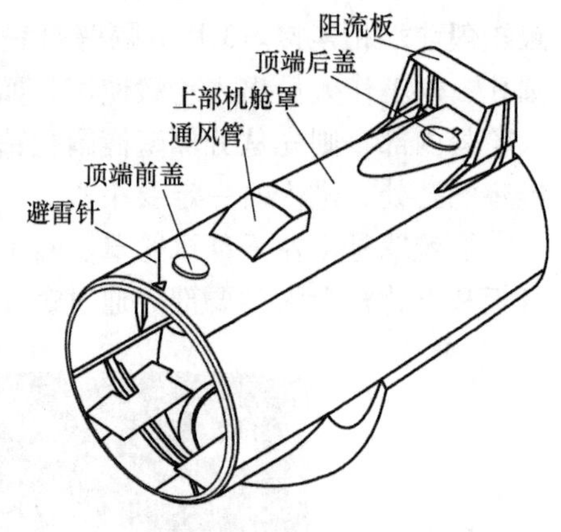

图 9-11　上部机舱罩

3. 机舱罩与导流罩的材料

机舱对风力发电机组的主要构件起着遮挡风、霜、雨、雪、阳光和沙尘的保护作用，而且其流线型的外形可以起到减小风力载荷的作用。为了减小风力发电机组主要构件的载荷，要求机舱罩与导流罩的重量应尽可能地轻，并应具有良好的空气动力学外形。

对机舱罩与导流罩材料的要求如下：

1）材料的密度应尽可能小，这样可以减轻机舱罩与导流罩的重量。

2）材料应该具有良好的力学性能，以保证机舱罩和导流罩有足够的强度和刚度。

3）材料应该具有良好的可加工性，即工艺性能好。

4）材料应该价格比较低，以使机舱罩与导流罩的成本比较低。

目前大型风力发电机组的机舱罩与导流罩一般采用玻璃纤维增强复合材料作为主要材料，辅以其他材料制作。导流罩的作用一是减小风力发电机组的迎风阻力，二是保护轮毂与叶片、主轴的连接及轮毂内的变桨距系统。导流罩需要流线型的外形，并且它的上面需要留有叶片的安装孔，还要求有防尘、防水的密封结构，目前风力发电机组的导流罩采用玻璃纤维增强复合材料进行生产。

4. 机舱罩的制造工艺

兆瓦级以上的风力发电机组玻璃纤维增强复合材料机舱的厚度一般为7～8mm，加强肋及法兰面的厚度为20～25mm，一个完整机舱的质量大约为3～4t。玻璃纤维增强复合材料机舱罩的制作最常用的方法是手糊法和真空浸渗法。

（1）手糊法　手糊法的第一步是机舱部件模具的制作。根据机舱部件的形状和结构特点、操作难易程度及脱模是否方便，确定模具采用凸模还是凹模，决定模具制造方案后根据机舱图样画出模具图。一般凸模模具的制作比较容易，采用较多。

机舱部件的加强肋是在糊制过程中，在该部位加入高强度硬质泡沫塑料板制成的。泡沫塑料板的特点是：它是闭孔结构，使树脂无法渗入其中。机舱部件中需要预埋的螺栓、螺母及其他构件较多，应在糊制过程中准确安放，不要遗漏和放错。手糊法生产效率低，产品一致性较差，只有一面光滑，修整工作量大，不适用于批量生产。

（2）真空浸渗法　真空浸渗法生产的产品一致性好，两面光滑，适宜批量生产。但生产的一次性投资大，整套机舱模具需要几十万元，需要使用真空泵等设备。真空浸渗法属于闭模成型，一套模具由模芯和模壳两部分组成。真空浸渗法机舱部件的制造工艺过程如下：

1）在模芯上按图样要求将增强材料按规定的材质、层数、位置铺覆好，需要预埋的螺栓、螺母、加强肋及其他构件准确安放好。

2）先将铺覆好增强材料的一半吸死，然后将模壳与模芯合模，均匀拧紧全部压紧螺栓，最后用密封胶将模壳与模芯合模部位全部密封。

3）起动真空泵，对模具内部抽真空。

4）从注料口注入与固化剂混合均匀的树脂，在大气压力的推动下，树脂迅速浸渗到增强材料的各个地方，充满模具内部。

5）在20℃室温条件下固化48h，然后开模取出产品。

6）出模后的机舱产品需要修整飞边及其他缺陷，最后喷涂聚氨酯面漆和标志。

真空浸渗法的关键技术有两点：一是模具的注料口和流道设计，好的注料口和流道设计可以保证浸渗饱满且时间短，不良的设计会造成浸渗无法饱满、耗时较长；二是树脂的黏度，黏度大的树脂的流动性差，黏度小的虽然流动性好但固化时间会很长。

导流罩的制作方法与机舱罩的制作方法基本相同，其差别主要是制品的内部结构和所使用的模具不同。生产方式主要取决于导流罩的生产规模，生产批量较小时一般采用手糊法，生产批量较大时一般采用真空浸渗法。

导流罩主体和叶片密封圈及一些采用剖分结构的导流罩，其各个构件是分别进行加工的。像导流罩主体和叶片密封圈，需要在固化成型后进行粘结，粘结好全部需要在导流罩主体上装配的零件后才能进行表面处理。剖分结构的导流罩在各部分固化成型后，首先粘结好需要粘结的零件，然后将剖分接合面装配在一起才能进行表面处理，否则剖分接合面处的外观和质量无法保证。

9.3.2 机舱座

风力发电机组的机舱座也称为机架（或底盘），是风力发电机组风轮、主轴、齿轮箱、发电机、偏航回转支撑（偏航轴承）、液压系统、润滑系统、冷却系统、控制系统和机舱的安装物理基础（实体），同时承担着与塔架连接的重要任务。机舱座与机舱装配后形成一个可以给机组零部件“遮风挡雨”的封闭空间。

1. 机舱座的结构

风力发电机组机舱座的结构比较复杂，风力发电机组90%以上的零部件都要安装在它的上面；安装表面和连接尺寸众多，多数有比较高的位置精度和尺寸精度要求，同时还要求有足够的强度和刚度。

（1）带齿轮箱的异步机组机舱座　带齿轮箱的异步机组机舱座因纵向尺寸较长，所以体积和重量较大，因部分结构不同又为两种类型：

第一类机舱座的特点是主轴轴线与塔架上平面是平行的（如图9-12a所示），其主轴安装平面、齿轮箱安装平面、发电机安装平面、偏航轴承安装平面、液压站安装平面等也都是与塔架上平面平行的。机舱座的各个安装平面都是相互平行的，加工起来比较简单。

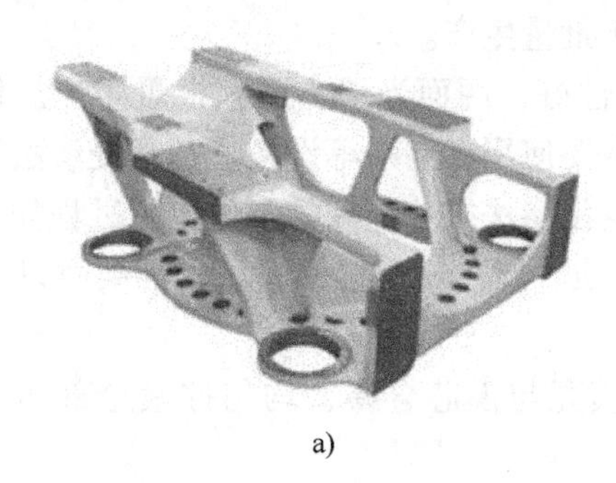

a)

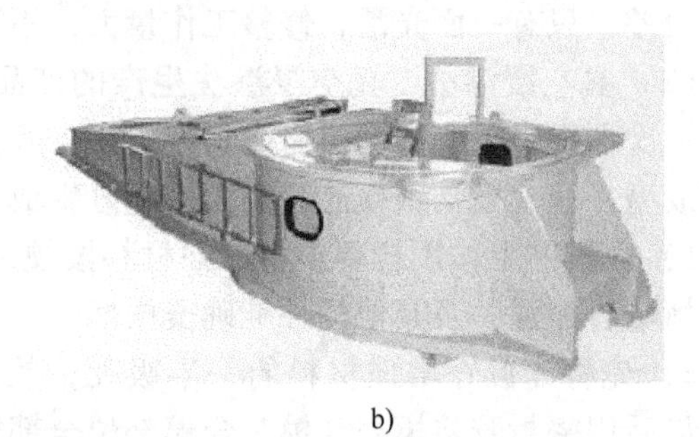

b)

图9-12　机舱座

另一类机舱座（如图9-12b所示）的特点是主轴轴线与塔架上平面成5°或6°的夹角，所以称为仰头型机舱座，其作用是为了防止大风时叶片变形造成叶片碰撞塔架。因为主轴轴线与塔架上平面有5°或6°的夹角，因此要求机舱座上的偏航轴承安装平面与塔架上平面平行；机组主传动链的轴线与偏航轴承安装平面有5°或6°的仰角，而与主传动链无关的液压泵站、控制柜等其他设备的安装平面都是与偏航轴承安装平面平行的。

风力发电机组的机舱座需要承受除塔架外所有机组零部件的重量与风力产生的载荷，为此机舱座一般采用承载能力强的箱形结构。箱体的底面宽度应大于偏航轴承的直径，长度应由主传动链部件的装配累计长度加上维修窗口长度来确定，即由主轴、齿轮箱和发电机装配后的长度和维修窗口长度决定。在箱体的前端设有安装主轴前支撑的安装面，在箱体的后端设有齿轮箱安装面或浮动安装的齿轮箱托架安装面，在底板的最后端设有发电机安装面。

（2）直驱型同步机组的机舱座　直驱型同步机组的机舱座（如图9-13所示）因为没有齿轮箱，发电机紧挨着风轮，因此直驱型同步机组的机舱座的体积和重量都小很多，结构也比较简单，一般都采用铸造成形。

图9-13　直驱型同步机组的机舱座

2. 机舱座的材料

为满足大型风力发电机组机舱座的强度和刚度要求，机舱座一般采用铸造或焊接成形。带齿轮箱的异步机组机舱座因纵向尺寸较长，一般采用焊接结构或前部铸造后部焊接的混合结构。直驱型同步机组的机舱座尺寸和重量都

小很多，一般都采用铸造成形。

（1）铸造成形机舱座的材料　铸造成形机舱座的材料可按照 GB/T 1348—2009 和 GB/T 9439—2010 的规定选用铸铁材料，宜选用球墨铸铁，也可选用 HT350 以上的普通铸铁，或其他具有等效力学性能的材料（如铸钢）。采用铸铁箱体可发挥其减振性、易于切削加工等特点，适于批量生产。常用的材料有球墨铸铁和其他高强度铸铁。

（2）焊接成形机舱座的材料　焊接成形机舱座选用的材料是厚钢板，对其要求如下：

1）依据环境温度选择金属结构件的材料。

2）钢板的尺寸、外形及允许偏差应符合 GB/T 709—2006 的规定，如钢板的平面度不大于 10mm/m。

3）采用 Q345 低合金高强度结构钢时，用边缘超声波检验方法评定质量。

4）所选材料应随附制造厂的合格证和检验单，主要材料和用于主要零部件的材料应进行理化性能复检。

3. 机舱座的加工

（1）铸造成形机舱座的加工　铸造成形机舱座属于大型铸件，一般由规模比较大的专业铸造厂生产：铸造成形机舱座可以是整体的，也可以分为几个部件装配成形。

其生产过程为：模型制作→制作砂型→砂型合模→铁液浇铸→冷却成型→开模清砂→时效处理→机械加工→表面防护处理→检验验收→运往总装厂。

（2）焊接成形机舱座的加工　兆瓦级大型风力发电机组的焊接成形机舱座，安装偏航轴承的底部使用的钢板厚度在 100mm 左右；舱壁四周、主轴支撑安装平面及传动链设备安装延伸段钢板的厚度，大约为舱底钢板厚度的三分之二；其他设备安装部位的钢板厚度大约为舱底钢板厚度的三分之一，用于安装液压系统、润滑系统、冷却系统、控制系统等设备和机舱等。

钢结构的阻焊应严格遵循焊接工艺规程，关键部位的焊接应使用装配定位板。为保证焊接质量，焊接构件用的焊条、焊丝与焊剂都应与被焊接的材料相适应，并符合焊条相关标准的规定。在不利的气候条件下，宜采取特殊的措施，仔细地按技术要求焊接或拆除装配定位板。

（3）机舱座的机械加工　不管是铸造成形机舱座还是焊接成形机舱座，有几个与整机装配有关的关键部位必须进行机械加工，以保证其位置精度及平面贴合。首先要加工偏航轴承的安装面，这个平面是整个底板的加工基准平面。水平轴风力发电机组的主轴支座安装平面、齿轮箱安装平面和发电机安装平面都与偏航轴承安装平面平行，加工时只要满足要求就可以了。

9.4　支撑系统的维护

1. 基础的检查与维护

混凝土结构的正确维护相当重要，应做如下检查：检查塔架基础是否干燥和清洁；检查混凝土结构有无受损痕迹；检查电缆接入口是否密封完好。

2. 塔架和基础之间的连接检查

为了不对塔架基础和钢铁部件连接施加不必要的应力，塔架基础必须保持尽可能干燥和清洁。检查是否存在裂缝。检查是否有水渗出。

3. 防雷接地的检查

防雷接地的完善可以确保风机安全运行。检查与接地系统相连处有无松动。检查有无受损的连接线和连接元件，若有，必须更换。

4. 电缆连接点检查

塔架中的电缆可能会存在安全隐患，需要仔细检查并维护。滑落的电缆会对连接处产生附加的载荷，电缆脱落可能导致短路。检查电缆连接处和电缆护套是否有擦破的痕迹。检查电缆是否接牢，各处接地线是否牢固，检查电缆连接处收缩软管是否损坏。检查电缆夹子是否紧固。

5. 塔架的检查与维护

如果超过两个连接螺栓或超过一个法兰上10%的螺栓断裂，风机必须停止运行。检查螺栓是否断裂、丢失。检查预紧力是否下降。通过倾听敲打的锤子的声音判断螺栓是否松动。以规定的力矩检查塔架底段与中段连接法兰螺栓和塔架中段与顶段连接法兰螺栓，每检查完一个，用记号笔在螺栓头处做一个圆圈记号。检查法兰之间连接有无缝隙。如果塔架的法兰之间有缝隙，必须找出原因并消除。检查橡胶密封条是否损坏，接头处是否有缝隙，固定是否完好。检查关闭的门是否能够保证从内部打开。检查塔架门在大风时是否能保证安全开启。

6. 检查梯子和攀爬保护系统

梯子和攀爬保护系统必须全部进行检查，确保安全。检查所有与塔筒壁的连接和梯子各部分之间的连接是否紧固。检查攀爬保护系统的钢丝绳或滑轨，特别是上部的钢丝绳或滑轨有无受损。检查钢丝绳的连接点的螺栓是否紧固。

7. 检查照明和紧急照明

检查塔筒内的照明系统是否全部完好，检查并维护每一个灯。开始维护和修理照明系统前，必须停止风机并断电。检查时使用头灯或不易碰碎的手提灯。检查塔筒内接线盒处是否牢固。

8. 罩体的检查和维护

检查机舱罩及轮毂罩是否有损坏、裂纹，如有应及时修复。检查罩体内是否渗漏雨水，如有则应清除雨水并找出渗漏位置。检查罩体内雷电保护线路接线是否牢靠。检查避雷针安装是否牢靠。

本章小结

1. 塔架的类型：圆筒形塔架（钢结构筒形塔架、钢筋混凝土塔架）、桁架式塔架。
2. 塔架的防腐方式：底漆、中间漆、面漆。
3. 海上机组基础的分类：重力基础、单桩基础、多脚架基础、浮动平台基础。
4. 机舱最常用的制作方法：手糊法和真空浸渗法。

习题

1. 塔架有几种类型？各有什么优缺点？
2. 塔架承受的载荷有哪些类型？
3. 塔架的设计有哪些内容？
4. 基础有哪些分类方式？

第 10 章

风力发电机组的安装、调试、运行及维护

风电场风力发电机组运行的好坏与它的现场安装、调试有着直接的关系。

本章主要介绍风力发电机组的装配、整机安装、调试过程，风电场的运行，风电场的维护，机组的常见故障及故障排除。

10.1 风力发电机组的安装

风力发电机组安装位置及安装高度直接影响风能效率、利用率和经济效益。

10.1.1 风力发电机组的装配

并网型风力发电机组属于重型发电设备，整个设备高达百米以上，重量在数百吨，因此风力发电机组的装配是在生产厂进行部分装配，而未装配的部件在风力发电场现场装配。

1. 风力发电机组装配的要求

由于各个风力发电机组总装厂装配工艺不同，故对运输方式的选择不同，各生产厂装配方式也略有差异。目前，装配恒频恒速失速型机组一般采用机舱在工厂组装，叶片、轮毂、塔架在风力发电场现场安装的安装方式。变桨距变速恒频机组采用除叶片和塔架外，其余零部件装配都在总装厂完成的安装方式，便于采用成熟的整体风轮吊装工艺，减小现场安装时主起重机的起吊重量，减少起重机的租赁费用。风力发电机组装配要求如下：

1）进入装配的零部件（包括外购件、外协件）均具有检验部门的合格证，方能进行装配。

2）零部件在装配前应当清理并清洗干净，不得有飞边、翻边、氧化皮、锈蚀、切屑、油污、着色剂和灰尘等。

3）装配前应对零部件的主要配合尺寸，特别是过盈配合尺寸及相关精度进行复查。

4）除有特殊规定外，装配前应将零件尖角和锐边倒钝。

5）装配过程中零部件不允许磕伤、碰伤、划伤和锈蚀。

6）油漆未干的零部件不得进行装配。

7）对每一装配工序，都要有装配记录，并存入风力发电机组档案。

8）零部件的各润滑处装配后应按装配规范要求注入润滑油（润滑脂）。

2. 装配工艺过程

将若干个零件结合成部件或将若干个零件和部件结合成产品的过程称为装配。

（1）装配前的准备工作

1）熟悉产品装配图、工艺文件和技术要求，了解产品的结构、零件的作用及相互连接关系。

2）确定装配方法、顺序和准备所需要的工具。

3）对装配的零件进行清洗，去掉零件上的飞边、铁锈、切屑和油污。

4）对某些零件还需要进行刮削等修配工作，特殊要求的零件要进行平衡试验、密封性试验等。

（2）装配工作　结构复杂的产品，装配工作通常分为部件装配和总装配。部件装配是指产品在进入总装配以前所进行的装配工作。总装配是指将零件和部件结合成一台完整产品的过程。

（3）调整、检验和试车阶段

1）调整是指调节零件或机构的相互位置、配合间隙、结合程度以及控制系统的元器件动作顺序、设定参数等，目的是使机构或设备工作协调，满足设计要求。

2）检验包括几何精度和工作精度检验，如轴与孔装配后的状态、装配后零部件之间的同轴度与平行度、设备的工作顺序是否符合实际程序要求等。

3）试车是试验机构或设备的运转灵活性、振动、工作温升、噪声、转速、功率等性能是否符合要求，以保证产品质量。

（4）表面处理与包装　设备装配好之后为了使其美观、防腐和便于运输，还要做好喷漆、涂油、装箱等工作。

3. 风力发电总装厂的装配工作

1）变桨距轮毂的装配：包括变桨距轴承、驱动装置、润滑装置、控制装置等的安装与调整。

2）主轴的装配：包括主轴与轴承的连接，轴承端盖等零件的安装。

3）主传动链的装配：包括主轴与齿轮箱的连接、齿轮箱与机舱底座的连接、发电机的安装、联轴器的安装以及发电机与齿轮箱同心度的调整。

4）偏航系统的装配：包括偏航轴承、偏航减速器和偏航制动等的安装。

5）主轴机械制动器的装配：包括制动盘、制动钳和风轮锁定装置的装配与调整。

4. 风力发电机组装配工艺顺序

以图 10-1 所示的 1.5MW 变桨距双馈风力发电机组为例，风力发电机组机舱座为铸造结构或不同厚度的钢板焊接结构，中间为车削加工得到的有安装回转支撑的圆孔及端面。齿轮箱一般采用两级行星齿轮加一级平行轴齿轮传动。齿轮箱用两个浮动支架安装，齿轮箱与主轴采用胀接。

图 10-1　1.5MW 变桨距双馈风力发电机组的组装

（1）轮毂总成装配工艺顺序　安装变桨距轴承→安装变桨距驱动电动机→安装变桨距控制箱→安装润滑系统→安装液压系统→安装导流罩支架及导流罩→检查装配质量是否符合技术要求→合格后送总装配线→安装在主轴上。

（2）主轴总成装配工艺顺序　以半独立结构的主轴为例，其装配工艺顺序如下：轴承内圈工频加热→将前轴颈装入轴承内圈→轴承座工频加热→轴承外圈装入轴承座→安装推力轴承→安装轴承前、后端盖→安装主轴防尘套。

（3）整机总装顺序　翻转机舱座使偏航轴承安装面向上→在机舱座下面安装偏航轴承和制动盘→翻转机舱座180°安装在运输托架上→安装偏航驱动电动机→安装齿轮箱托架→安装主传动链→安装高速轴制动器→安装发电机→安装联轴器→安装润滑系统→安装液压系统→安装加热、冷却系统→安装机舱控制柜→安装监控检测传感器→安装电气及控制系统→空运转试验→调整排除故障→安装机舱→检验合格后出厂。

10.1.2　典型风力发电机组的安装

以1MW风力发电机组的安装为例，介绍风力发电机组的安装程序。

1. 安装前的准备工作

1）检查并确认风力发电机组基础已验收，符合安装要求。

2）确认风电场输变电工程已经验收。

3）确认安装当日气象条件适宜，地面最大风速不超过12m/s。

4）由制造厂技术人员会同建设单位（业主）组织有关人员认真阅读和熟悉风力发电机组制造厂随机提供的安装手册。

5）以制造厂技术人员为主，组织安装队伍，并明确安装现场的唯一指挥者人选。

6）制定详细的安装作业计划，明确工作岗位，责任到人，明确安装作业顺序、操作程序、技术要求、安装要求，明确各工序各岗位使用的安装设备、工具、量具、用具、辅助材料、油料等。

7）清理安装现场，去除杂物，清理出运输车辆通道。

8）清理风力发电机组基础，清理基础环的工作表面（法兰的上、下端面和螺栓孔），对使用的地脚螺栓需清理螺栓螺纹表面，去除防锈包装，加涂机油，个别损伤的螺纹用板牙修复。

9）安装用的大、小吊车按要求落实，并进驻现场。

10）办理风力发电机组出库领料手续，由各安装工序责任人负责按作业计划与明细表逐件清点，并完成去除防锈包装清洁工作，运抵安装现场。

2. 安装程序

（1）塔架吊装　塔架吊装有两种方式：一种是使用起重量50t左右的吊车先将下段吊装就位，待吊装机舱和风轮时，再吊剩余的中、上段，可减少大吨位吊车的使用时间，适用于一次吊装风力发电机组的数量少，且为地脚螺栓式基础结构的情况（如图10-2所示）。吊装时还需配备一台起重量16t以上的小吊车配合“抬吊”。

图10-2　第二级塔架的吊装

另一种方式适用于一次吊装的风电机组台数较多的情况，除使用50t吊车外，还使用起重量大于130t、起吊高度大于塔架总高度2m以上的大吊车，一次将几段塔架全部吊装完成。塔架吊装时，由于连接用的紧固螺栓数量多，紧固螺栓占用时间长，有可能时，应尽量提前单独完成塔架的吊装，且宜采用流水作业方式一次连续吊装多台，以提高吊车利用率。特别是需要在地面上调整法兰的采用地脚螺栓的风力发电机组塔架，耗时更长。在安排计划时要注意这一特点。

（2）风轮组装　风轮组装（如图10-3所示）需要在吊装机舱前提前完成。风轮组装有两种方式：一种是在地面上将三个叶片与风轮轮毂连接好，并调好叶片安装角；另一种是在地面上把风轮轮毂与机舱的主轴连接，同时安装上离地面水平线有120°角度的两个风轮叶片，第三个叶片待机舱吊装至塔架顶后再安装。

图10-3　风轮组装

（3）机舱吊装（如图10-4所示）　装有铰链式机舱盖的机舱，打开分成左右两半的机舱盖，挂好吊带或钢丝绳，保持机舱底部的偏航轴承下平面处于水平位置，即可吊装于塔架顶法兰上；装有水平剖分机舱盖的机舱，机舱与机舱盖分先后两次吊装。

图10-4　机舱吊装

（4）风轮吊装（如图10-5所示）　用两台吊车“抬吊”，并由主吊车吊住上扬的两个叶片的叶根，完成空中90°翻身调向，撤开副吊车后与已装好在塔架顶上的机舱主轴对接。

（5）控制柜就位（如图10-6所示）　控制柜安装于钢筋混凝土基础上的，应在吊下段塔架时预先就位；控制柜固定于塔架下段平台上的，可在放电缆前后从塔架工作门抬进就位。

图 10-5　风轮吊装

图 10-6　控制柜就位

（6）放电缆　使其就位。

（7）电气接线　完成所有控制电缆、电力电缆的连接。

10.1.3　风力发电机组的调试

1. 调试项目

按风力发电机组生产厂安装及调试手册规定，通常包含以下项目：检查主回路相序、断路器整定值、接地情况；检查控制柜功能，检查各传感器、扭缆解缆、液压及各电动机起动状况；调整液压至规定值；起动发电机；叶尖排气；检查润滑；调整盘式制动器间隙；设定控制参数；安全链测试。

2. 调试报告

按手册要求填写，通常调试报告为固定项目的格式报告，采用“√”与“×”符号记录调试的结果状况，合格者用“√”符号标记，反之则用“×”。一些状态数据如温度也可按实际数据记录。

当某一调试项目一直不合格时，应停机，进行分析判断并采取相应措施，如更换不合格元器件等，直至调试合格。

10.2 风电场的运行

目前，国内风电场由初期的数百千瓦装机容量发展为数万千瓦甚至数十万千瓦装机容量的大型风电场。风电场运行维护管理工作的主要任务是通过科学的运行维护管理，来提高风力发电机组设备的可利用率及供电的可靠性，从而保证风电场输出的电能质量符合国家电能质量的有关标准。

1. 风电场运行的主要内容

风电场运行工作的主要内容包括两个部分，分别是风力发电机组的运行和场区升压变电站及输变电设施的运行。工作中应按照 DL/T 666—2012《风力发电场运行规程》执行。

（1）风力发电机组的运行　风力发电机组的日常运行工作主要包括：通过中控室的监控计算机，监视风力发电机组的各项参数变化及运行状态，并按规定认真填写《风电场运行日志》。当发现异常变化趋势时，通过监控程序的单机监控模式对该机组的运行状态连续监视，根据实际情况采取相应的处理措施。遇到常规故障，应及时通知维护人员，根据当时的气象条件检查处理，并在《风电场运行日志》上做好相应的故障处理记录及质量记录；对于非常规故障，应及时通知相关部门，并积极配合处理解决。

风电场应当建立定期巡视制度，运行人员按要求定期到现场通过目视观察等直观方法对风力发电机组的运行状况进行巡视检查（巡检）。检查工作主要包括风力发电机组在运行中有无异常声响、叶片运行的状态如何、偏航系统动作是否正常、塔架外表有无油迹污染等。巡检过程中要根据设备近期的实际情况有针对性地重点检查故障处理后重新投运的机组，重点检查起停频繁的机组，重点检查负荷重、温度偏高的机组，重点检查新投入运行的机组。若发现故障隐患，则应及时报告处理，查明原因，避免更大事故发生，减少经济损失。

（2）场区升压变电站及输变电设施的运行　风电场场区内的变压器及附属设施、电力电缆、架空线路、通信线路、防雷设施、升压变电站的运行工作应满足下列标准要求：

1）SD 292—1988《架空配电线路及设备运行规程》。

2）DL/T 572—2010《电力变压器运行规程》。

3）GB/T 14285—2006《继电保护和安全自动装置技术规程》。

4）DL/T 596—1996《电力设备预防性试验规程》。

5）DL 408—1991《电业安全工作规程（发电厂和变电所电气部分）》。

6）DL 409—1991《电业安全工作规程（电力线路部分）》。

7）DL 5027—2015《电力设备典型消防规程》。

8）DL/T 620—1997《交流电气装置的过电压保护和绝缘配合》。

9）DL/T 1253—2013《电力电缆线路运行规程》。

一般情况下，风电场周围自然环境较为恶劣，地理位置往往比较偏僻，要求输变电设施满足在高温、严寒、高风速、沙尘暴、盐雾、雨雪、冰冻、雷电等恶劣气象条件下运行的要求。同时，还要处理好消防和通信问题，以提高风电场运行的安全性。运行人员在日常的运行工作中应加大巡视检查的力度，在巡视时配备相应的检测、防护和照明设备，以保证工作的正常进行。

（3）运行数据统计与分析　对风电场设备在运行中发生的情况进行详细的统计分析可

对运行维护工作进行考核量化，也可为风电场的设计、风资源的评估、设备选型提供有效的理论依据。主要运行数据有：风力发电机组的月发电量、场用电量、风力发电机组的设备正常工作时间、标准利用小时、电网停电时间、故障时间等。

风力发电机组的功率曲线数据统计与分析可为风力发电机组提高出力和提高风能利用率提供实践依据。通过对风况数据的统计和分析，可掌握各种形式风电机组随季节变化的出力曲线，并以此制定出合理的定期维护工作时间表，以减少风资源的浪费。

2. 风电场运行的主要方式

随着风电场的不断完善和发展，各风电场运行方式也不尽相同。工作中采用的主要形式有：风电场业主自行维护和专业运行公司承包运行维护。

（1）风电场业主自行维护　风电场业主自行维护是指业主自己拥有一支具有过硬专业知识和丰富管理经验的运行维护队伍，同时还配备风力发电机组运行维护所必需的工具及装备，拥有一定的人员技术储备和比较完善的运行维护前期培训，准备周期较长。

（2）专业运行公司承包运行维护　随着国内风电产业的不断发展，风电场的建设投资规模越来越大，一些专业投资公司也开始更多地涉足风电产业，于是业主便将风电场的运行维护工作部分或者全部委托给专业运行公司负责。

此外，国外的一些风力发电机组制造商也都设有专门的售后服务部门，为风电场业主提供相应的售后技术服务。由于地域原因，国外一些厂家在完成质保期内的服务工作后，很难保证继续提供快捷、周到的技术服务，或是服务费用较高，风电场业主不能承受。随着国内风力发电机组制造商的增多，一些国内厂家已初步具备了为业主提供长期技术服务的能力，服务时效和费用的问题已得到了较好的解决。

10.3　风电场的维护

风电场的维护主要是指风力发电机组的维护和场区内输变电设施的维护。风力发电机组的维护主要包括机组常规巡检和故障处理、年度例行维护及非常规维护。在工作中应根据电场实际执行下列标准：

1）DL/T 797—2012《风力发电场检修规程》。

2）DL/T 838—2003《发电企业设备检修导则》。

3）DL/T 573—2010《电力变压器检修导则》。

4）DL/T 574—2010《变压器分接开关运行维修导则》。

10.3.1　机组的常规巡检

为保证风力发电机组的可靠运行，提高设备可利用率，在日常的运行维护工作中建立日常登机巡检制度。维护人员应当根据机组运行维护手册的有关要求并结合机组运行的实际状况，有针对性地列出巡检标准工作内容并形成表格，工作内容叙述应当简单明了，目的明确，便于指导维护人员的现场工作。通过巡检工作力争及时发现故障隐患，防患于未然，有效地提高设备运行的可靠性。

风力发电机组的日常故障检查处理内容如下：

1）当标志机组有异常情况的信号报警时，运行人员要根据报警信号所提供的故障信息及故障发生时计算机记录的相关运行状态参数，分析查找故障的原因，并且根据当时的气象条件，采取正确的方法及时进行处理，并在《风电场运行日志》上认真做好故障处理记录。

2）当液压系统油位及齿轮箱油位偏低时，应检查液压系统及齿轮箱有无泄漏现象发生。若有，则根据实际情况采取适当防止泄漏措施，并补加油液，使之恢复到正常油位。在必要时应检查油位传感器的工作是否正常。

3）当风力发电机组液压控制系统压力异常而自动停机时，运行人员应检查液压泵工作是否正常。如油压异常，应检查液压泵电动机、液压管路、液压缸及有关阀体和压力开关，必要时应进一步检查液压泵本体工作是否正常，待故障排除后再恢复机组运行。

4）当风速仪、风向标发生故障，即机组显示的输出功率与对应风速有偏差时，应检查风速仪、风向标转动是否灵活。如无异常现象，则应进一步检查传感器及信号检测回路有无故障，如有故障应予以排除。

5）当风力发电机组在运行中有异常声响时，应查明声响部位。若为传动系统故障，应检查相关部位的温度及振动情况，分析具体原因，找出故障隐患，并做出相应处理。

6）当风力发电机组在运行中因设备和部件超过设定温度而自动停机，即风力发电机组在运行中因发电机温度、晶闸管温度、控制箱温度、齿轮箱温度、机械卡钳式制动器刹车片温度等超过规定值而造成了自动保护停机时，运行人员应结合风力发电机组当时的工况，通过检查冷却系统、刹车片间隙、润滑油脂质量及相关信号检测回路等，查明温度上升的原因。待故障排除后，才能起动风力发电机组。

7）当风力发电机组因偏航系统故障而自动停机时，运行人员应首先检查偏航系统电气回路、偏航电动机、偏航减速器、偏航计数器和扭缆传感器工作是否正常。必要时应检查偏航减速器润滑油油色及油位是否正常，借以判断偏航减速器内部有无损坏。对于偏航齿圈传动的机型还应考虑检查传动齿轮的啮合间隙及齿面的润滑状况。此外，因扭缆传感器故障致使风力发电机组不能自动解缆的也应予以检查处理。待所有故障排除后再恢复起动风力发电机组。

8）当风力发电机组转速超过限定值或振动超过允许振幅而自动停机，即风力发电机组运行中，由于叶尖制动系统或变桨距系统失灵，瞬时强阵风以及电网频率波动造成风力发电机组超速，或由于传动系统故障、叶片状态异常等引起机械不平衡、恶劣电气故障导致风力发电机组振动超过极限值而发生故障停机时，运行人员应检查超速、振动的原因。经检查处理并确认无误后，才允许重新起动风力发电机组。

9）当风力发电机组变桨距调节机构发生故障时，对于不同的变桨距调节形式，应根据故障信息检查确定故障原因，需要进入轮毂时应可靠锁定风轮。在更换或调整变桨距调节机构后应检查机构动作是否正确可靠，必要时应按照维护手册要求进行机构连接尺寸测量和功能测试。经检查处理并确认无误后，才允许重新起动风力发电机组。

10）当风力发电机组安全链回路动作而自动停机时，运行人员应借助就地监控机提供的故障信息及有关信号指示灯的状态，查找导致安全链回路动作的故障环节。经检查处理并确认无误后，才允许重新起动风力发电机组。

11）当风力发电机组在运行中主断路器动作时，运行人员应当目测检查主回路元器件外观及电缆接头处有无异常，在拉开箱式变电站（简称“箱变”）侧开关后应当测量发电机、主回路绝缘以及晶闸管是否正常。若无异常可重新试送电，借助就地监控机提供的有关

故障信息进一步检查主断路器动作的原因。若有必要应考虑检查就地监控机跳闸信号回路及断路器自动跳闸机构是否正常。经检查处理并确认无误后，才允许重新起动风力发电机组。

12）当风力发电机组运行中发生与电网有关的故障时，运行人员应当检查场区输变电设施是否正常。若无异常，风力发电机组在检测电网电压及频率正常后，可自动恢复运行。对于发生了与电网有关故障的机组，必要时可在断开风力发电机组主断路器后，检查有关电量检测组件及回路是否正常，熔断器及过电压保护装置是否正常。若有必要应考虑进一步检查电容补偿装置和主接触器工作状态是否正常。经检查处理并确认无误后，才允许重新起动机组。

13）由于气象原因导致的机组过负荷、发电机与齿轮箱过热停机、叶片振动、过风速保护停机或低温保护停机等故障，如果风力发电机组自起动次数过于频繁，值班长可根据现场实际情况决定风力发电机组是否继续投入运行。

14）当风力发电机组运行中发生系统断电或线路开关跳闸时，即当电网发生系统故障造成断电或线路故障导致线路开关跳闸时，运行人员应检查线路断电或跳闸原因（若逢夜间应首先恢复主控室用电），待系统恢复正常，则重新起动机组并通过计算机并网。

15）风力发电机组因异常需要立即进行停机操作的顺序：利用主控室计算机遥控停机；遥控停机无效时，则就地按正常停机按钮停机；当正常停机无效时，使用紧急停机按钮停机；上述操作均无效时，拉开风力发电机组主开关或连接此台机组的线路断路器，之后疏散现场人员，做好必要的安全措施，避免事故范围扩大。

16）风力发电机组事故处理：在日常工作中风电场应当建立事故预想制度，定期组织运行人员做好事故预想工作。根据风电场自身的特点完善基本的突发事件应急措施，对设备的突发事故争取做到指挥科学、措施合理、沉着应对。

发生事故时，值班负责人应当组织运行人员采取有效措施，防止事故扩大并及时上报。同时应当保护事故现场（特殊情况除外），为事故调查提供便利。

事故发生后，运行人员应认真记录事件经过，并及时通过风力发电机组的监控系统获取反映机组运行状态的各项参数记录及动作记录，组织有关人员研究分析事故原因，总结经验教训，提出整改措施，汇报上级领导。

10.3.2　年度例行维护

风电场的年度例行维护是风力发电机组安全可靠运行的主要保证。风电场根据机组制造商提供的年度例行维护内容并结合设备运行的实际情况制定出切实可行的年度维护计划。

运行人员应当认真学习掌握各种型号机组的构造、性能及主要零部件的工作原理，并一定程度上了解设备的主要总装工艺和关键工序的质量标准。在日常工作中注意基本技能和工作经验的培养和积累，不断改进风力发电机组维护管理的方法，提高设备管理水平。

1. 年度例行维护的主要内容

（1）电气部分

1）传感器功能测试与检测回路的检查。

2）电缆接线端子的检查与紧固。

3）主回路绝缘测试。

4）电缆外观与发电机引出线接线柱检查。

5）主要电气组件外观检查。

6）模块式插件检查与紧固。

7）显示器及控制按键开关功能检查。

8）电气传动变桨距调节系统的回路检查（驱动电动机、储能电容、变流装置、集电环等部件的检查、测试和定期更换）。

9）控制柜柜体密封情况检查。

10）机组加热装置工作情况检查。

11）机组防雷系统检查。

12）接地装置检查。

（2）机械部分

1）螺栓连接力矩检查。

2）各润滑点润滑状况检查及油脂加注。

3）润滑系统和液压系统油位及压力检查。

4）过滤器污染程度检查，必要时应更换处理。

5）传动系统主要部件运行状况检查。

6）叶片表面及叶尖扰流器工作位置检查。

7）节距调节系统的功能测试及检查调整。

8）偏航齿圈啮合情况检查及齿面润滑。

9）液压系统工作情况检查测试。

10）钳盘式制动器刹车片间隙检查调整。

11）缓冲橡胶组件的老化程度检查。

12）联轴器同轴度检查。

13）润滑管路、液压管路、冷却循环管路的检查固定及渗漏情况检查。

14）塔架焊缝、法兰间隙检查及附属设施功能检查。

15）风力发电机组防腐情况检查。

2. 年度例行维护周期

正常情况下，除非设备制造商特殊要求，否则风力发电机组的年度例行维护周期是固定的，即：新投运机组500h（一个月试运行期后）例行维护；已投运机组2500h（半年）例行维护；5000h（一年）例行维护。部分机型在运行满半年或一年时，在例行维护的基础上增加了部分检查项目，实际工作中应根据机组运行状况参照执行。

风力发电机组年度例行维护计划的编制应以机组制造商提供的年度例行维护内容为主要依据，结合风力发电机组的实际运行状况，在每个维护周期到来之前进行整理编制。计划内容主要包括工作开始时间、工作进度计划、工作内容、主要技术措施和安全措施、人员安排以及针对设备运行状况应注意的特殊检查项目等。

3. 年度例行维护的管理

年度例行维护工作开始前，维护工作负责人应根据风电场的设备及人员实际情况选择适合自身的工作组织形式，提早制定出周密合理的年度例行维护计划，落实维护工作所需的备品备件和消耗物资，保证维护工作所需的安全装备及有精度要求的工量卡具已按规定程序通过相应等级的鉴定，并已确实到位。为了使每个维护班组了解维护工作的计划及进度安排，

在年度例行维护工作正式开始前应召开由维护人员和风电场各部门负责人共同参加的例行维护工作准备会，通过会议应协调好各部门间的工作，确保维护计划的各项工作内容得以认真执行，并按规定填写相应的质量记录。

维护工作过程结束后，维护工作负责人应对维护计划的完成情况和工作质量进行总结。同时，综合维护工作中发现的问题，对本维护周期内风力发电机组的运行状况进行分析评价，并对下一维护周期内风力发电机组的预期运行状况及注意事项进行阐述，为今后的工作提供有益的积累。

10.3.3 维护工作注意事项

1）维护风电机组时应打开塔架及机舱内的照明灯具，保证工作现场有足够的照明亮度。

2）在登塔工作前必须手动停机，并把维护开关置于维护状态，将远程控制屏蔽。

3）在登塔工作时，要佩戴安全帽、系安全带，并把防坠落安全锁扣安装在钢丝绳上，同时要穿结实防滑的胶底鞋。

4）把维修用的工具、润滑油等放进工具包里，确保工具包无破损。在攀登时把工具包挂在安全带上或者背在身上，切记避免在攀登时掉下任何物品。

5）在攀登塔架时，不要过急，应平稳攀登，若中途体力不支可在中间平台休息后继续攀登，有身体不适、情绪异常者不得登塔作业。

6）在通过每一层平台后，应将层平台盖板盖上，尽量减少工具跌落伤人的可能性。

7）在风力发电机组机舱内工作时，风速低于12m/s时可以开启机舱盖，但在离开风力发电机组前要将机舱盖合上，并可靠锁定。风速超过14m/s时关闭机舱盖，风速超过18m/s时禁止登塔工作。

8）在机舱内工作时禁止吸烟，在工作结束之后要认真清理工作现场，不允许遗留弃物。

9）若在机舱外高空工作，需系好安全带，安全带要与刚性物体连接，不允许将安全带系在电缆等物体上，且要两人以上配合工作。

10）需断开主开关在机舱工作时，必须在主开关把手上悬挂警告牌，在检查机组主回路时，应保证与电源有明显断开点。

11）机舱内的工作需要与地面相互配合时，应通过对讲机保证可靠的相互联系。

12）若机舱内某些工作确需短时开机时，工作人员应远离转动部分并放好工具包，同时应保证急停按钮在维护人员的控制范围内。

13）检查维护液压系统时，应按规定使用护目镜和防护手套。检查液压回路前必须开启泄压手阀，保证回路内已无压力。

14）在使用提升机时，应保证起吊物品的重量在提升机的额定起吊重量以下，吊运物品应绑扎牢靠，风速较高时应使用导向绳牵引。

15）在手动偏航时，工作人员要与偏航电动机、偏航齿圈保持一定的距离，使用的工具、工作人员身体均要远离旋转和移动的部件。

16）在风力发电机组风轮上工作时需将风轮锁定。

17）在风力发电机组起动前，确保机组已处于正常状态，工作人员全部离开机舱回到地面。

18）若机组发生失火事故，应按下紧急停机键，并切断主断路器及变压器刀开关，进行灭火工作。当机组发生危及人员和设备安全的故障时，应立即拉开该机组线路侧的断路器，并组织工作人员撤离险区。

19）若风力发电机组发生飞车事故，工作人员需立刻离开风力发电机组，通过远控可将机组侧风，在机组的叶尖扰流器或叶片顺桨的作用下，使机组风轮转速保持在安全转速范围内。

20）如果发现风轮结冰，要使机组立刻停机，待冰融化后再开机，同时不要过于靠近机组。

21）在雷雨天气时不要停留在机组内或靠近机组。雷击过后至少一小时才可以接近机组；在空气潮湿时，机组叶片有时因受潮而发出杂音，应防止感应电。

10.3.4 运行维护记录的填写

1.《风电场运行日志》的填写

《风电场运行日志》主要记录风电场日常的运行维护信息和场区有关气象信息。其主要内容有：机组的日常运行维护工作，机组的常规故障检查处理记录，巡视检查记录，场区当日的风速、风向、气温和气压，同时注明当天值班人员及发生故障时检查处理的参与人员。

2.《风力发电机组非常规维护记录单》的填写

《风力发电机组非常规维护记录单》主要记录风力发电机组非常规维护的主要工作内容、主要参加人员、工作时间及机组编号等信息。

3.《风力发电机组检修工作记录单》的填写

《风力发电机组检修工作记录单》主要记录风力发电机组年度检修工作的项目，包括：工作检查测试项目、螺栓检查力矩、油脂用量、维护周期、主要参与人员及机组编号等信息。

4.《风力发电机组零部件更换记录单》的填写

《风力发电机组零部件更换记录单》主要记录风力发电机组更换零部件的名称、产品编号、使用年限、更换日期、机组编号及工作人员等信息。

5.《风力发电机组油品更换加注记录单》的填写

《风力发电机组油品更换加注记录单》主要记录风力发电机组使用的油品型号、更换及加注时的用量、使用年限、加注日期、机组编号及工作人员等信息。

10.4 机组的常见故障及故障排除

风力发电机组在允许的风速范围内正常运行发电，只要保证日常维护，一般是不会出现故障的。但风力发电机组长期运转或遭强风袭击等因素也会导致故障出现。

1. 风轮转动时发出异常声响

（1）故障可能原因

1）机舱罩松动或松动后碰到转动件。

2）主轴承座松动或轴承损坏。

3）增速器松动或齿轮箱轴承损坏。

4）制动器松动。

5）发电机松动。

6）联轴器损坏。

7）飞球调速器或空气动力调速器平衡弹簧断或限位器断。

8）变桨距调速的液压缸脱落或同步器断开。

（2）故障排除方法　有异常声响应停机检查。

1）重新紧固机舱罩紧固螺栓。

2）若主轴承座损坏，则重新调整主轴和增速器（或低速联轴器）的同轴度，将固定螺栓拧紧，使其紧固牢靠；若轴承损坏，应更换轴承，重新安装轴承。

3）调整增速器的同轴度，重新固定螺栓；拆下增速器，更换轴承及油封，重新安装增速器。

4）重新固定制动器及调整刹车片间隙。

5）重新调整发电机的同轴度并将紧固螺栓紧固牢靠。

6）更换联轴器。

7）若限位弹簧断，则更换限位弹簧并重新进行调整；若限位器断，则重新固定或重新焊接。

8）若液压缸脱落，则更换液压缸；若同步器断开，则更换同步器。

2. 风速达到额定风速以上，但风轮达不到额定转速，发电机不能输出额定电压

（1）故障可能原因

1）调速器卡滞，停留在一个位置上。

2）发电机转子和定子接触（扫膛）摩擦。

3）增速器轴承或主轴轴承损坏。

4）刹车片回位弹簧失效致使刹车片处在半制动状态。

5）微机调速失灵。

6）变桨距轴承损坏。

7）变桨距同步器损坏。

（2）故障排除方法

1）若风轮在额定风速下未达到相应的转速，应检查风轮的扭头、仰头、离心飞球，若空气动力调速的平衡弹簧断或拉力（压力）变化，应进行更换或调整；找出变桨距驱动系统的卡滞位置，应消除卡滞现象；若液压驱动变桨距的液压缸卡死或漏油，应更换液压缸或解决漏油。

2）若发电机轴承损坏，应拆下更换；若发电机轴承变形，应拆下转子进行校直或更换。

3）将损坏的轴承拆下并更换，重新调整同轴角度并安装好新轴承。

4）更换回位弹簧，重新调整刹车片间隙。

5）检查微机输出信号、控制系统的故障，并排除相应的故障；若微机因受干扰而误发指令，应排除干扰信号，对干扰信号进行屏蔽；若是速度传感器坏，应更换新的速度传感器。

6）更换变桨距轴承。

7）更换或修理变桨距同步器。

3. 调向不灵或不能调向

（1）故障可能原因

1）下风向或尾舵调向的阻尼器阻力太大。

2）扭头、仰头调速的平衡弹簧拉力小或失效。

3）调向电动机失控或带“病”运转或其轴承坏；风速仪或测速发电机有误。

4）调向转盘轴承进土且润滑不良，阻力太大或转盘轴承坏，不能转动。

5）微机指令有误，调向失灵。

（2）故障排除方法（停机修理）

1）将阻尼器弹簧压力调小，若阻尼器内刮进土，应清除。

2）停机后对平衡弹簧进行校调，调整风轮使其在额定风速以上扭头或仰头，若平衡弹簧失效，则更换。

3）起动调向电动机，若电控发生损坏，应及时更换调向电动机或更换电动机轴承，重新安装后进行校调；拆下调向电动机定子部分，检查是否存在短路或开路，重新下线，修好后再重新安装；检查风速仪和测速发电机，坏者应更换。

4）检查调向转盘轴承，若有进土则应清除，清洗注油，更换油封；若转盘轴承坏，需要拆下机舱进行更换，此时应进行一次大修，更换所有轴承，更换润滑油（脂）等。

5）检查微机各芯片，检查程序，检查控制用磁力启动器或放大器。若芯片坏，应更换；若程序有误，应重新输入正确程序；若控制用磁力启动器坏或放大器坏，应更换，若有屏蔽坏，应重新屏蔽好；若传感器失效，应更换。

4. 风轮时快时慢（风速变化不大）

（1）故障可能原因

1）扭头、仰头、离心飞球调速及变叶片锥角飞球调速器的调速弹簧（平衡弹簧）失效。

2）调速液压缸有气或液压管路有气、密封圈磨损漏油。

3）调速电动机电压波动太大。

4）叶片变桨距轴滚键。

5）微机调速输出失灵。

（2）故障排除方法（停机检修）

1）更换调速弹簧（平衡弹簧）。

2）更换液压缸密封圈，找出管路接头漏油进气点，更换密封圈，将管路气体排除，消除液压缸活塞摆动、爬行现象。

3）查出电压波动原因，消除电压波动。

4）拆下叶片，更换新轴、键，重新安装。

5）检查微机程序，检查微机输出，若有驱动芯片坏、驱动模块坏、接触器触点烧坏，均需更换。

5. 风轮转动而发电机不发电（无电压）

（1）故障可能原因

1）励磁断路或接触不良。

2）电刷与集电环接触不良或电刷烧坏。

3）晶闸管不起励。

4）发电机剩磁消失。

5）晶闸管烧毁。

6）无刷励磁整流管损坏。

7）励磁发电机转子绕组短路、断路。

8）励磁发电机定子绕组断路、短路。

9）直流发电机转子绕组断路、短路；定子或转子输出断路、短路。

（2）故障排除方法（停机检修）

1）若励磁回路断线或接触不良，查出故障部位并接好。

2）对于有刷励磁，应检查电刷、集电环，若接触不良，应调整刷握弹簧；若电刷表面烧坏，应更换；若集电环表面烧坏，应更换；对集电环表面应清洗、磨圆。

3）检查触发线路并修理，使之恢复正常触发功能；若晶闸管击穿，应更换；若晶闸管断路，应更换。

4）重新用直流电源励磁，待发电机正常发电再切除直流电源。

5）更换晶闸管。

6）更换无刷励磁整流管。

7）拆下发电机，再从发电机上拆下励磁发电机，修理好后再安装上。

8）拆下发电机，定子线圈重新下线并绝缘烘干，检查合格后，重新安装发电机。

9）更换新直流发电机或修理转子，重新下线，焊接铜头（换向器）；检查定子或转子输出，重新更换线圈。

6. 发电机三相不平衡

（1）故障可能原因

1）发电机定子绕组有一相或两相局部有短路或引出线接触不良。

2）负载三相不平衡或电网三相不平衡。

（2）故障排除方法（停机修理）

1）检查局部短路处，拨开短路线，做好绝缘处理；若引出线接触不良，应重新焊合或紧固引线螺栓，若锈蚀严重，应更换；若接线卡头烧坏，应更换。

2）调整负载使之平衡；若电网不平衡，应向有关电网管理部门报告，调整电网使之平衡。

7. 合闸送电或并网时熔断器熔断或跳闸

（1）故障可能原因

1）外电路有短路。

2）负荷太重或电网太弱。

（2）故障排除方法

1）找出外电路短路处，排除故障，再合闸送电。当熔断器熔断或跳闸时，机组应接停车负载，以免飞车。

2）减轻电网负载，再进行送电；应采取软并网，以防并网时大电流冲击。

8. 发电机电压振荡

(1) 故障可能原因

1) 电网电压振荡。

2) 发电机励磁电流小。

3) 电刷跳动。

4) 发电机输出线松动。

5) 集电环和电刷(输出的电刷)跳动。

6) 谐波引起电压振荡。

(2) 故障排除方法

1) 向电网管理部门报告，待电压平稳后再合闸送电。

2) 增加励磁电流，若励磁电压低，应全面检查励磁系统，查出并解决故障。

3) 调整刷握弹簧，消除电刷跳动。

4) 拧紧螺栓。

5) 调整刷握弹簧，消除跳动，同时检查电刷，若表面跳火出坑，应更换。

6) 更换整流管、滤波电容，消除振荡。

9. 风电机组正常运转输出电压低

(1) 故障可能原因

1) 励磁电流不足。

2) 无刷励磁的整流器处在半击穿状态。

3) 负荷重。

(2) 故障排除方法

1) 调整励磁电流，使发电机达到额定输出电压。

2) 停机，拆下励磁机，检查整流器是否半击穿，若是应更换。

3) 减轻负荷。

10. 逆变器输出交流电频率不符要求

(1) 故障可能原因

1) 逆变器晶闸管的触发频率变化引起换相角变化。

2) 晶闸管半击穿。

(2) 故障排除方法

1) 检查触发频率，调整到符合要求的频率。

2) 检查晶闸管，若半击穿，应更换。

11. 发电机过热

(1) 故障可能原因

1) 负载太重。

2) 发电机轴承损坏或磨损严重，定子碰到转子(扫膛)。

3) 散热不良。

(2) 故障排除方法

1) 减轻负载。

2) 更换轴承，重新安装发电机。

3）若冷却风道进土太多，导致冷却空气不通畅，应清除积土并清洗散热片；若冷却水有堵塞的地方，应使冷却水流畅通。

12. 风力发电机组机舱振动

（1）故障可能原因

1）主轴承座松动。

2）变桨距轴承损坏。

3）转盘止推轴承间隙太大。

（2）故障排除方法

1）停机检查，拧紧主轴承座固定螺栓。

2）停机检查，更换变桨距轴承，清除振动。

3）停机检查，调整转盘止推轴承间隙使之减小，消除振动。

13. 塔架振动或频繁晃动

（1）故障可能原因　塔架基础地脚螺栓松动。

（2）故障排除方法　拧紧地脚螺栓。

14. 风轮左右摆动

（1）故障可能原因

1）调向阻尼器压力过小或拉力弹簧太松。

2）扭头、仰头的调速弹簧失效。

（2）故障排除方法

1）停机检查，调整阻尼器压力或拉力弹簧，使阻尼器阻力增大。

2）停机，更换扭头、仰头的调速弹簧，并调整其在额定风速以上时能扭头、仰头调速。

15. 逆功率

（1）故障可能原因

1）异步发电机频率低于同步频率，即异步发电机转速低于同步转速。导致此问题的原因可能是：逆功率切断失灵；微机驱动模块失灵；调速器失灵。

2）异步发电机轴承损坏，或发电机定子与转子相摩擦（扫膛）。

（2）故障排除方法

1）停机检查调速器，应将风轮转速提高到同步转速以上。

检查逆功率切断是否失灵。采用微机控制的还应检查微机驱动模块是否损坏。停机检查调速装置的俯仰转动轴是否卡滞。

2）停机检查，若发电机轴承损坏，应更换发电机轴承；若轴承磨损严重使发电机转子与定子摩擦，应更换轴承；若因轴承损坏使发电机轴弯曲，应拆开发电机并取下转子，校正或更换新转子。

本章小结

1. 风力发电机组装配工艺过程：装配前的准备工作；装配工作；调整、检验和试车阶段；表面处理与包装。

2. 风力发电机组装配工艺顺序：轮毂总成装配工艺顺序、主轴总成装配工艺顺序、整机总装顺序。

3. 风电场运行工作：风力发电机组的运行、场区升压变电站及相关输变电设施的运行。

习 题

1. 风力发电机组装配有哪些要求？
2. 风力发电总装厂有哪些装配工作？
3. 风力发电机组有哪些调试项目？
4. 风力发电机组年度例行维护有哪些主要内容和要求？
5. 风轮转动时发出异常声响有哪些故障原因？怎样进行故障排除？
6. 发电机电压振荡有哪些故障原因？怎样进行故障排除？
7. 发电机三相不平衡有哪些故障原因？怎样进行故障排除？

参 考 文 献

［1］姚兴佳，宋俊．风力发电机组原理与应用［M］．3 版．北京：机械工业出版社，2016.

［2］徐大平，柳亦兵，吕跃刚．风力发电原理［M］．北京：机械工业出版社，2011.

［3］叶杭冶．风力发电系统的设计、运行与维护［M］．2 版．北京：电子工业出版社，2014.

［4］霍志红，郑源，左潞，等．风力发电机组控制技术［M］．北京：中国水利水电出版社，2010.

［5］叶杭冶．风力发电机组的控制技术［M］．3 版．北京：机械工业出版社，2015.

［6］邵联合．风力发电机组运行维护与调试［M］．2 版．北京：化学工业出版社，2015.

［7］李建林，许洪华．风力发电中的电力电子变流技术［M］．北京：机械工业出版社，2008.

［8］任清泉．风力发电机组工作原理和技术基础［M］．北京：机械工业出版社，2010.

［9］朱永强，张旭．风电场电气系统［M］．北京：机械工业出版社，2010.

［10］赵振宙，郑源，高玉琴，等．风力机原理与应用［M］．北京：中国水利水电出版社，2011.

［11］吴佳梁，李成锋．海上风力发电技术［M］．北京：化学工业出版社，2010.

参考文献

[illegible]